U0181130

新艺术史丛书

谭徐锋　主编

不妨偏径

冯纪忠的建筑与思想世界

徐文力　著

浙江人民美术出版社

序

20世纪以降，中国现代建筑学逐步得以建立。其实，随着19世纪开始的西学渐进，清朝末年修订的《奏定学堂章程》中的《大学堂章程》已将土木工学门和建筑学门列为工科的教育科目，不过建筑教育仍难成气候。于是，国人转而出国学习建筑，第一波留学潮在19世纪末20世纪初形成，以留学日本为主，留学欧洲为辅。1909年始，美国宣布逐年退还庚子赔款，并以其充作留美学习基金，这使赴美成为中国近代建筑师第二波留学潮的主流。这波留学潮人数众多，英才辈出，学成回国后无论在建筑实践还是建筑教育方面都成为独领风骚的杰出代表。又因那时的美国建筑教育仍以从法国传入的巴黎美院体系为主导，故"布扎"（即西文所谓的Beaux-Arts）体系长期成为现代中国建筑的主流。

在这样的语境中，冯纪忠先生留学的维也纳技术大学（Technische Universität Wien，又称维也纳工业大学）的建筑学教育便显得不同寻常，它既不以"布扎"为主导，也不以"先锋"而著称，而是一个看似"保守"的融技术传统和历史文化于一体的建筑院校。据冯纪忠先生回忆，这里的建筑学教育强调的"一个是技术的基础，一个是历史的基础，最后才是设计的理念"。今天回过头来看，冯纪忠先生后来在教书育人以及自己的建筑实践中贯彻的建筑理念也就不是无的放矢。

近现代中国学人大多学贯中西，冯纪忠先生也不例外，这是今天的吾辈难以企及的。因此，是否要将中国传统文化的精髓融在现代建筑文化的发展之中，在冯先生那里从来都不是问题，需要思考的是如何融入和如何发展。在这方面，冯纪忠先生以"形、情、理、神、意"和"与古为新"的主张独树一帜，为中国现代建筑留下珍贵的思想遗产。这样的主张说起来容易，甚至可以成为一种廉价的口号和标签，但要恰如其分而又富有创造性地将之贯彻在建筑之中却绝非易事，不容投机取巧和急功近利。

冯纪忠先生生前从未位高权重，也从未红极一时，甚至没有进入在朱启钤先生辑本基础之上加入中国近现代建筑师和建筑学人的《哲匠录》，最高荣誉只是去世前一年获得的仅有"民间地位"的首届中国建筑传媒奖之"杰出成就奖"。然而，或许正因如此，冯纪忠先生才能够忠实于自己的内心，才能够在自己建筑人生的最后阶段发力，完成上海松江方塔园、何陋轩这样"何陋之有"的经典作品。

　　关于冯纪忠先生，我们不是研究太多，而是研究太少。徐文力博士这部著作无疑以其独特的视角和丰富的建筑历史理论素养为冯纪忠研究增添了可贵的一笔。徐文力博士大学毕业后曾在桥梁建设第一线工作多年。其后考入成立不久的南京大学建筑研究所攻读硕士学位，显示出对建筑学的强烈兴趣和专业天赋。继而在作为建筑师从事专业实践七年后进入同济大学建筑与城市规划学院攻读建筑历史与理论方向的博士学位，选定以冯纪忠先生的建筑思想作为博士论文研究主题。现在这部著作就是在他的博士论文基础上修改而成的。

　　衷心希望徐文力博士的这部著作能够为后续的冯纪忠研究和当代中国建筑思想带来启迪。

　　是为序。

王骏阳

二○二一年七月三十日于江苏常州

导　言

中国第一、二代建筑师之中，如梁思成、杨廷宝等，有很大一部分人是从美国留学毕业的。他们接受的是布扎体系（Beaux-Arts）的古典主义建筑教育；由于相近的教育背景，这批建筑师仿佛构成了一股强大的学术派别，在近现代建筑史上最为活跃，也做出了巨大的贡献。相比之下，其他学术背景的建筑师都没有形成与之相近的影响力，但是他们的建筑思想却不应忽视，因为他们的存在，丰富了中国现代建筑史的历史图谱。

作为建筑教育家和建筑师，冯纪忠似乎在其人生的最后时刻才获得了相应的名声。随着冯纪忠的去世，与他有关的回忆和纪念性的文章也逐渐增多。不过，在这些文献中，真正与冯纪忠建筑作品和思想相关的深入研究似乎还不多。太多对于冯纪忠的道德旌表，反而阻碍了对他的学术思想进行深入的探析。2015 年 5 月，同济大学建筑学院为冯纪忠一百周年诞辰举办了纪念会，出版了三卷本的文集，但是其内容还是已有文献的汇编，既没有提供更多新的历史资料，也没有新的研究成果，不能不说令人感到遗憾。时代在前进，要求我们的研究也与时俱进，从不同的角度来解读经典。

中国近现代建筑史研究中，关于建筑师的个案研究历来是比较缺乏的。过去我们有一个重视集体主义的传统，强调集体智慧，在建筑历史研究中也是如此。这种学术研究方向自然有其理由，但未免有见林不见树的问题，让我们过于关注总体的风貌，而忽略了创作者个体独具个性的一面，而艺术创作必须要关注到个性。因此，关于建筑师个案的研究，仍然有待更加全面和深入。举文学研究中的例子，比如盛唐诗，宏观研究是一方面，让可以我们了解盛唐时期诗歌的总体风貌，但是其中不同诗人之间又有差异，比如李、杜二人，关于这两位的评论与专门研究，历来可谓汗牛充栋。个案研究会让我们观察到历史的更多细节，从而体味到历史世界的丰富性。虽然拿建筑史来与文学史比，确实有点过于苛刻，毕竟建筑学更受限于专业或职业范畴。另外，通史往往以某某主义或某某风格来进行分类，未免又过于僵硬。实际上建筑师的思想和实践十分复杂，可能同时有几种倾向，无法一言蔽之。笔者在阅读相关文献过程中发现，即使是那些最著名的建筑师（例如杨廷宝），也未能获得有深度的研究，无法征引现有的成果，以至于要重新把他们的作品阅读一遍，才能有更进一步的了解。因此，见林不见树，不把每一棵"树"

看清楚，"林"其实也是模糊的。不深刻地研究每一位建筑师，建筑史就难免变成一种乏味的编年史，通史的书写也很难有一个坚实的基础。

在正常的情况下，建筑师通过不断的研究和实践，其设计思想和手法会有一个成熟和变化的过程。此外，每个建筑师都是在一个时代风气下进行创作设计的，社会的政治政策和意识形态的变化也会影响他的实践过程。而在我们国家，众所周知，意识形态对建筑创作的影响是无处不在的。冯纪忠生逢一个剧烈变化的时代：从 20 世纪 40 年代到 80 年代，他的建筑创作生涯跨越民国、新中国建立初期和改革开放三个时期。很少有建筑师能同时跨越这三个时期并创作不断。第一代建筑师一般只经过前两个时期，例如杨廷宝。第二代建筑师能跨越三个时期，但能继续创作的为数很少，例如戴念慈；而冯纪忠的创作时期甚至延续到 21 世纪。在这近五十年时间中，冯纪忠的建筑思想肯定不是一成不变的。那么，在不同的时期，冯纪忠的作品各有什么特点？他的思想观念的设计手法到底有哪些发展变化？时代风气的转变在他的作品中产生了什么具体的影响呢？他又是如何回应这些变化的挑战呢？此外，冯纪忠曾留学维也纳，这是大家都知道的事实，但是，维也纳当时的学术状况究竟是怎样的，他从国外到底吸收了哪些思想资源，这些资源与他的中国文化背景产生了什么样的"化学反应"？在作品中有什么具体体现？……以往的研究在这方面都语焉不详，没有能清晰、详尽地回答这些问题，而这正是本书写作的主要动机和目标。

冯纪忠作为建筑教育家，是同济大学建筑系的主要创建者之一，并且长期担任建筑系主任和院长，创办了城市规划和风景园林专业，培养了很多学者和建筑师。在设计实践方面，作为建筑师，冯纪忠完成的作品并不多。比较著名的是武汉东湖客舍、武汉同济医院、方塔园与何陋轩等几件作品。在中国建筑师群体中，他的作品完成数量比较少，但是时间跨度大，这让考察他的作品的延续性有一定难度。

在理论方面，冯纪忠并未出版专门的著作，但公开发表过十余篇学术论文，涉及建筑、城市规划和风景园林三个方面的内容。这些学术论文都已经汇编在《建筑弦柱：冯纪忠论稿》一书中，该书还附录了一些研究诗歌的文章和部分书信。2007 年左右开始，赵冰对冯纪忠进行了长时间的采访和录音，整理出版了三卷本的《冯纪忠讲谈录》（2010 年）。其中，《建筑人生》是冯纪忠的人生自述，讲述了他学习、工作、生活的主要经历，该书还编辑了冯纪忠年谱，为明确冯纪忠生平事件和时间节点奠定了基础（本书中凡涉及冯纪忠生平的事件和时间节点，如无特别标出，都以该书为本）；《与古为新》是对方塔园与何陋轩的回顾性介绍和解释；《意境与空间》收录了冯纪忠的所有设计作品和学术论文。这些出版物是目前冯纪忠建筑思想研究最主要的资料。冯纪忠生前对自己的作品有很详细的解说，也提出了自己的理论框架，这对理解他的作品与思想极有价值。但是，这也迫使后来的研究力求别具视野，避免成为对建筑师自我言说的注解。

目前学术界对冯纪忠建筑思想的专题研究主要有以下几个方面。

首先，有些一般性的综述、回忆和纪念性的文章，作者大多数是冯纪忠的同事、朋友或学生。他们与冯纪忠在生活和工作中有一些交集，对他的许多思想与工作有近距离的了解，因此能提供一些生动的细节。这些叙述具有非常重要的史料价值，是开展冯纪忠建筑思想研究的基础。但也因为如此，这些文章会缺乏一点客观或者批判性的角度，缺少分析，不够全面和深入。

其次是关于冯纪忠单个建筑作品的研究，考察目标集中在方塔园和何陋轩。但是对冯纪忠的其他作品，如武汉东湖客舍和同济医院还缺少深入研究。另外冯纪忠在20世纪50年代主持完成了一些教育建筑，如华东水利学院工程馆等，其研究资料十分稀缺，连基本的平面图都不曾得见。这导致我们无法对冯纪忠的建筑思想有一个全面的、历史的认识。在目前相关的作品研究中，罗致的硕士论文以形式分析的方法，从比例、对仗等方面来考察方塔园的建筑形式和空间构成，让我们对冯纪忠的建筑手法有了新的认识。王澍则按照足尺模型重做了何陋轩的竹节点，并从历史的维度来思考冯纪忠在中国现代建筑史上的位置，认为何陋轩是'中国性'建筑的第一次原型实验，是过去一百年中国建筑史中，真正扛得起"传承"二字的作品，对其给予了高度评价。[1]当然，这种评价也需要谨慎地看待。实际上，何陋轩的竹节点主要是匠人运用的传统技术，并非冯纪忠的创造，因为他的重点意图并不在结构的表现。在以往的一段时期里，"民族形式"或者"民族性"并非与其他建筑样式一样是平等的选项，而常常具有一种意识形态的正统性，自带正确性"光环"；而"中国性"一词含义模糊，与"民族性"一样，也许并非冯纪忠本人乐于接受的标签，本书将会对此有进一步的讨论。

此外，关于冯纪忠建筑思想的较为长篇的学位论文有两篇。其中，《冯纪忠建筑思想研究》（孟旭彦硕士学位论文，2009年）主要是对以往的资料进行汇编，缺乏分析，

---

[1] 参见王澍《小题大做》，该文刊发于《新观察》第7辑《"何陋轩论"笔谈》，载《城市 空间设计》"建筑批评"专栏，2010年第5期。

也没有挖掘出新的材料。《时空转换与意动空间》（刘小虎博士学位论文，2009年）目的是研究20世纪80年代后冯纪忠的建筑思想，但是其研究内容还是综合冯纪忠自己的论文和访谈，不能脱开冯纪忠本人设定的理论框架，因而难有客观和批判性的视角。

以往的研究多为资料性的、描述性的，批判性研究较为罕见，对作品、文本之间的关系、历史人物之间的学术关系缺乏考察和辨异，无法清晰呈现冯纪忠建筑思想形成发展的历史脉络。这些研究的疏漏之处，主要体现在两个方面。其一是缺乏历史的维度，以孤立和静止的态度看待研究对象，不能将建筑师放在一个时代背景和历史现实中进行观察，割裂了他与时代风气与社会环境的关系。其次是对建筑师的作品和文章缺乏分析，目前的研究主要偏向对事实和现象的描述，而缺少对形式与文本的具体分析，以揭示其思想与形式资源的来龙去脉。

因此，针对以往研究的不足之处，本书的研究不是仅仅呈现或表彰冯纪忠的成就，而是希望通过一种历史的研究，以及形式分析和建筑技术的分析，揭示其建筑思想的形成和发展过程，以及他与所处时代的关系；探讨冯纪忠的具体作品的价值，建筑师对具体的技术和形式语言的选择和运用，呈现其作品的内在意图，以及背后所具有的思想和学术逻辑。

建筑师是在特定的历史环境和时代风气下活动的。为了获得对建筑师及其作品的完整的理解，我们需要考察冯纪忠所处的时代风气。冯纪忠历经民国、新中国建立初期和改革开放三个历史时期，在不同的时期，他的作品都有哪些特点，受到当时什么风气的影响？建筑师在选择合适的建筑形式时，他并不是自由的，除了技术条件的限制，还有政治政策的影响。但是我们也要注意到，即使外界环境很严苛，建筑师还是可以有所不为，有所抵抗。例如改革开放之前的二十多年，国内政治上对建筑风格是有限制的、有偏好的；现代主义建筑并不是完全可接受的选择。了解这一点，我们就能理解，为什么在这段时间冯纪忠几乎没有建成的作品，参加设计竞赛也是往往以落选告终。

以往的研究都提到了冯纪忠在维也纳接受了现代建筑的熏陶，但是都未能深入探讨其具体情况。现代建筑其实有多个源头，而且各有特点，不能一概而论。维也纳现代建筑也不同于包豪斯学派。而且，事实上，当冯纪忠在维也纳学习期间，正是纳粹长期当政时期，包豪斯的现代主义是被禁止的。冯纪忠并不是仅仅受到现代主义建筑熏陶，而是有着更为复杂的学术背景。因此，对维也纳现代建筑探源钩沉，了解他的前辈和师长，将有助于我们理解冯纪忠的建筑思想的来龙去脉。

比较研究是历史研究和其他学科中常用的方法。通过比较、分析，有利于辨别事物之间的联系和差异，从而掌握事物起源、发展的动因和路径。本文将采用的比较方法有几种类型：一是纵向比较，分析冯纪忠在不同时期内的作品之间的同异，其目的是揭示其建筑思想在时间维度上的变化和发展脉络。二是横向比较，分析在同一时期内，在面对相似的题材时，冯纪忠与其他建筑师在思想和处理手法上的同异。例如，都是做居住类建筑，而且都参照现代建筑经典范例，冯纪忠和杨廷宝、贝聿铭、王大闳等人的作品有何区别？又如，民族特色一直是中国近现代建筑的追求主题之一，冯纪忠也不能跳脱于这场运动之外。虽然都在追求民族特色，但是每个建筑师各有不同的处理方式。20世纪80年代，冯纪忠的方塔园与戴念慈的阙里宾舍都是在历史遗迹旁建造的。建筑师们会选择不同的模范对象，例如屋顶形式，是模仿官式大木屋顶还是乡土建筑的屋顶形式？在对屋顶进行现代材料转换时，采用什么样的结构形式和表现方式？通过形式分析和结构、材料的分析，我们可以辨别建筑师的价值选择和美学观念。通过比较的方法，我们的目的是发现冯纪忠建筑思想的独特性，揭示建筑师个人的创造性和匠心独运，进一步明确他在中国近代建筑历史脉络中的定位。

本书的内容包括三个部分，即学术背景考察、作品分析、理论探源三个板块。

第一部分是介绍冯纪忠的早年教育背景和学术背景，他获得了哪些现代建筑的思想资源和文化熏陶。

要了解冯纪忠的建筑思想，必须重点考察他在维也纳技术大学所接受的专业教育，以及维也纳作为现代建筑发源地之一的学术和文化背景。这部分内容将会讨论：维也纳学派的重要代表瓦格纳与路斯的影响；冯纪忠科任老师的建筑作品；维也纳巴洛克建筑传统的文化背景等。可以说，在维也纳学习和工作经历，奠定了冯纪忠一生工作的基础。

第二部分是对冯纪忠在三个历史时期的建筑作品进行分析评述，揭示其思想脉络和创作意图。冯纪忠的建筑作品虽然不多，但是时间跨度大，拟分为三个时期。当然，这三个时期并不是截然分开的。第一个时期是自由执业时期，从1946年回国之后到1952年群安事务所关闭。在这段时间内，冯纪忠有相对自由的创作空间，建筑作品更能体现他自己的想法；从这些作品中我们也能比较清晰地看到他的模范对象和思想资源。这段时期产生了两件重要的建筑作品，武汉东湖客舍和同济医院，它们也是本文的重点研究对象。

第二个时期是从1952年到1978年改革开放之前，建筑设计进入了政治挂帅、集体创作的年代。这一时期内，冯纪忠建成的作品很少，只有华东水利学院工程馆等两个教学楼。建筑师的个性被压抑，但是冯纪忠并没有曲而不守。虽然在现实中屡遭挫折，但是冯纪忠的建筑思想在逐渐积累、沉淀，走向成熟。这一时期冯纪忠也在探索民族特色，其中重要的一个成果是杭州花港观鱼茶室。该建筑虽然由于政治原因被拆改，但是它却撒下冯纪忠 20 世纪 80 年代建筑成就的种子。

第三个时期是改革开放之后。建筑师重新获得了一定程度的自由创作空间。冯纪忠厚积薄发，发表了许多重要的学术论文；完成了方塔园的设计，这成为他的代表性作品。虽然过程中干扰不断，何陋轩最终还是得以建成，以独具一格的建筑形式语言，成为冯纪忠建筑人生的一个总结。

第三部分是对冯纪忠的建筑思想做一个理论上的分析和探源钩沉。对冯纪忠建筑思想中不太为人所注意的方面进行深入梳理、分析，这是以往的研究比较缺乏的内容。冯纪忠的思考和写作涉猎的领域比较广泛，我们将对他的艺术修养和美学趣味略做考察，因为这可能会影响到他对建筑形式的选择。由于何陋轩采用了一些不常见的形式语言，我们也将探索这种形式语言的相关渊源。另外，《人与自然》是一篇独特的研究中国园林史的论文，体现冯纪忠与众不同的艺术史观，我们也将探讨这种历史观念与维也纳艺术史学派的关系。

本书的书名"不妨偏径"语出明代计成的《园冶·兴造论》——园林巧于"因""借"，精在"体""宜"。（"宜亭斯亭，宜榭斯榭，不妨偏径，顿置婉转，斯谓精而合宜者也。"）《兴造论》是《园冶》的纲领性文本，这段话十分重要，其中，"不妨偏径，顿置婉转"是指造园的一种方法或策略，是达到所谓"精而合宜"的途径。以"不妨偏径"为书名有两层意思。其一，它是指一种因地制宜的设计原则或手法。在冯纪忠的建筑作品中，体现了这样的思想和方法。从早期的东湖客舍一波三折的建筑形体，到晚期何陋轩层叠而下的台基，都可以说是"偏径"的具体呈现。在这里，"偏径"意味着突破古典主义学院派的构图原理，摆脱居中和均衡，保存建筑和自然之间的有机关系，并且获得建筑的个性与活力。其二，"不妨偏径"还意味着对主流建筑思想观念的偏离。20 世纪 60 年代，冯纪忠提出的空间组合原理，是对布扎体系的偏离，因而也不断受到批判；而冯纪忠对民居和原始棚屋的学术观照，则是对官式大木构与古典风格的偏离。从冯纪忠的整个建筑生涯来看，似乎他都在与某种强势的学术或艺术流派对抗，面对着或明或暗的压力，却不愿随波逐流，这种"偏径"也给他的个人生活与命运带来诸多坎坷。在某种意义上，"不妨偏径"代表了一个艺术创作者的自觉，质疑保守和僵化的教条，拒绝附和所谓的"正统"道路；"不妨偏径"也是一种态度，是忠实于创作者的内心，是对艺术个性的坚持，敢于另辟蹊径而不畏前途荆棘。

目　录

第一章　维也纳的教育经历和学术背景

1934 年，冯纪忠进入上海圣约翰大学学习土木工程，与贝聿铭同班。[1] 圣约翰大学是教会大学，日常都是用英语教学，所以他们可能比较亲近英美文化。此时圣约翰大学还未设立建筑系，他们也未必了解建筑学与土木工程的区别。不久之后他们分赴欧美，走上了不同的建筑道路。贝聿铭在麻省理工学院继续学习结构工程，直到二战后才进入哈佛大学学习建筑。冯纪忠则转到奥地利维也纳进入建筑系。应该注意到，土木工程的教育背景对两位建筑师来说都很重要，使他们都能迅速接受新的结构技术。我们随后将会看到，在二战后两人都不约而同地采用最新的结构形式，并且都有意识地对结构进行表现。

维也纳的文化氛围

从 21 岁开始到欧洲留学，冯纪忠在那里度过了十年的时光，当时的欧洲正陷入第二次世界大战的浩劫之中。在此期间，他曾去意大利、德国做过短期旅行（均由法西斯政权当政），考察建筑和城市。除此之外，大部分时间冯纪忠都在维也纳学习和工作。毋庸置疑，维也纳的建筑与文化对冯纪忠建筑思想的形成具有深刻的影响；然而因为某些原因（比如语言问题），我们恰恰对维也纳的建筑学术状况缺乏足够的了解，更容易忽略其丰富性和复杂性，至今这种情况也未有足够改善[2]。因此，考察此期间维也纳的学术思潮和现代建筑的发展状况，将有助于我们了解冯纪忠到底具有怎样的学术传承。

冯纪忠抱着学习现代建筑的愿望前往欧洲学习。在上海的时候，他对于现代建筑的摩登印象主要得之于邬达克设计的国际饭店和大光明电影院。然而当他于 1936 年初到达欧洲时，正是德国现代建筑受挫的时期。包豪斯学校已于三年前被解散，主张现代建筑的

---

[1] 冯纪忠与贝聿铭从高中起一直同学于圣约翰，非常熟悉。参见：冯纪忠. 建筑人生. 北京：东方出版社，2010：40.

[2] 过去许多经典现代建筑史学著作对维也纳现代建筑并未予以充分的论述，除了维也纳分离派以外，对瓦格纳和路斯通常一笔带过，仅将他们作为过渡人物，这种不足在中文学术圈中尤其明显。虽然最近关于路斯的研究有所增加，然而人们对瓦格纳等还是比较陌生。

密斯（Mies Van Der Rohe）、格罗皮乌斯（Walter Gropius）、马歇尔·布劳耶（Marcel Breue）等人先后去了美国。留在德国的建筑师如果不向法西斯的文化政策妥协，势必无事可做。主张有机功能主义的黑林（Hugo Häring）和夏戎（Hans Scharon，或译作夏隆）不仅和包豪斯的先锋派有学术分歧，而且更不见容于法西斯主义影响下日益保守的文化氛围；在二战期间，他们基本上已经无法获得任何公共项目。

　　冯纪忠首先在德国柏林和慕尼黑考察建筑学校。在柏林他认识了李承宽，他们两人年龄相同，后来成为长久交往的朋友，冯纪忠有机会在这些交往中对有机功能主义有所了解。李承宽此前还在建筑师珀采西（Hans Poelzig）门下学习建筑，不久后珀采西去世，李承宽转投到夏戎的事务所工作，他还有机会参与夏戎在战前完成的摩尔住宅和缪勒住宅。这些住宅不局限于用直角正交的网格来控制平面，它们通常会出现异型而自由的墙体，并产生富于动态的空间。李承宽加入了黑林和夏戎的学术圈，并深受其影响，他后来成为德国有机建筑的少数代表之一。柏林当时的中国留学生比较多，而且其中形成了不少具有政治倾向的派别，人事复杂。[1]冯纪忠听从了母亲和姨父的劝告，决心不参与任何派别，一心向学，最终选择离开柏林，来到维也纳技术大学学习。[2]

　　在哈布斯堡王朝的统治下，19世纪末的维也纳是与伦敦、巴黎齐名的大都市，也是中欧地区的文化中心。此时的维也纳不但在音乐、心理学、艺术史方面是欧洲的思想高地，在现代文学艺术、建筑方面也有突破性的进展。正如美国学者休斯克（Carl E. Schorske）为我们描绘了生机勃勃的世纪末维也纳[3]，弗洛伊德（Sigmund Freud）、勋伯格（Arnold Schönberg）、克里姆特（Gustav Klimt）、瓦格纳（Otto Wagner）等，为20世纪的欧洲文化艺术和思想扩展了新的领域。第一次世界大战后，奥匈帝国分裂，帝制结束。维也纳虽然还是奥地利共和国的首都，不过已处于衰落之中，直到1938年3月，希特勒武装吞并奥地利，维也纳跌入谷底。

　　而在20世纪10年代，维也纳是德语地区现代建筑萌芽较早的地区，瓦格纳和路斯（Adolf Loos）是其代表人物。20世纪20年代后，魏玛共和国首都柏林后来居上，其中

〔1〕当时在德国留学的季羡林同样描述了柏林的中国留学生的一些状态。参见：季羡林.留德十年.北京：外语研究与教学出版社，2009.

〔2〕参见：冯纪忠.建筑人生.北京：东方出版社，2010.

〔3〕参见：卡尔·休斯克.世纪末的维也纳.李锋，译.南京：江苏人民出版社，2007.

以密斯和格罗皮乌斯等建筑学家最为知名。1934年以后，奥地利法西斯意识形态上升，大批先锋知识分子、艺术家、建筑师被迫移民，维也纳与国际的交流亦受到限制。[1]现代建筑被纳粹机构认为是堕落的艺术，已经失去了发展的土壤。德国吞并了奥地利后，维也纳的建筑风格也必须向柏林看齐，现代建筑的发展陷于停滞。

冯纪忠此时留学于维也纳，他接受的并非是现代建筑先锋派的教育，但也并非正统的法国布扎体系，而是具有德奥地域特色的建筑教育。冯纪忠1936年到达维也纳时，著名的建筑师路斯已经于三年前去世。路斯的去世，标志着维也纳现代主义先锋派的衰落。而纳粹德国的入侵，更让现代建筑落入低谷，约瑟夫·弗兰克（Josef Frank）[2]等先锋建筑师被迫离开奥地利。不过，虽然维也纳的现代建筑文化正在衰落，但是余风犹存，冯纪忠还能感受到这种风气的影响。

维也纳技术大学的建筑教育：技术和历史两手抓

1920—1930年间，逻辑实证主义在维也纳有着显著的影响，除了著名哲学家维特根斯坦（Ludwig Wittgenstein）之外，还有石里克（Moritz Schlick）、鲁道夫·卡尔纳普（Rudolf Carnap）等人，他们中的许多人本来就是科学家，所以非常强调科学和实证，并在此基础上去探讨哲学和科学方法论等问题。这种思想风气自然也会影响到大学的教育。维也纳有两个学校有建筑系，即维也纳技术大学和维也纳艺术学院。两校的教育方法不同：艺术学院是传统的师徒制，学生一般会受到导师的深刻影响，有一定的局限性；而维也纳技术大学的学科更加全面，教授更多，学生能接触到更广泛的思想资源，更具有开放性。

关于维也纳技术大学的建筑教育，冯纪忠在其自传中已有较为详细的叙述。其中最重要的一点是，技术大学更偏向于将建筑学视为科学："它强调的一个是技术的基础，一个是历史的基础，最后才是设计的理念。"[3]相比于维也纳艺术学院建筑系，技术大学的主要差异体现在它设置了很多理工科课程，如高等数学、物理、力学、地质、机械等。

---

[1] August Sarnitz. *Twentith Century Vienese Architecture：Architecture In Vienna*. Wien：Springer-verlag，1998：23-28.

[2] 约瑟夫·弗兰克（1885—1967），犹太人，维也纳技术大学建筑系毕业，1919—1925年任教于维也纳艺术学院，维也纳制造联盟创始人之一，1932年维也纳住宅展览组织者，1934年后移民瑞典。

[3] 冯纪忠. 建筑人生. 北京：东方出版社，2010：54.

技术大学尤其注重新的结构和材料技术的学习，这是现代建筑发展的基石，因此尽管学校里并没有著名的先锋派人物任教，但却为学生未来发展现代建筑奠定了基础。我们现在还能看到冯纪忠当时留下的学习建筑结构和构造的笔记，其中包括有准确的构造细部的大样图和力学计算等，向我们展示了当时维也纳技术大学的教育内容。他的学习笔记甚至成为范本，考试前经常被其他同学借去翻阅。[1]

维也纳技术大学和维也纳艺术学院的权威分别是卡尔·柯尼希（Carl König）[2]和奥托·瓦格纳。克里斯多夫·隆（Christopher Long）的论文《通往现代主义的又一途径》[3]指出了两校的差异，瓦格纳学派最先迈出了现代主义的步伐，但是维也纳技术大学柯尼希的"巴洛克学生"却后发先至。"瓦格纳和他的追随者……走向形式化的穷途。维也纳嗣后显著地迈向现代主义的是柯尼希的学生们。如苔斯所说的那样，'巴洛克学生'冲入现代主义之时，经瓦格纳灌输了现代式样的学生却正'寻找他们回归传统之径'。得注意柯尼希呼吁的要点：必须理解建筑形式的生成过程。维也纳技术大学许多毕业生发现现代主义并不是从追求新颖而起，而是从发掘探讨建筑的其他基本元素——结构、方式、空间而起，通过考察其能动性和表现新技术时代的潜力而得出的结果。他们踏出了通往现代建筑的另一条新途径。"[4]隆的这篇论文由冯叶翻译，冯纪忠本人校对，可以说他非常认可隆的观点。

柯尼希与瓦格纳有学术上的差异，另一方面，他也强烈反对路斯的激进思想，禁止学生进入路斯的私人学校。不过维也纳技术大学为学生打下了全面而深厚的学术基础，使他们未来有更宽阔的发展空间。约瑟夫·弗兰克是柯尼希指导的博士，他同时也从路斯的作品中吸收营养，成为20世纪20年代维也纳的先锋人物。20世纪初叶理查德·纽

---

〔1〕参见：冯纪忠.建筑人生.北京：东方出版社，2010：54.冯叶保留了他父亲的一些学科笔记。

〔2〕卡尔·柯尼希（1841—1915），奥地利建筑师，1857—1861年就读于维也纳技术大学，与瓦格纳同时期在校，1901年任该校校长。

〔3〕Christopher Long. 通往现代主义的又一途径：Carl König和维也纳理工大学的建筑学教育，1880—1913.冯叶，译.建筑业导报，2007，（11）：17-19.

〔4〕隆的这篇文章很可能暗含了对维也纳以汉斯·荷莱茵为代表的后现代建筑的批评。Christopher Long. 通往现代主义的又一途径：Carl König和维也纳理工大学的建筑学教育，1880—1913.冯叶，译.建筑业导报，2007，（11）：17-19.

特拉（Richard Neutra）和鲁道夫·辛德勒（Rudolf Schindler）都曾在维也纳技术大学学习，他们先后移民到美国，在赖特（Frank Lloyd Wright）门下短暂工作。纽特拉和辛德勒都能依据当地的自然文化条件发展出独特的建筑语言，在现代建筑史中都具一席之地。

不过，维也纳两校的学术分歧也许被放大了，以致于会让我们忽视他们的共同之处。实际上柯尼希和瓦格纳1857—1861年间都在维也纳技术大学学习，也应具有一些共同的学术背景。[1]维也纳技术大学毕业的优秀建筑师也会在维也纳艺术学院任教，例如瓦格纳、约瑟夫·弗兰克。两座学校距离不过几条街，互有学术来往实属正常。因此，两座学校其实有着相互纠缠的师承关系，既能共享某些学术观念，同时又各具特色。总而言之，维也纳技术大学建筑系兼顾技术和历史两个维度，两手一起抓，既不同于传统的布扎体系，也不同于取消了建筑史课程的包豪斯。

奥托·瓦格纳：传统形式与现代技术的调和

> 人们总是要求我们这样建造房屋，要像布拉孟特、米开朗基罗、菲歇尔·冯·埃尔拉赫（J.B.F. Von Erlach）那样，不一而足。他们拒绝相信，在那些伟大的先辈之侧，我们必须具有自己的位置。他们忽视这个事实，即像布拉孟特、米开朗基罗、菲歇尔·冯·埃尔拉赫那样建造并不重要；重要的是，如果这些先辈生活在我们的时代，了解我们的感受方式、我们的生活方式、我们的材料和建造技术，他们将如何建造。[2]
>
> ——奥托·瓦格纳，1912

瓦格纳在晚年写下的这段话可谓掷地有声，显示出他具有深刻的历史意识，并对自我与时代的创造力充满信心。作为一个背负伟大传统的建筑师，该如何面对历史传统与时代的挑战？瓦格纳希望根据新时代的材料、技术及其感受力，去拓造建筑表现的可能性。

在路斯之前，瓦格纳是维也纳最著名的建筑师。他在世时就被认为是自冯·埃尔拉

[1] 在维也纳技术大学官方网站上，瓦格纳还是该校最著名的校友之一。据1914年拉克斯（August Lux）所作的瓦格纳传记，瓦格纳的专业是结构设计。Werner Oecbslin. *Otto Wagner*, *Adolf Loos*, *and the Road to Modern Architecture*. Cambridge University Press，2002：237–241.

[2] 奥托·瓦格纳《建筑师的品质》，1912年。Werner Oecbslin. *Otto Wagner*, *Adolf Loos*, *and the Road to Modern Architecture*. Cambridge University Press，2002：161.

赫以来最伟大的维也纳建筑师，辛克尔（Karl Friedrich Schinkel）和森佩尔（Gottfried Semper）的接班人。[1]瓦格纳是维也纳现代建筑的先驱，不仅仅在学术圈具有重要影响，而且主持了大量的工程实践。他的作品在维也纳随处可见，深刻地塑造了这座城市的特征。因此，理解瓦格纳将为我们解读冯纪忠提供一把钥匙。对这些作品进行仔细的阅读，我们将发现瓦格纳的现代建筑思想对冯纪忠的深刻影响，这种影响甚至可能是根本性的。

　　瓦格纳是维也纳技术大学最知名的校友之一，1857—1860年他曾在维也纳技术大学学习，与柯尼希同期。此后瓦格纳还曾到柏林皇家建筑学校学习，在那里吸收了辛克尔的理性主义思想。在19、20世纪之交，当瓦格纳、路斯和分离派开始探索新建筑的可能性时，柯尼希实际上是作为反对的保守派人物形象出场的。"他攻击分离派设想创造一套新建筑语言的企图，称他们的观点'可憎'，是'空洞的狂想'，声称'认为建筑的形式是幻想的产物的断言是荒谬误解，脱离经验实际'。他坚信，唯独经验赋予建筑形式以意义：'幻想的偶然产物不仅不可理解，而且属于怪诞之举。'抛弃过去意谓败坏建筑。"[2]

　　瓦格纳欣赏分离派的艺术，也曾在他的建筑中采用各种装饰艺术形式，但他的学术思想实与柯尼希同源。事实上，柯尼希和瓦格纳的建筑思想都受到德国理论家森佩尔的影响，他们具有一些共同的学术思想资源，而分歧只是形式风格层面的。当他们还是学生时，森佩尔已经是欧洲知名的建筑师和理论家了。声名显赫的森佩尔于1869年应邀担任维也纳环城大道外的建筑方案评委，并得到国王的接见。他还获得一组重要的委托项目，在维也纳环城大道旁留下了辉煌的纪念性建筑，比如维也纳皇家歌剧院、艺术历史博物馆等。晚年森佩尔对19世纪以来的现代工业技术将对建筑风格产生何种影响，其实也很困惑，他担忧丢失历史建筑风格中的象征性价值，所以他在晚年的一篇关于建筑风格的论文中强调"对旧有风格尽最佳之利用"[3]，表现出保守的倾向。柯尼希是森佩尔的忠实信徒，瓦格纳则

---

〔1〕参见1914年拉克斯为瓦格纳写的传记。Joseph August Lux. *Otto Wagner，Eine Monographie*. Munich，1914；Werner Oecbslin. *Otto Wagner，Adolf Loos，and the Road to Modern Architecture*. Cambridge University Press，2002：237–241.

〔2〕Christopher Long. 通往现代主义的又一途径：Carl König和维也纳理工大学的建筑学教育，1980—1913. 冯叶，译. 建筑业导报，2007，（11）：17–19.

〔3〕戈特弗里德·森佩尔. 建筑四要素. 罗德胤，赵雯雯，包志禹，译. 北京：中国建筑工业出版社，2010：252.

更进一步地探索新技术的可能性，成为历史过渡时期承前启后的关键人物。维也纳的新一代建筑师也很难不受他的影响，我们从苔斯的海伦街摩天楼就可以看到瓦格纳的影子。

1894—1901年，瓦格纳是维也纳城市铁路系统的总工程师，修建了不下30个城铁站。这些随处可见的城铁车站在维也纳打下了深深的瓦格纳印记。虽然车站的立面构图都是各种古典式样的，但是瓦格纳大量地使用了钢铁等多种金属材料，表现出实用主义和技术理性的态度。例如，弗里登桥车站（Friedensbrücke，图 1.1）的铁桁架雨篷，组合的铁柱、桁架结构都直接暴露在外，具有一种粗野的工业感。

图1.1　弗里登桥车站。图片来自Sol Kliczkowskir.*Otto Wagner*. TeNeues Publishing Group，2002

著名的卡尔广场车站（Karlsplatz Stadtbahn Station，图 1.2、1.3）采用的完全是铁结构，铁龙骨间衬大理石板和石膏板。虽然受新艺术风格的影响，结构构件装饰了铁制植物纹样，但这已是 19 世纪末最具有时代感和现代性的建筑作品之一。卡尔车站的金属龙骨同样暴露在外，显示了墙体的结构形式，构造清晰理性，同时还具有适度的装饰性。尤其是转角处的构造处理，令人联想到密斯晚期玻璃幕墙的做法。[1] 密斯的玻璃盒子将钢龙骨外露的手法和瓦格纳极为类似。卡尔车站是特别为附近的卡尔教堂配置的，瓦格纳希

---

[1] 或许因为他们都继承了辛克尔的衣钵，但是瓦格纳的实验远远早于密斯，至于密斯是否参考了瓦格纳则无法考证。

图1.2 卡尔广场车站。图片来自Sol Kliczkowskir.*Otto Wagner*. TeNeues Publishing Group，2002

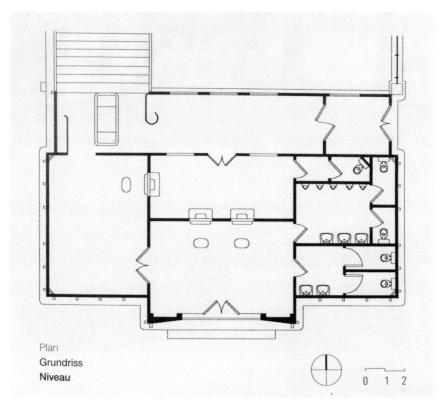

Plan
Grundriss
Niveau

0 1 2

图1.3 卡尔广场车站平面图。图片来自Sol Kliczkowskir.*Otto Wagner*. TeNeues Publishing Group，
2002

望车站形象也能具有相应的纪念性，但他并没有选择一种沉重的砌块结构。卡尔车站的屋顶是拱形的，这实际上是呼应了卡尔教堂的圆穹顶，是穹顶形式的简化。卡尔车站用新的材料和结构形式来尝试建构古典意义上的纪念性，在某种程度上，它成功地回答了森佩尔的问题，即在使用新技术、创造新形式的同时保存了传统建筑风格中的象征性价值。卡尔车站也是一个在具有历史建筑的街区中插入新建筑的案例。如何在尊重历史脉络的同时，体现出新时代的特征？在这个基地中，卡尔车站具有"门户"的象征性，它为这种类型提供了一种设计思路。八十年后，当冯纪忠在构思松江方塔园北门时，卡尔车站仍然是一个具有启发性的范例，本书将在后面的篇章中进一步分析这种影响。

瓦格纳在 1895 年出版的《现代建筑》（ *Modern Architecture* ）中写道："任何一种建筑形式都来源于结构，并逐步发展成艺术形式。因此我们可以认为，新的建筑目的必须带来新的结构方式，并以此产生新的形式。建筑师必须去发展艺术形式，因为结构计算和造价对大多数人来说是冷漠无情的。但是在创造艺术形式的过程中，建筑师如果不从结构出发的话，他的表现方式就会变得毫无依据。好的结构构思不仅是优秀建筑作品的前提，而且也为创造性的现代建筑师提供了形式创新的积极思想。这一点无论怎么强调都不会过分，而且我这里是在全面的意义上使用'形式创新'一词的。如果没有结构的知识和经验，'建筑师'这一概念将是不可思议的。"[1]

瓦格纳这段论述值得原话转载，因为它讨论了结构与建筑形式创新的关系，清晰地表述了他的建筑思想，这和柯尼希的学术观念根本上并无不同。即使冯纪忠未必读过瓦格纳的著作，也很难没有接触到瓦格纳的这些观念。我们以此比照冯纪忠的建筑实践和话语，将不难发现其思想与瓦格纳之渊源。

严格说来，瓦格纳其实也没有创造出现代主义的先锋建筑形式，他的作品整体上并没有脱离学院派建筑的构图术。不过他强调了结构理性的价值，意识到新材料和结构技术将为艺术形式的创造提供新的动力，并且能应用到实践之中，从而将引领一时的风气。瓦格纳的作品粗看起来是一种古典形式，但是融合了许多新的结构元素，具有一种过渡时期的拼贴感，古典装饰元素与现代技术表现兼而有之。

瓦格纳为自己设计过两栋别墅，湖特伯格街（Hüttelbergstraβe）26 号与 28 号，两栋

---

[1] 肯尼思·弗兰姆普敦. 建构文化研究：论19世纪和20世纪建筑中的建造诗学. 王骏阳，译. 北京：中国建筑工业出版社，2007：92.

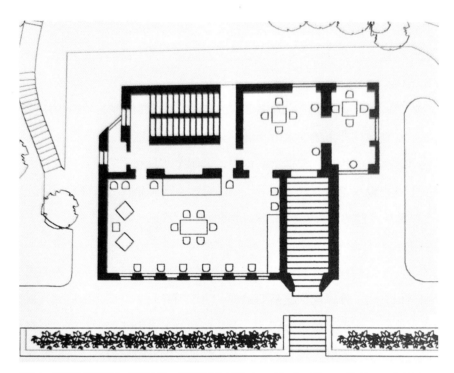

图1.4 湖特伯格街28号一层平面图。图片来自Sol Kliczkowski. *Otto Wagner*. TeNeues Publishing Group，2002

图1.5 湖特伯格街28号渲染图。图片来自Sol Kliczkowski. *Otto Wagner*. TeNeues Publishing Group，2002

别墅比邻，分别完成于 1886 年和 1913 年。建筑师的自宅往往最能反映其本人的学术倾向和艺术趣味，这两栋住宅清晰地表述了瓦格纳的转变。26 号别墅具有一个辛克尔式的新古典主义立面，形式庄严、对称，与其平面形式是对应的。位于构图中心的主入口设有爱奥尼克的三开间柱廊；但是主体建筑的檐口却挑出一个轻盈的金属雨篷，又否定了正统古典主义檐口的厚重做法。这是瓦格纳建筑中的特征之一，新技术的应用和古典构图原则往往相互冲突地并置。28 号别墅的平面则是考虑功能的便利与适用而自由、紧凑，立面上已经去掉了古典柱头和对称样式，虽然还有一些细部的线脚和马赛克的装饰，暗示了这些古典元素，但是平面与立面构图是比较自由的，已经具有了现代建筑的朴素外貌（图 1.4、1.5）。不过相比起路斯来说，瓦格纳更擅长的是材料和技术的表现，而非造型的朴素和内部空间的戏剧性。

维也纳邮政储蓄银行（Austrian Postal Savings Bank）是瓦格纳最著名的作品之一，其建筑平面与立面一样，都是古典主义的对称构图，但是建筑局部的材料和构造做法却引领一时风潮（图 1.6）。除了建筑外表面布满铆钉显得非常独特之外，内部营业大厅亦采用了新颖的技术和材料，比如用玻璃砖做地板为地下层采光，以及采用当时刚刚开始大量生产的铝。营业大厅屋顶采用双层屋面构造（最初的提案是一种斜拉结构），实际起结构作用的桁架隐藏在内层的玻璃天棚之后，产生屋顶轻盈通明的效果，是其最令人瞩目的场景。这个大厅可以理解为三段式：地面、柱子、上部屋顶结构。支撑屋顶的柱子的做法同样值得关注：虽然采用了钢结构，不过瓦格纳还是保留了传统建筑柱式的概念。柱子上粗下细，而与地面交接的地方又有扩大，像传统的柱础。上部的屋顶结构之竖向支撑呈梭形。柱子和屋顶支撑柱的两部分在材料色彩上也做了区分，柱子镀铝，而屋架支撑刷白，其交接之处也予以清晰的表达。屋顶包含了竖向支撑的结构，而不仅仅是一片悬浮的玻璃天花（图 1.7、1.8）。此种构造方式或许暗示了后

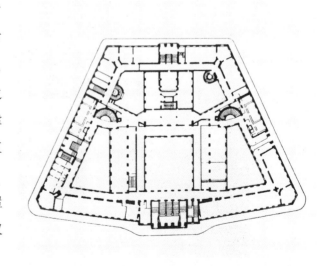

图1.6　邮政储蓄银行平面图。图片来自 *Architecture in Vienna*

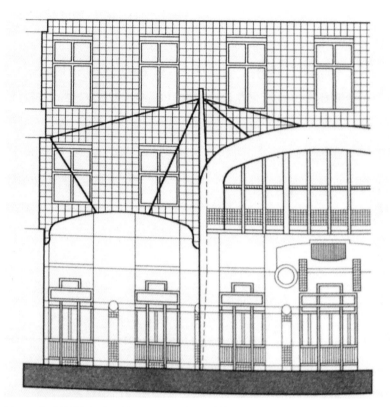

图1.7 邮政储蓄银行大厅剖面图，显示出一种斜拉结构。图片来自Sol Kliczkowski. *Otto Wagner*. TeNeues Publishing Group，2002

图 1.8 邮政储蓄银行大厅。图片来自Sol Kliczkowski. *Otto Wagner*. TeNeues Publishing Group，2002

来冯纪忠在何陋轩柱子的做法上，同样采用三段式，地面和屋顶通过带黑色的金属底座的柱子连接。屋顶不仅仅是一个抽象的界面，而且也包含了支撑的结构形式。

瓦格纳在使用现代材料和现代结构时，并没有将其节点和构造细节简陋化，抑或将其遮蔽，而是做了清晰而精致的处理。金属之间的铆接，墙体饰面板的锚固，呈现出新颖而工业感十足的美学。在邮政大厅的柱子与玻璃屋顶的交接处，瓦格纳留出了一条细细的玻璃带，正好等于柱的宽度。这巧妙地处理了柱子与天棚结构过渡的问题，同时也让整片天花多了一些微妙的细节，使天花的划分具有节奏感，而非单调的均质划分。邮政大厅的铺地使用了新潮的玻璃砖。通过石材条纹分割了玻璃砖地面，考虑了柱子的柱距，柱子正落在石材条纹的网格交点，并且通过铺地的条纹图案标示了空间的方向性。瓦格纳作品中对于建造细节的处理，同样也是维也纳建筑学派的经验财富。多年后，在冯纪忠处理何陋轩的构造细节时，我们也能看到类似的做法。

瓦格纳生活的时代，金属开始并将要大量地在建筑中使用，这是无可回避的趋势。因此瓦格纳要在古典石砌构造的美学系统中，协调金属材料所带来的陌生属性。换言之，要在充分利用金属材料的力学性能的情况下，同时使其结构和构造表现符合古典主义的美学原则。然而这种调和殊非易事，瓦格纳并没有创造标志性的现代建筑形式，但是他

图1.9　邮政储蓄银行入口的轻质金属雨篷。图片来自http://www.bing.com

打破了古典建筑艺术中的那种材料和形式语言的一致性和整体性。储蓄银行外立面看起来是一种古典的坚固的纪念性形象，但是局部却充斥了工业化的技术元素。入口处轻薄的金属雨篷（图1.9）和半透明的玻璃大厅，都是对银行整体构图中的沉重和纪念性的否定；金属和玻璃的轻盈与脆弱之感，与石材砌筑给人的永恒之感形成对比，看似矛盾的并置反倒产生了一种奇异的美感。将这个雨篷与弗里登桥车站的雨篷相比较，就能看出瓦格纳的进化。弗里登桥车站的雨篷的支撑柱还是镂空的柱子，柱子直径和高度比还保持着古典柱式的比例关系。邮政储蓄银行则是轻与重、新与旧的直接碰撞，这样一种矛盾的气质，使瓦格纳的建筑具有过渡时代的鲜明特征，一半是易逝的，一半是永恒的，呈现了一种波德莱尔式的现代性之美。

瓦格纳在局部空间对技术的处理手法非常先锋，在独特浪漫的气质中又包含精致的理性，这是瓦格纳建筑作品中最令人瞩目的一部分。储蓄银行入口处轻薄的金属雨篷，纤细的支撑柱仍然保留了柱头柱础这些元素，落在粗壮的石头基座上。瓦格纳处理现代结构和材料并不遮遮掩掩，同时能使工业化的制作物具有一种古典主义的精致和优雅。正如森佩尔所期望的那样，古典建筑中的那种构造精神、建构的象征性价值仍然得到保留。

历史建筑及其传统如何在现代工业社会中延续或再生，在技术进步中如何创造新的建筑形式，这些是森佩尔和瓦格纳在19世纪末所面对的问题。对于那些具有强大历史传统的国家与民族，他们的建筑师都要面对这个问题，并且已做出不同的回答和相应的探索。这些问题同样出现在20世纪中国建筑师的面前，比如30—50年代梁思成那一代建筑师的尝试，以及80年代冯纪忠等人的再次探索。维也纳学派对现代建筑的探索成果丰厚，瓦格纳等建筑师珠玉在前，对冯纪忠的建筑思想无疑具有启发性。

路斯：空间规划与穿衣服

冯纪忠毕业后曾在维也纳的三家建筑事务所工作过，具体情况因为缺少资料已不可考。据目前的文献来看，他曾在赫尔曼·斯提格霍兹（Hermann Stiegholzer）[1]事务所工作过。斯提格霍兹是维也纳艺术学院毕业的，他设计的金属木材工业劳动交易大楼（图1.10）具有一个纪念性的对称式外立面，不过外墙基本上已经没有任何多余的装饰。假如

---

[1] 据冯纪忠年谱，赫尔曼·斯提格霍兹（1894—1982）为奥地利建筑师。冯纪忠. 建筑人生. 北京：东方出版社，2010.

图1.10　赫尔曼·斯提格霍兹，维也纳金属木材工业劳动交易大楼，1928。图片来自*Architecture in Vienna*

我们简单地将现代建筑理解为去装饰的话，无疑劳动交易大楼已可归为现代建筑。

维也纳现代建筑观念的演进，离不开路斯的贡献。路斯于1930年写道："我已将人类从肤浅的装饰中解放出来。装饰曾经是美的象征，而今天，装饰成为劣质的代名词。"[1]路斯的自信是有依据的，至少在两次世界大战之间，外表去除装饰的现代建筑在维也纳建筑学术圈内已经是普遍的共识。1932年，约瑟夫·弗兰克主持策划了维也纳国际住宅展（Werkbung Siedlung Wien，图1.11、1.12），路斯、纽特拉、黑林等人都位列其中。几乎所有的建筑都采用了无装饰的白色抹灰外墙，与德国的斯图加特德维森霍夫住宅展如出一辙。

路斯激烈地反对外墙表面的装饰，与维也纳分离派素有分歧。他赞同森佩尔的观点，认为建筑的表面装饰如同"穿衣服"（bekleidung），将穿衣服和建筑联系起来。冯纪忠

---

[1] Werner Oecbslin. *Otto Wagner*，*Adolf Loos*，*and the Road to Modern Architecture*. Cambridge University Press，2002.

图1.11　维也纳国际住宅展海报，1932。图片来自http://www.werkbundsiedlung-wien.at

图1.12　维也纳国际住宅展，1932。图片来自http://www.werkbundsiedlung-wien.at

也有类似的言论，他曾在教学中说：要敢于、乐于、善于、惜于穿衣，才谈得上建筑风格。[1] 冯纪忠这种言论的出现并非巧合而已，因为"穿衣服"可以说是维也纳建筑学术圈中的术语之一。不过，在"怎样穿衣服"这一方面，路斯不同意森佩尔的保守立场，表现出现代主义的激进。路斯在讨论服装时说道："怎样穿衣？要穿得现代。怎样才是穿得现代？当他的穿着尽可能少地引人注目时。"[2] 此言颇令人费解，仿佛禅语，并没有直接说明应该穿什么样式。可以理解为去除服装中的装饰，勿以无用的装饰吸人眼目。这个宣言引申到建筑中就是——现代建筑的外立面要低调，要朴素，要去掉以往任何历史风格的外在形式。瓦格纳的邮政储蓄银行的外立面在当时已经算是简洁了，是环城大道上最激进的建筑，但在路斯看来那件"外衣"还是装饰太多（外墙石材饰面上的铆钉实际上主要起装饰作用），似乎只有一片白板才是最好的。路斯激进地去装饰、强调建筑自身朴素的形体之美的现代主义，影响深远。

路斯的第一座公共建筑——高德曼与萨拉奇缝纫公司（Goldman & Salatsch Tailoring

[1]此言出于20世纪80年代末，参见：冯纪忠.教学杂谈//赵冰，王明贤.冯纪忠百年诞辰研究文集.北京：中国建筑工业出版社，2015：57.

[2]英文原文："How should one dress? Modernly. When is one modernly dressed?If one is little noticed as possible."Werner Oecbslin. *Otto Wagner，Adolf Loos，and the Road to Modern Architecture*. Cambridge University Press，2002：225.

图1.13　路斯大楼街景，1911。图片来自http://www.hochhausherrengasse.at/fotos/historisch/

图1.14　讽刺漫画配文：菲歇尔·冯·埃尔拉赫：很遗憾我不知道这个风格，否则，我就不会用那些愚蠢的装饰毁了这个广场。图片来自*Otto Wagner，Adolf Loos，and the Road to Modern Architecture*

Company，即路斯大楼，1909—1911，图1.13）建在米歇尔广场，位于霍夫堡王宫的对面。霍夫堡王宫在18世纪经过冯·埃尔拉赫的扩建、改造，形成了辉煌的巴洛克风格。与之相比，路斯大楼的立面处理就显得过于"简陋"，在充满古典样式的街区里，反而引人注目，在当时曾经引起巨大的争议（图1.14）。除了立面的几处水平线条外，墙体表面再无装饰的纹样，窗罩光秃秃的。这是一块街道转角用地；路斯大楼表现出对城市文脉的尊重，在转角处形成一个三段式的庄重立面。大楼一至三层为商业和办公用房，外罩大理石贴面，四层以上为住宅，外刷白色灰泥。这些表皮材料的处理其实与内部的功能是对应的，同时考虑了不同功能对材料预期的习惯。

　　20世纪10年代，路斯曾创办过一个非正式的建筑学校，吸引了一大批来自维也纳技术大学的青年学生，其中包括纽特拉和辛德勒。柯尼希虽然反对学生接近路斯，但奈何路斯的煽动性言论更具有吸引力。约瑟夫·弗兰克也是路斯的追随者，其作品已经是彻底的现代建筑。当路斯客居巴黎时，弗兰克是维也纳最先锋的建筑师。和路斯一样，弗兰克的大部分委托项目都是私人住宅。他的作品不仅仅在外立面与路斯同样简洁朴素，如威尔布兰特街住宅（图1.15），内部空间也同样富于高低变化。例如温茨街12号比尔

图1.15 约瑟夫·弗兰克，威尔布兰特街住宅，1913。图片来自*Architecture in Vienna*

图1.16 约瑟夫·弗兰克，比尔住宅沿街立面。图片来自*Architecture in Vienna*

住宅（Beer House，1929，图1.16、1.17、
1.18）[1]，不但平面上具有流动的空间
效果，地坪、空间的高度也富于变化。由
此可知，路斯"空间规划"（raumplan）
的观念，在维也纳的建筑学术圈中已经具
有较为广泛的影响了。虽然，我们不能确
定冯纪忠是否能够进入这些私人住宅中参
观，但是身处维也纳，他对"空间规划"
的观念有所了解则不会令人感到意外。

　　路斯所处的时代是新古典向现代建筑
剧烈转变的时期。对于曾受到古典主义建
筑价值浸染的建筑师来说，要抛弃那些附
翼在历史建筑风格中的价值系统，无论如
何并非轻而易举。瓦格纳的方式是以现代
技术、现代材料替换传统技术和材料，但
是尽可能地保留原来的形式语言和构图原
理。路斯的方式可以说是激进，也可以说
是巧妙地回避了这个问题。他区分了作为
艺术的建筑和具有实用目的的房屋；他声
称只有坟墓和纪念碑才是建筑。至于房屋，
最重要的是实用性，这样也就回避了困扰
其他建筑师的象征性难题。路斯认为建筑师就是"做梯子的木匠"，难道木匠会考虑梯
子是古典还是现代的风格吗？

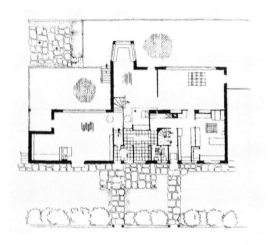

图1.17　约瑟夫·弗兰克，比尔住宅平面图。图片来自
Architecture in Vienna

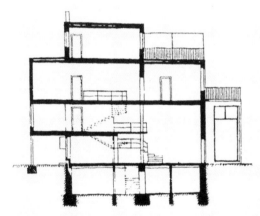

图1.18　约瑟夫·弗兰克，比尔住宅剖面图。图片来自
Architecture in Vienna

卡尔·赫雷：历史的研究及其价值

　　森佩尔在《技术与建构艺术（或实用美学）中的风格》的序言中说他的目的是"探

---

〔1〕August Sarnitz. *Twentith Century Vienese Architecture：Architecture in Vienna*. Wien：Springer-verlag，
1998：237.

究成为显露在外的艺术现象的过程中的内在秩序（gesetzlichkeit），并从中推导出普遍原理和经验艺术的本质"[1]，即试图寻找艺术形式之所以产生的动因。维也纳技术大学建筑系非常重视建筑史教育，这得益于柯尼希对历史的坚定信念。柯尼希接受了森佩尔的思想，认为研究建筑史的目的不是为了简单地挪用历史图谱，还要求追问历史建筑形式产生的内在原因与意义。"他追随勒杜（Viollet-Le-Duc）和森佩尔的精神，创导对过去事务全面而科学地研究的概念才是任何新建筑的基础。……他宣称建筑应该在反映过去材料的真诚性和空灵性的同时，适合现代生活需要，因此很像森帕尔的观点。柯尼希强调的，不仅仅是对西方古典视觉的语言流畅掌握的重要性，还有对古代建筑基本形式生成过程认识的重要性。……他坚信，只有具备了这种认识，建筑师才能重构这些素质，赋予其崭新的精神内涵。"[2]

柯尼希重视历史研究的思想得到了很好的传承。技术大学的历史课不仅仅是风格史，还注重讲述形式与材料以及建造方式的关系。[3]冯纪忠最主要的导师赫雷（Karl Holey）[4]是柯尼希的学生，曾任维也纳技术大学建筑系主任。赫雷同时教授建筑历史和建筑设计，因此冯纪忠的建筑思想自然不能不受他影响。赫雷曾作为建筑师参加埃及吉萨金字塔考古挖掘，在历史建筑考古和保护重建方面有很高的成就。冯纪忠或许并没有从导师那里直接获得现代建筑方面的教导，但是他学到很多建筑历史、材料和结构方面的知识和经验，这为日后发展自己的建筑思想打下了深厚的基础。结构的诚实性，以及工程建造过程对形式的影响，不但体现在冯纪忠早期的作品中，还体现在理论写作中；当他在《空间组合原理》中讨论建筑空间和造型时，总是不忘强调它们与结构和材料的关系。

赫雷是教堂建筑方面的专家，他设计建造过一些小教堂。1932年他设计了布艮兰州

---

〔1〕戈特弗里德·森佩尔.建筑四要素.罗德胤，赵雯雯，包志禹，译.北京：中国建筑工业出版社，2010：182.

〔2〕Christopher Long.通往现代主义的又一途径：Carl König和维也纳理工大学的建筑学教育，1980—1913.冯叶，译.建筑业导报，2007，（11）：17-19.

〔3〕冯纪忠曾以多立克柱子为例谈论形式和工程做法的关联。参见：冯纪忠.建筑人生.北京：东方出版社，2010：55.

〔4〕赫雷（1879—1955），毕业于维也纳技术大学，曾任维也纳技术大学建筑系主任，还担任过校长，主要成就在教堂设计和历史建筑保护方面。

图1.19　卡尔·赫雷，尼基奇小教堂。图片来自http://de.wikipedia.org/wiki/Karl_Holey#

的尼基奇小教堂（Pfarrkirche Nikitsch，图 1.19），建筑外墙装饰已十分简化，水平方向只设一道线脚。坡屋顶的构造做法接近民居，非常朴素，完全暴露于外，无所装饰。但是教堂入口挑出三个连续的半圆形筒体，表达了赫雷别出心裁之意趣；形式的创造不落俗套，这也是对柯尼希的"巴洛克"手法的继承。

赫雷于 1937—1955 年间主持修复维也纳圣斯蒂芬主教堂（St. Stephen'Cathedral，图1.20、1.21）。此期间冯纪忠正在赫雷门下学习，因此他对这个教堂可能也有所了解。圣斯蒂芬主教堂是维也纳城市中心的地标，也是奥地利最大的天主教堂。最初是罗马风教堂，兴建于 1137 年，后被焚毁，但于 13 世纪重建。14 世纪中又经过两次改扩建，加建部分是哥特风格。教堂平面是拉丁十字式，十字的两翼比较窄，是主要塔楼所在，现在只有南塔建成。现在教堂前厅是三开间五跨进深的空间，但是入口外立面是五个开间的构图。这是因为，教堂大门中央三开间部分是 12 世纪罗马风时期的遗物，反映了当时的教堂中厅宽，两翼侧廊窄。14 世纪扩建时将前厅的侧廊加宽了，从而使中厅和侧廊的开间宽度相等；但是以前的罗马风三开间大门予以保留，而在大门两侧各加一个开间，从而使入口立面形成五段式构图。这新加的两侧比中厅的平面略微突出，使正立面更宽，气势更宏大。

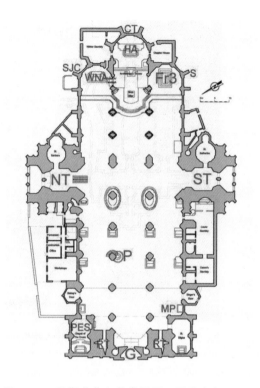

图1.20　维也纳圣斯蒂芬主教堂主立面。图片来自《弗莱彻建筑史》　　图1.21　圣斯蒂芬主教堂平面。图片来自http://en.wikipedia.org/wiki/St._Stephen%27s_Cathedral,_Vienna

　　冯纪忠至少可以从圣斯蒂芬主教堂得到几条教益，除了古典建筑形式处理的技巧之外，还有哥特式空间和结构形式的统一性。从建构的角度来说，哥特式建筑的艺术形式和结构形式具有一致性，为结构理性主义者所称道。这些教益都将反映在冯纪忠日后的工作之中。此外，维也纳具有深厚的艺术史学术传统，这种学术氛围促进了维也纳在建筑历史和保护方面走在理论和实践的前沿。圣斯蒂芬主教堂就是历史建筑保护和更新的活教材，显示了不同历史时期的建筑风格如何并存、协调。基于在维也纳的这些学习经历，冯纪忠对历史建筑保护也有深刻的认识和独到的观念。他曾简明地将保护观念表达为："整旧如故，以存其真"。"故"就是过去的历史，需要调查研究。历史上每个时代都可能留下了不同痕迹，这些痕迹不应该在修复中完全抹去，这就是"存真"。[1]

―――――――――――

〔1〕根据阮仪三回忆，冯纪忠的原话为："可能这个建筑就是唐宋元明清，你应该整成唐宋元明清。因为什么历史发展过程中都留下痕迹。"参见：中央电视台十套《大家》栏目《建筑学家冯纪忠：建筑人生》；赵冰、王明贤主编《冯纪忠百年诞辰纪念文集》，中国建筑工业出版社2015年版，第217—218页。

得益于在维也纳技术大学建筑系的建筑史教育经历，冯纪忠对西方经典建筑历史了然于胸，更重要的是他能理解历史建筑的形式生成过程和机制，并能在创新中赋予其"精神内涵"。冯纪忠对巴洛克建筑似乎尤感兴趣，而维也纳也有不少的巴洛克建筑案例供其观察。赫雷曾有意让冯纪忠留校做助教，但是由于纳粹时代的政治氛围，其结果自然也是无疾而终。

冯纪忠 1936 年 9 月进入维也纳技术大学，于 1941 年 6 月以优异成绩毕业。因为二战期间无法回国，遂在赫雷指导下继续攻读博士学位。赫雷指定他研究一座巴洛克时期的官邸——维也纳的哈拉什宫（Harrach Palace，图 1.22、1.23）[1]。以前的文献从未详细说这件事，冯纪忠只在口述自传中提到过这个建筑的名称。哈拉什宫是奥地利一个显赫贵族世家的官邸，它在 17 世纪末经过一次重建，设计师是意大利建筑师多米尼克·马提内利（Dominec Martinelli，1650—1718）。

马提内利将意大利巴洛克风格介绍到维也纳，他是阿尔卑斯地区巴洛克建筑风格的重要人物。城市中的巴洛克建筑比较注重公共空间。哈拉什宫位于一块不规则的梯形用地上，由几栋沿街的建筑围合成一个矩形的内庭院。内庭院并不是封闭的，四面都与街道连通，如同一个城市广场。虽然单体建筑平面不规则，内庭院却是规则的矩形。哈拉什宫是维也纳早期的巴洛克建筑，其外立面并无特别可书之处，比较有趣的是街道和内庭院之间的圆形门廊空间，属于比较典型的巴洛克空间处理手法。这个门廊就像一个屋顶下的小广场，或者现代观念中的"灰空间"。

图 1.22　哈拉什宫。图片来自http://www.viennatouristguide.at/Palais/stadtpalais/harrach_freyung.htm　　图 1.23　哈拉什宫鸟瞰。图片来自http://www.bing.com/maps

[1] 哈拉什家族是奥匈帝国的贵族，哈布斯堡王朝的望族，在维也纳和布拉格都有官邸。维也纳的哈拉什宫由马提内利设计建造于1689—1696年，二战期间被毁坏，后来经过修复基本上恢复了原貌。详见：http：//en. wikipedia. org/wiki/harrach.

当时，冯纪忠已经完成了大部分文献查阅和测绘工作，但还没来得及测绘细节，这座宫殿却在战争期间的轰炸中毁坏了。由于赫雷没有再指定题目，所以冯纪忠也中断了博士研究。不过，这段研究也增加了他对巴洛克建筑的认识。建筑师所掌握的历史知识也许并不能为其提供直接的形式资源，但是却能丰富他的感受，磨砺他的思想，也为他日后的工作增加历史积淀的筹码。

齐格菲·苔斯：城市建筑的文脉与现代性

冯纪忠的另一位重要的设计课教师是齐格菲·苔斯（Siegfried Theiss）[1]，他也是柯尼希的学生。苔斯是城市规划和住宅建筑方面的专家，其20世纪20年代的建筑作品包括一些住宅和学校，属于比较成熟的现代建筑。阔林街10—12号（Quaringasse 10–12，图1.24）是集合住宅，住宅沿街的商铺保留了砖材料的质感，楼层的外墙体则是了光滑朴素的墙面。屋顶平台采用了金属栏杆，栏杆与墙体的交接处夸张、直接地暴露在女儿墙外。苔斯在功能主义的基础上，善于运用一些巴洛克的处理手法，使普通的住宅建筑仍然具有自己独特的个性，并且丰富了城市中的街道界面。

图1.24 阔林街住宅，1923。图片来自*Architecture in Vienna*

---

[1] 齐格菲·苔斯是维也纳著名的建筑师，他与汉斯·贾实（Hans Jaksch，1879—1970）合作设计了海伦街摩天楼。

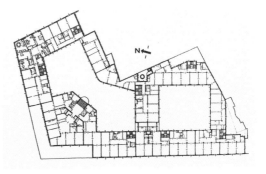

图1.25　海伦街摩天楼鸟瞰，右边毗邻路斯大楼。图片来自　图1.26　摩天楼公寓平面图。图片来自*Architecture in Vienna*
http://www.bing.com/maps

图1.27　建造中的摩天楼，可以看到远处的圣斯蒂芬大教堂。图片来自http://www.hochhausherrengasse.at/fotos/historisch

　　1930—1932年间，苔斯设计了位于维也纳市中心的高层建筑——海伦街摩天楼（Hochhaus Herrengasse，图1.25、1.26、1.27）。该楼是维也纳第一座高层建筑，在当时被认为是现代建筑与现代生活胜利的标志，甚至奥地利总理也出席了该楼的落成典礼。不过，它从产生伊始就充满争议，具有政治上的象征意义，是由社会民主党提出的为劳工和无产者修建的低收入住宅。[1]而这个建筑基地在以前是贵族皇宫所在地，并不是普

〔1〕该摩天楼是社会民主党"红色维也纳"时期提出的居住计划之一，包括224套公寓，其中120套为家庭公寓，104套为单身公寓。实际上由于公寓的租金太高，租住的人群主要还是上层社会的人群。参见：http://www.tourmycountry.com/austria/hochhaus-herrengasse2.htm.

通平民居住的地段，建筑的高度亦受城市规划的限制，不应超过 25 米，因此受到保守党派的抵制。苔斯设计的摩天楼不但是现代风格的，而且是城市设计的优秀范例，充分地考虑了街区的整体性和街道视觉上的连续与协调。现代建筑与历史建筑共生，融入城市，在维也纳有充分的实践经验。冯纪忠在 20 世纪 80 年代对上海进行旧城改造的教学研究，与他在维也纳所接受的教育是分不开的。

　　摩天楼与著名的路斯大楼毗邻，离哈拉什宫也只有两条街。路斯大楼沿街高 8 层（立面 7 层，外加孟莎式坡屋顶高 1 层），而摩天楼沿街 9 层，但第九层后退出一个平台，与路斯大楼形体上和谐过渡。建筑街道转角处在两层即后退出一个平台，11 层之后也是层层退进，如同金字塔一般，最顶端是两层高的观光厅。因此，摩天楼虽然有 16 层、高50 余米，但是站在街道上很难完全看到最上面的几层，也没有对街道产生强烈的压迫感。沿街立面的处理可以看到瓦格纳晚期作品的影响，公寓层立面是均质分布的落地窗，窗的尺度比例很好地与周围的建筑立面相协调。

　　摩天楼是当时维也纳最时髦的现代建筑，公寓都配置了电炉，集中供应暖气和热水，在当时属于高配置，非常舒适，吸引了许多文化名流入住；冯纪忠也曾去拜访过住在那里的朋友，对这个建筑印象深刻。[1] 摩天楼的建筑主体是钢筋混凝土框架结构，12 层以上的塔楼是钢结构框架。结构工程师鲁道夫·沙里格（Rudolf Saliger），是维也纳技术大学的结

图 1.28　摩天楼，屋顶观光亭。图片来自 http://www. hochhausherrengasse.at/fotos/historisch

图 1.29　摩天楼，底层转角的圆形咖啡馆。图片来自 http://www.hochhausherrengasse.at/fotos/historisch

〔1〕冯纪忠有个德国朋友住在摩天楼，他曾去这个朋友的宿舍中洗热水澡，对此建筑印象深刻。参见：冯纪忠. 建筑人生. 北京：东方出版社，2010.

构教授，也是冯纪忠的老师。摩天楼的立面简洁，没有任何多余的装饰性线角，立面之诚实甚至超过了比邻的路斯大楼。顶层的观光亭是全玻璃幕墙，屋顶平台都是通透的钢栏杆。苔斯仍旧有一些巴洛克的造型元素，如屋顶观光楼的圆形梯井，底层街道转角处设置的圆形咖啡厅，都是功能主义之中的活泼元素（图 1.28、1.29）。不过所用材料新潮，处理手法简洁，墙面和天花的界面光滑，表现了维也纳都市生活的现代性。

在上海，冯纪忠曾经为邬达克所设计的国际饭店的现代感而激动，而在维也纳他见到了更现代的高层建筑。国际饭店还是一种所谓的艺术装饰风格，而苔斯的摩天楼则是更为彻底的现代主义建筑。它堪称 20 世纪 30 年代维也纳现代建筑之翘楚，给冯纪忠留下了深刻的印象，并在其日后设计的同济医院中留下了印记。

维也纳的巴洛克建筑传统

"巴洛克"一词有几种用法，其最窄的含义特指 17—18 世纪以贝尼尼（Giovanni Lorenzo Bernini）和波罗米尼（Borromini）等意大利建筑师为代表的建筑风格。稍微扩展的含义，是将巴洛克与文艺复兴视为相对的艺术风格，是一个时代普遍的艺术风格〔如沃尔夫林（Heinrich Wolfflin）的研究〕，包括绘画、音乐等多个领域。除了这些特定的用法，巴洛克在字面上是怪异、奇崛的意思，可以用来泛指那些看上去标新立异、离经叛道甚或极端的艺术特征及手法；在这种情况下，巴洛克不再具有特定的内涵或指代某种特定的风格，而是艺术话题中非正式的用语。[1]

19 世纪末，维也纳巴洛克风格建筑一度被认为是奥地利的"国家风格"。虽然这种风格最初来自意大利，但是此时已经形成了自己的本土传统，这种思潮不但在实践中有所体现，同时还得到了学术界的响应；巴洛克艺术也是维也纳艺术史研究的重要主题之一。[2] 柯尼希在这种背景下，继承和发扬了一些历史中的巴洛克手法。然而，19 世纪末的西欧主要处于一种理性主义的气氛中，例如，瓦格纳已经去向辛克尔学派求学。自然，对于瓦格纳学派来说，继续维也纳的巴洛克风格已经是一种退步和保守的做法，所以柯

〔1〕例如钱锺书曾将"baroque"艺术流派翻译为"奇崛派"，这样巴洛克有可能逐渐脱离本义，而泛指某种艺术特征。参见：钱锺书.通感//钱锺书.七缀集.上海：上海古籍出版社，1985：63-78.
〔2〕巴洛克建筑作为奥地利的国家风格的这一观点，参见：施洛塞尔，等.维也纳美术史学派 张平，等，译.北京：北京大学出版社，2013：57.

尼希的学生也被瓦格纳一派称为"巴洛克学生"。也就是说，冯纪忠的师承中就包含了维也纳巴洛克的学术脉络。如果我们对维也纳的巴洛克传统略加考察，就会发现有关冯纪忠建筑中巴洛克特征的说法并非毫无依据。

维也纳技术大学位于环城大道卡尔广场（Karlsplatz）南侧，初建于 1819 年，1906 年由柯尼希设计加建了两翼（图 1.30）。卡尔广场对面是瓦格纳设计的城铁站，西侧还有著名的巴洛克教堂——卡尔教堂（Karlskirche）。可以说卡尔广场是冯纪忠在五年的学习中最熟悉的地点，对于理解冯纪忠的建筑思想也具有象征性的意义。瓦格纳于 1909 年绘制的一张卡尔广场鸟瞰图（图 1.31），清晰地显现了技术大学、城铁站和卡尔教堂的空间关系。这张鸟瞰图显示瓦格纳有意识地加强了广场的巴洛克特征。城铁站和技术大学有轴线关系，不过，卡尔教堂才是最重要的视觉焦点，是广场上最重要的地标。城铁站的拱顶呼应了教堂的穹顶，这是瓦格纳在向他的伟大先辈致敬。卡尔教堂与卡尔广场城铁站分别由 17 世纪末和 19 世纪末维也纳最著名的建筑师设计，而巴洛克建筑和瓦格纳正是冯纪忠最重要的思想资源之一。

自从 17 世纪末土耳其人对维也纳发起的侵略失败以后，维也纳得以稳定发展。以罗马为典范的哈布斯堡王朝，同样选择用巴洛克建筑来表现王权的威严和辉煌。意大利建筑师马提内利定居维也纳，引入了罗马的巴洛克建筑手法。[1] 17 世纪末，维也纳的菲歇尔·冯·埃尔拉赫（Johann Bernhard Fischer von Erlach）和冯·希德布兰特（Johann Lukas von Hildebrandt）等都曾到意大利研习巴洛克建筑，波罗米尼是他们的典范。此后，维也纳重要的教堂、宫殿都采用了巴洛克风格，在某种程度上奠定了维也纳的城市特征。冯纪忠生活在维也纳，除了瓦格纳的作品之外，可以说日常接触最频繁的就是巴洛克建筑。耳濡目染，冯纪忠也感染了维也纳的巴洛克精神。

卡尔教堂（图 1.32）又叫圣查理教堂，建于 18 世纪初，由当时的国王兴建，建筑师是冯·埃尔拉赫。教堂平面是希腊十字形，主堂是椭圆形的。卡尔教堂规模不大，但很可能是立面最雄伟的巴洛克教堂，其立面构图或参照了波罗米尼的圣阿涅斯教堂（此教堂为后世诸多巴洛克教堂的典范）。冯·埃尔拉赫在卡尔教堂主入口两侧各增加了一个礼拜堂，从而将主立面的宽度增大了近两倍，使教堂的规模从广场上看起来十分宏大。

---

〔1〕参见：克里斯蒂安·诺伯格·舒尔茨. 巴洛克建筑. 刘念雄, 译. 北京：中国建筑工业出版社，2000：196.

图1.30　维也纳卡尔广场现状照片，包括维也纳技术大学、卡尔教堂和城铁站。图片来自http://www.bing.com/maps

图1.31　维也纳卡尔广场，1909，由瓦格纳绘制。图片来自*Otto Wagner，Adolf Loos，and the Road to Modern Architecture*

此外，冯·埃尔拉赫还在两侧加了一对罗马式的纪功柱，这种"突兀"的做法更使卡尔教堂成为欧洲最独特的巴洛克教堂之一。冯·埃尔拉赫也被维也纳人认为是可以与米开朗基罗媲美的本土建筑大师，他和他的学派的建筑风格，被称为"维也纳巴洛克风格"[1]。

　　维也纳巴洛克教堂的规模都不大，所以为了凸显正立面的气势，卡尔教堂这种立面处理手法很常见。冯·希德布兰特于1702年设计的维也纳圣彼得教堂（Peterskirche，图1.33）正立面也有类似的处理手法。

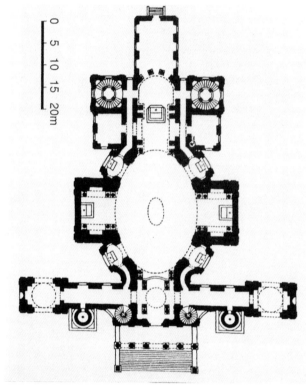

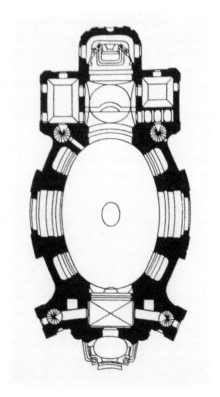

图1.32　维也纳卡尔教堂平面图。图片来自《世界建筑史·巴洛克卷》，王瑞珠编

图1.33　维也纳圣彼得教堂平面图。图片来自《世界建筑史·巴洛克卷》，王瑞珠编

　　巴洛克建筑的正立面还有一个较为常见的处理手法，就是向外的圆弧形凹面。意大利建筑中这种案例非常多，波罗米尼的教堂建筑是典型，罗马纳沃纳广场的圣阿涅斯教

---

〔1〕　"维也纳巴洛克风格"不知由何人何时提出，但似乎被维也纳著名的艺术史家李格尔所接受。参见：达萨. 巴洛克建筑风格：1600—1750年的建筑艺术. 方仁杰，金恩林，译. 上海：上海人民出版社，2007：143-145.

堂是经典的以凹面塑造城市公共空间的典范。维也纳也有不少案例，例如圣彼得教堂虽
然规模很小，但正立面也是凹面的处理方法，造型非常生动别致（图1.34）。最宏伟的
建筑要数冯·埃尔拉赫设计的霍夫堡王宫（图1.35），非常典型，大弧形面向广场，中
央入口的门头有一个露台，供国王出场所用。巴洛克建筑在这里是彰显皇权的一种建筑
手段，是建筑和权力的结合。贝尼尼设计的罗马圣彼得教堂的大柱廊，也具有同样的目的。
冯纪忠这样来理解巴洛克的手法："巴洛克的时候，教皇跟群众见面不是在里面的中心
点，而是到了大门口，所以教堂外边就有个廊，围成一个空间。这个空间变成一个主体，
把内部空间扩大到外部去。"[1]

图1.34　圣彼得教堂正立面。图片　图1.35　霍夫堡王宫。图片来自http://www.bing.com/maps
来自*Architecture in Vienna*

　　诺伯格·舒尔茨（C.Norberg-Schulz）从空间分析的角度出发，认为巴洛克建筑的特点
在于运动和对比、内部空间和外部空间的新关系。巴洛克时代的艺术是将生活方式可视化，
通过具有表现力的艺术来达到移情和说服的目的。教堂建筑的目的是让上帝的宏大与荣耀
被信众感受到。因此，建筑中的各种元素必须经过系统的组合，以服务和表现这样一个
目的。[2]

---

〔1〕冯纪忠.与古为新：方塔园规划.北京：东方出版社，2010：108.

〔2〕参见：克里斯蒂安·诺伯格·舒尔茨.巴洛克建筑.刘念雄，译.北京：中国建筑工业出版社，
2000.

　　冯纪忠在假期多次到意大利旅行，对罗马的巴洛克建筑也应该熟知。他晚年曾经谈到对巴洛克建筑的理解："最初巴洛克是在意大利，有一个叫圣玛利亚的四券教堂，是最早的巴洛克架式。这之前的房子，它的光是向内聚集的，到了巴洛克的时候，它就要向外了。从历史讲，又是符合政治的东西：它要扩充到外头。……圣玛利亚教堂，一看就清楚，是意大利的，我想应该是波罗米尼设计的。那时候两个人，一个是波罗米尼，一个是贝尼尼……巴洛克最早是到维也纳，在维也纳到达鼎盛期。所以我对空间的想法，其实有点想到这个东西。"[1]由此可见，冯纪忠对巴洛克风格的历史是非常了解的，同时也很清楚维也纳的巴洛克传统；他将巴洛克历史建筑作为一种设计资源，从其形式以及空间上得到启发。

　　维也纳的"巴洛克传统"不仅体现在那些辉煌的城市风貌和建筑实物中，还体现在学术研究中。实际上，关于巴洛克艺术的研究也是维也纳美术史学派的重要学术领域之一。[2]在古典美术史学者看来，从古典晚期到中世纪以及巴洛克时期，艺术都处在一个衰落的时代，因此并不受艺术史学家的重视。布克哈特（Jacob Burckhardt）在《古物指南》（*The Cicerone*）中描述了巴洛克风格，不过巴洛克并不符合他的个人爱好。[3]他的学生沃尔夫林在《文艺复兴与巴洛克》（*Renaissance und Barock*）中讨论了巴洛克建筑，不过也没有予以积极的评价：巴洛克作为文艺复兴的对立面，表现出有缺陷、不稳定、忧伤等特征。[4]而李格尔（Alois Riegl）认为，优秀的美术史家不应在研究中受限于个人趣味，所有的艺术时期都具有同等的研究价值。李格尔特别关注"衰落期"的艺术，他除了《罗马晚期的工艺美术》（*Later Roman Art Industry*）之外，还有许多关于巴洛克艺术的研究。李格尔于1894年后任教于维也纳大学，开设过关于巴洛克艺术的讲座。在他死后，其讲稿被编成《罗马巴洛克艺术的起源》出版。[5]沃尔夫林曾对李格尔的这本书写过评论文章，

〔1〕冯纪忠.与古为新：方塔园规划.北京：东方出版社，2010：106.

〔2〕参见：施洛塞尔，等.维也纳美术史学派.张平，等，译.北京：北京大学出版社，2013：57.

〔3〕参见：施洛塞尔，等.维也纳美术史学派.张平，等，译.北京：北京大学出版社，2013：56.

〔4〕参见：海因里希·沃尔夫林.文艺复兴与巴洛克.沈莹，译.上海：上海人民出版社，2007.

〔5〕该书应为*Die Entstehung der Barockkunst in Rom*（*The Development of Baroque Art in Rome*）。参见：达萨.巴洛克建筑风格：1600—1750年的建筑艺术.方仁杰，金恩林，译.上海：上海人民出版社，2007.

甚至有可能受到过他的影响。

20世纪初，汉斯·泽德尔迈尔（Hans Sedlmayr，1896—1984）最早系统性地对波罗米尼的建筑进行研究。他的研究对象包括冯·埃尔拉赫和波罗米尼，先后出版了《一种晚期教堂式样的历史以及关于埃尔拉赫艺术的几个要点》（*Fischer von Erlach der Ältere*，1925）和《波罗米尼的建筑》（*The Architecture of Borromini*，1930）。[1] 泽德尔迈尔于1918—1920年在维也纳技术大学学习建筑，后来转到维也纳大学学习艺术史。1936—1945年，泽德尔迈尔任教于维也纳大学，在此之前，他曾在维也纳技术大学教授美术史。因此，泽德尔迈尔无疑对维也纳技术大学的巴洛克传统有所贡献。

而吉迪恩（Siegfried Giedion）对巴洛克的研究，也不能完全排除维也纳美术史学派的影响。事实上，沃尔夫林和维也纳美术史学派在学术上有着积极的联系。20世纪40年代，吉迪恩在其宏著《时间、空间和建筑》中，花了不少篇幅讨论晚期巴洛克建筑。该书中特别讨论了波罗米尼的建筑中起伏的墙面和灵活的底层平面，吉迪恩并没有将现代建筑与历史遗产割裂，相反，他将巴洛克建筑视作现代建筑空间概念的源头之一。[2] 吉迪恩对巴洛克精神的肯定对冯纪忠也具有启发性；冯纪忠对巴洛克建筑非常熟知，对其空间与形式观念感兴趣，这在他以后的工作中都得到体现。

森佩尔：思考建筑形式生成之源

前文梳理了维也纳20世纪30年代的建筑文化背景，在这个背景中，时不时出现森佩尔的魅影。森佩尔的理论虽然后来遭到了许多质疑，尤其是来自李格尔的批评，不过重要的是，他的写作实际上提供了丰富的议题，引发后代更多的思考和回应。当冯纪忠来到维也纳之时，森佩尔已经去世半个多世纪，不过他的魅影仍然飘浮在德语建筑文化圈的上空，并将他的思想之光投射到那位来自东方的年轻学子身上。森佩尔的一些学术观点通过瓦格纳一代影响了维也纳的现代建筑，这些因素也留在冯纪忠的思想背景里。

---

〔1〕参见：施洛塞尔，等. 维也纳美术史学派. 张平，等，译. 北京：北京大学出版社，2013：103. 另参见：https://en.wikipedia.org/wiki/Hans_Sedlmayr.

〔2〕参见：Sigfried Giedion. *Space，Time and Architecture，the Growth of a New Tradition*. Harvard University，2008.

森佩尔认为材料和技术是形成建筑风格的主要动因，他相信资本主义科学和工业技术的发展将会带来跳跃式的风格变化。人们发明了新的材料，砖，金属，特别是铁和锌，取代了石材和大理石，继续模仿石材和大理石的建造形式已经不合时宜，这只会使新材料呈现出虚假的外观，"让材料展现其自身之美吧；让它大步向前，在经验和科学中找到真实的最适宜的造型和比例。砖看上去要像砖，木材就是木材，铁就是铁，每一种材料的表现形式都应符合自身的力学法则"[1]。

森佩尔的观念被瓦格纳继承下来，并在实践中有了突破性的发展。这一带有物质决定论和进化论色彩的思想模式，自然也很容易被来自贫弱中国的冯纪忠所接受，因此冯纪忠对新的结构技术和设计工具总是跃跃欲试，并在日后为推动国内的学科发展做出了贡献。

森佩尔从分析纺织技术开始，提出了建筑装饰和穿衣服原理具有深刻联系的观念。建筑中使用的大多数装饰的象征符号，都在纺织艺术中有其根源和滥觞；纺织物、遮盖物与捆绑要素对于艺术，尤其是建筑的风格与形式本质有着深刻而全面的影响。这个观点似乎颇为流传，纽费特《建筑师手册》（*Bauentwurfslehre*）中也提到绑扎和编织与建筑的起源相关。希腊艺术和建筑中的形式要素同样受服装和覆盖物原则的控制，不一定具有结构技术意义，但是体现了结构象征意义。[2]所谓建筑的"象征性价值"必然与希腊建筑的形式要素相关。放弃这些形式，也就失去了这些价值。这是森佩尔的忧心之处，也是先锋派要攻击的保守观念。

森佩尔处于建筑文化的一个转变期，他既是当代著名的一位建筑师，也是一位历史理论学者。森佩尔根据加勒比地区的原始棚屋提出了建筑四要素，即火炉、基座、框架、围合。虽然，这四要素实际上是对特定地域建筑文化的一种观察，未必放之四海皆准，但是，通过这种对于起源的探索和分析，森佩尔质疑了当时流行的建筑学理论，拓展了建筑学的知识范畴，并且指出技术变化将会带来新的可能性。虽然当时对于建筑风格的史学研究成果提供了多种风格，然而未来的发展走向到底如何，他也无法预言。不过，森佩尔

〔1〕戈特弗里德·森佩尔.建筑四要素.罗德胤，赵雯雯，包志禹，译.北京：中国建筑工业出版社，2010：46—47.

〔2〕森佩尔《技术与建构艺术（或实用美学）中的风格》认为，在所有民族的所有历史阶段，穿衣服的原理极大地影响了建筑以及其他艺术的风格。该文章载于《建筑四要素》第219—233页。

似乎对这种将要到来的风格变化并不完全持乐观的态度，他担心历史建筑风格中所包含的象征性价值将会消失。瓦格纳延续了森佩尔的思考并积极探索。在卡尔城铁站和储蓄银行中，瓦格纳在使用新材料和新技术的同时还尝试延续历史建筑风格中的象征价值。这些开创性的工作也对冯纪忠具有启发意义。此外，瓦格纳的工作还包含了理性主义的传统，这些影响或许部分来自辛克尔，体现在构造的清晰性和目的性方面。这一思想同样体现在冯纪忠的建造中。

森佩尔认为纪念性建筑起源于节庆日的临时棚屋，那些为节庆气氛而装饰的覆盖物、花环、战利品等转变成建筑的装饰形式。[1]这种关于起源的想象在冯纪忠那里也能发现。不过，森佩尔希望能保留那些装饰形式的象征意义，而冯纪忠则更关注结构和材料本身的合理性，以及与地理文化背景的适应性，包括建筑与自然的关系。冯纪忠在20世纪60年代创作花港茶室时，就提到中国民间婚丧嫁娶的户外竹棚，也可以是取法的对象。而他80年代创作的何陋轩实际上就是一个竹构棚屋。竹棚屋成为纪念性建筑的原型，在多个项目中得到实验，本书将在后面再次讨论。

从21岁起，冯纪忠在维也纳生活了近十年。这十年中他先是在维也纳技术大学获得学位，然后先后在三家事务所短暂地工作。在到达欧洲的第二年，他的祖国陷于日本全面侵略的战火之中。随后德国纳粹在欧洲引发了第二次世界大战，他被迫滞留在维也纳，直到1946年才辗转回到中国。这十年，故国不能回，维也纳也处于战争的阴云之中，留学遂成为"流放"。这十年的海外生活是属于冯纪忠个人的"奥德修斯之旅"。维也纳对其人生的意义不言而喻，正是维也纳奠定了他的建筑思想的基础。无疑，考察维也纳的现代建筑状况和学术源流，有助于我们认识冯纪忠的学术传承，这是本章的主要内容和目的。以下几点为对本章纲要的梳理。

第一，冯纪忠受德语区"建构"文化的影响，可以得到肯定的判断。不过，冯纪忠对于"建构"这一外来的术语实际上不太追究，他也一再提醒应该将术语简单化，并且从个人的角度来解读这一术语。他认为："建构"要考虑人为加工的因素，也就是说要将人的情感在细部处理之时融进去，从而使"建构"显露出来。"建构"就是组织材料成物并表

---

〔1〕参见《建筑四要素》第226—227页。此外，森佩尔还在《古代建筑与雕塑的彩绘之初评》中讨论了装饰物被作为典型象征被固定到建筑上的现象，参见《建筑四要素》第44—68页。

达感情，透露感情。[1]这种诠释实际上是一种比较接近中国传统的艺术态度，即追求情与理的交融。尽管我们暂时无法明确他阅读过哪些德语著作，不过，通过比较分析，我们可以在冯纪忠的作品中辨析出森佩尔学术思想之回响——例如对原始棚屋和建筑本源的思考。

第二，路斯对维也纳传统的持续批判在20世纪30年代取得了成果。他的先锋性体现在建筑"穿衣服"的朴素观念，以及空间规划的观念，这两点都已经被维也纳建筑学术圈所普遍接受。冯纪忠在这种学术氛围中，获得了关于现代建筑最基本的认识。冯纪忠追求空间的趣味性和流动性，与路斯或许有一丝联系。不过，在冯纪忠有限的作品中，他从未将外墙刷成均质的无差别的白色，结构和填充墙体总是有着材质和色调的区分。

第三，维也纳的巴洛克传统是冯纪忠的另一思想背景。冯纪忠在维也纳技术大学接受了比较全面的建筑历史教育，尤其是对巴洛克时期的建筑有比较深入的学习，并且他可以在现场验证这些知识。此外，两次意大利的旅行同样丰富了他的认识。巴洛克手法并非是非理性的任意的形式堆砌。正如波罗米尼那样，巴洛克建筑结合了几何学和结构技术的理性方法，从而获得一种具有精神感染力的形式或空间效果。吉迪恩著作里对巴洛克建筑空间的肯定对冯纪忠同样具有启发作用。这种历史知识的积累会不断地体现在他日后的工作中。在他晚年的作品何陋轩中，一种来自中国明清以来追求个性的艺术趣味和巴洛克的空间精神相遇。

---

[1] 参见《A+D》杂志对冯纪忠的专访，2002年第1期。

第二章　1946—1952：追求新技术与有机功能主义

20世纪40年代东南地区的建筑学术风气

1927—1937年是民国时期的"黄金十年"，国民经济发展比较稳定，建筑工业增长较快。此期间也是中华民族固有形式建筑发展的黄金时期，来自政府和教育部门的重要工程多数采取了融合古典构图术和中国传统屋顶与装饰构件的风格。而从抗战胜利到1952年，则是国共两党政权更迭期。虽然其间战事不断，但是建筑学术界还没有完全被政治控制，仍然有一个相对自由的建筑市场。二战后期，中美形成了比较密切的同盟关系，文化交流日渐频繁。此时美国的建筑学术体系已经在向现代建筑过渡，除了赖特之外，密斯和格罗皮乌斯都获得了越来越重要的学术名声。抗战胜利后，梁思成和杨廷宝等人都曾赴美国进行学术考察，他们的学术观念都有所变化。1945年，梁思成在考虑清华建筑系课程设置时写道："国内数大学现在所用教学法（即英美曾沿用数十年之法国 Ecole des Beaux-Arts 式教学法）颇嫌陈旧，过于重形式派别，不近实际。今后课程宜参照德国 Prof Walter Gropius 所创之 Bauhaus 方法，着重实际方面，以工程地为实习场，设计与实施并重，以养成富有创造力之人才。"[1]

在一些不太要求象征意义的工程中，现代建筑获得了更广泛的接受，并被付诸实践。其中原因有可能是多年战争之后，国家经济衰败，民生也未恢复，而民族形式和古典折中风格都造价不菲。现代建筑因为无须装饰、造价经济而暂时获得了发展的机会。二次世界大战的经验使中国建筑师反思战前的折中主义思想，从而更积极地拥抱现代建筑的思想观念。[2]华盖建筑事务所童寯曾写道："现代文化是集中的、膨胀的，建筑外观日趋高大，内部则隔成无量数的蜂窝。中国人的生活，若随世界潮流迈进的话，也自逃不

---

[1]1945年梁思成致清华校长梅贻琦信。参见：梁思成. 凝动的音乐. 天津：百花文艺出版社，1998：376-379.

[2]关于战后建筑师的反思，参见：邓庆坦，邓庆尧. 1937—1949：不应被遗忘的现代建筑历史：抗日战争爆发后的现代建筑思潮. 建筑师，2006，（4）.

出这格式……中国建筑今后只能作世界建筑一部分，就像中国制造的轮船火车与他国制造的一样，并不必有根本不相同之点。"[1]童寯向来抵制大屋顶，反对"穿西装戴花翎帽"。他的言论具有一定的代表性，表明了在被战争撕裂的古老中国，一个建筑师有可能产生一种激进的观点，即视建筑与机器制造一般，必须融入世界潮流之中。

以上海和南京两地为中心，政治、经济与文化上较为发达的东南地区，在建筑学术方面也有新的追求。新一代建筑师如黄作燊，本来在海外接受的就是现代建筑教育，此时得以将他们学到的最新设计理念运用到实践中去。而老一辈的建筑师如杨廷宝，也在尝试现代建筑的设计手法。考察东南地区当时的建筑学术状况，将有助于我们理解冯纪忠是在怎样的环境下进行实践的，他受到哪些时代风气的影响，对此是否有不同的态度，又有何与众不同之处。

杨廷宝的转向

20世纪40年代，杨廷宝已经是中国建筑设计界的一位领军人物。自从1927年加入天津基泰工程司，到1945年抗战结束，杨廷宝已完成五十多项工程设计，且大多数都已建成。[2]作为宾夕法尼亚大学毕业的优等生，杨廷宝擅长各种样式建筑（style architecture），以庄严的具有纪念性的构图赢得了很多具有象征意义的建筑工程。另外，因为梁思成的关系，他加入了营造学社，因此对中国历史建筑也有更深入的了解。1934—1936年，基泰工程司承包了修缮北京古建筑工程，杨廷宝任主持建筑师，修缮了包括天坛祈年殿等在内的重要古建筑。在1935年中央博物院方案竞赛中，杨廷宝就采用了辽代的屋顶风格，可见他对梁思成考察辽代建筑的最新成就非常了解。虽然中央博物院最后采用了徐敬直的中标方案，但是徐的方案之屋顶形式是明清风格的，而最终由梁思成等参与修改为辽代风格。[3]

正因为杨廷宝对中外历史建筑风格都了然于胸，所以他能将学院派的设计方法和中国

〔1〕童寯《中国建筑的特点》，原载于《战国策》1941年第8期，后收入《童寯文集》第一卷，中国建筑工业出版社2000年版，第109—111页。

〔2〕参见黎志涛《杨廷宝》附录三"杨廷宝设计作品一览"。黎志涛.杨廷宝.北京：中国建筑工业出版社，2012：208-229.

〔3〕关于中央博物院的方案，参见：赖德霖.设计一座理想的中国风格的现代建筑//赖德霖.走进建筑，走进建筑史：赖德霖自选集.上海：上海人民出版社，2012：82-121.

图2.1 南京中央医院主楼一层平面，1933。图片来自《1927—1997 杨廷宝建筑论述与作品选集》

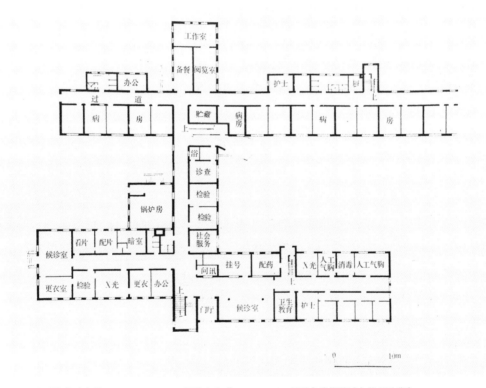

图2.2 南京结核病院大楼一层平面，1947。图片来自《1927—1997 杨廷宝建筑论述与作品选集》

传统建筑的风格式样结合得非常完美，从而取得了极大的成功。杨廷宝投身建筑业之时，正逢所谓的"民国黄金十年"，他抓住这一机遇，设计了大量作品。抗战期间，杨廷宝被迫迁移到四川地区，但即使在这种经济困顿的情况下，他也完成了十余项工程。抗战期间经济困顿的状况也反映在他的设计中，这期间的设计比起战前来，形式和装饰都有所简化，纪念性的宏伟壮观也被弱化，例如在重庆为外国使馆人员设计的嘉陵新村国际联欢社。

　　杨廷宝于1944—1945年曾出访美国、加拿大、英国考察工业建筑，同时也加深了对现代建筑的了解。抗战胜利后他的主要工作转移到南京，此后他的设计风格发生了一些微妙的转变。我们拿抗战前后两个时期的两座医院建筑来做比较，分别是南京中央医院主楼（1933，约7000平方米，图2.1）和南京结核病医院大楼（1948，约3000平方米，图2.2）。南京中央医院主楼平面遵循严格的中轴对称，外立面三段式构图，造型严谨；主入口处围合形成一个U形的前院，仿佛北京故宫午门的空间构图，气氛庄严肃穆。而结核病医院平面布置则比较自由，人流、交通更满足分区要求，更多地关注了医院的功能。其构图方式与中央医院也完全不同，比较强调水平线，造型生动、高低错落。[1]由此不难看出杨廷宝在不同时期设计思想上的变化。

　　在美国考察期间，杨廷宝曾访问过当年宾大的同学路易·康（Louis I. Kahn）[2]，当时康还不是很出名，但是一直在探索自己的建筑道路。此外杨廷宝还拜访了德高望重的前辈大师赖特，赖特亲自开车接他去碧泉镇塔里埃森。杨廷宝此前应该已经对赖特有所了解，这次探访给了他更深刻的影响。杨廷宝回忆，塔里埃森"变化着的室内空间、浓重的细部装饰吸引着我，让我感受到一种东方格调"[3]。同时，随着赖特著作的不断出版，吉迪恩的广泛宣传，杨廷宝也更深入地了解到赖特作品的现代性，赖特"早期创作了草原式住宅，使美国的住宅从外来的英国殖民地式样中摆脱出来。他的'有机建筑理论'，在建筑与环境的结合、表现建筑的目的性、体现材料性质方面都有一定的见解。他重视传统材料与民间建筑，在建筑空间处理上打破了方盒子概念"[4]。由此可见，杨廷宝对赖特建筑作品的理解，不仅仅停留在风格层面，而是对其空间、材料、设计思想的全面理解。

　　从抗战后到1952年期间，是杨廷宝的创作观念发生变化的时期，赖特的启发也体现在他的设计之中。杨廷宝暂时摆脱了前期作品的对称性、经典性、纪念性，形式更多样，

---

〔1〕所有杨廷宝作品图纸，参见：南京工学院建筑研究所.杨廷宝建筑设计作品集.北京：中国建筑工业出版社，1983。

〔2〕参见：王建国.1927—1997杨廷宝建筑论述与作品选集.北京：中国建筑工业出版社，2012：170.

〔3〕杨廷宝《谈谈对赖特的认识》，原载《南京工学院学报》1981年第2期，后收入王建国主编《1927—1997杨廷宝建筑论述与作品选集》，中国建筑工业出版社2012年版，第160—162页。

〔4〕同上。

高低错落，并注重空间的开放性、流动性。他为宋子文设计的北极阁住宅几乎没有任何多余的装饰线条，而是尝试了多种材料的混搭，如毛石砌筑、水刷石、拉毛抹灰墙面，且屋顶仅仅覆以茅草，具有一种自然亲切的乡村风情。南京小营新生俱乐部（1947，图2.3）和延晖馆，都具有简洁的现代形式。他的大挑檐、大露台、消解方盒子的转角处理都深受赖特影响。杨廷宝的变革没有仅仅停留在形式上，更为重要的是他借鉴了赖特惯用的十字形平面，开始从空间上探索现代建筑。例如南京新生俱乐部入口门厅、交谊厅、音乐室、餐饮的空间组织，呈十字形连接，室内空间开放、流动，颇具曲折生动之妙（图2.4）。这些作品早于后来同济大学俱乐部的项目，使杨廷宝成为探索流动空间的先行者。或许由于政治敏感，这些项目在新中国成立后不被宣传，所以也不为人知。

　　杨廷宝的新探索在1951年达到顶点——北京和平宾馆（图2.5、2.6）。它的新意体现在几个方面。首先，和平宾馆放弃了学院派的构图术，采用非对称式构图。主楼正立面没有常见的横向或竖向三段式，却几乎是完全均质化、平面化的方格网，而均质化、平面化恰恰是现代建筑的形式特征之一。其次，窗间墙和窗下墙的宽度几乎相等，也不遵循虚实的主次关系，这也不符合经典构图法。此外，西面的疏散楼梯则赤裸裸地暴露在外面，体现了一种不加修饰的功能主义，但却展现了重复的楼梯元素本身所具有的形式感。它的形式极为简洁（以致华揽洪批评立面过于简单），但又不缺乏细节。它的主楼立面在某种程度上缺乏可识别的特征，而这正是国际式建筑所要追求的"普遍性"。它很难找到西方的范例，已经脱离了对欧洲现代新建筑的模仿。另外，和平宾馆巧妙地处理了建筑与场地的关系，而其最为人称道的是入口大堂的空间组织，被称为20世纪50年代中国现代建筑的经典之作。[1]这正是得益于杨廷宝过去多年探索现代空间观念的经验。

　　杨廷宝是中国第一代建筑师的杰出代表，既接受了欧美古典主义学院派的训练，又对传统建筑有深厚的了解。杨廷宝理性务实的态度使他在处理无象征意义的建筑类型时，可以很灵活地运用现代建筑手法。从形式和空间两方面来判断，和平宾馆无疑代表了这一代建筑师探索现代建筑的成就。不过随着1952年"三反""五反"运动的到来，这种探索戛然而止。

　　1947—1948年间，冯纪忠由南京市市长沈怡[2]介绍，在南京都市计划委员会任职，

〔1〕华揽洪曾专门详尽地分析了和平宾馆的成功之处。参见：华揽洪.谈谈和平宾馆.建筑学报，1957，（6）：41-46.

〔2〕沈怡（1901—1980），原名沈景清，水利学家，德累斯顿工业大学工学博士。

图2.3　南京新生俱乐部主入口，1947。图片来自《1927—1997杨廷宝建筑论述与作品选集》

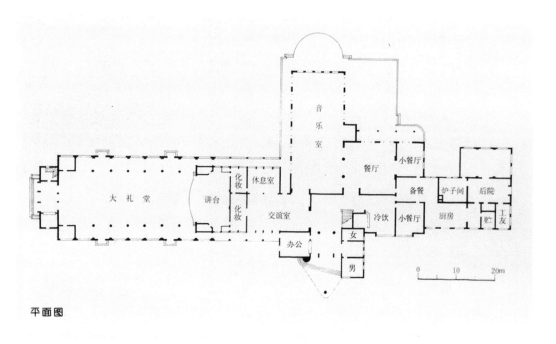

图2.4　南京新生俱乐部一层平面，1947。图片来自《1927—1997杨廷宝建筑论述与作品选集》

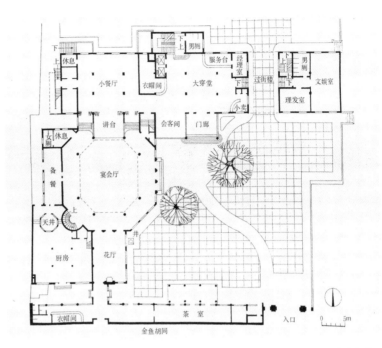

图2.5 北京和平宾馆一层平面，1951。图片来自《1927—1997杨廷宝建筑论述与作品选集》

图2.6 北京和平宾馆。图片来自《1927—1997杨廷宝建筑论述与作品选集》

图2.7　董大酉自宅全貌，1935。图片来自《市民都会》

参与城市现状调查和城市法规制定。当时的主任建筑师是曾设计过上海行政中心的董大酉。董大酉早年留学美国，又曾在墨菲（Henry Killam Murphy）事务所工作，所以很擅长将中国官式木构建筑的风格元素融入古典主义的样式设计中。他最重要的作品之一是具有民族形式的、折中主义的上海市政府大楼（1933），不过其大屋顶的结构形式在当时颇为先进，采用了混凝土桁架结构，在施工技术和结构设计方面处于前沿地位。虽然在重要的公共建筑上采用古典风格，但是另一方面，董大酉也能接受现代建筑。他为自己设计的上海震旦中路自宅（1935，图 2.7）就是当时流行的"摩登风格"，几何型与流线型结合的造型、光滑表皮、金属栏杆，令人想到柯布西耶（Le Corbusier）的建筑典范。室内的家具也是最新的现代样式，例如布劳耶和密斯设计的悬臂钢管椅（1928 年设计），不过是几年前才刚刚出现的新品（图 2.8）。有趣的是，天花板的装修又似乎包含一些中国传统建筑彩画的元素。可见，董氏自宅将中西古今杂烩一体。如果说上海市政府大楼有政治表达的需要，那么自宅更能反映建筑师对于建筑与生活之关系的理解。冯纪忠与董大酉二人虽然学术背景不同，但是思想观念仍有契合之处，因此相处甚洽。

　　此时，冯纪忠的主要工作是城市现状调查，撰写工业调查报告，并参与编写南京建筑法规。不过此后因内战形势，这些工作也不了了之。当时基泰工程司的老板关颂声也在南京都市计划委员会任职，所以他和冯纪忠应该有所交往。而杨廷宝作为国内规模最大的基泰事务所的前辈，在业界无疑也是众所周知。在南京，冯纪忠有可能同杨廷宝会面，并了解他的最新作品。

图2.8　董大酉自宅室内，1935。图片来自《市民都会》

黄作燊的现代建筑观念

1946 年，冯纪忠回到上海，感受到上海比较开放包容的学术风气。

20 世纪上半叶，无论是在经济还是文化方面，上海都是远东最现代化的城市。[1]"摩登"建筑，作为一种新的风格，和其他欧式风格一样，在上海的建筑市场也具有一席之地。[2]上海既有大量的外国建筑事务所，又汇集了从各国留学回来的中国建筑师。希区柯克和约翰逊将欧洲现代建筑当作一种风格引进美国，继而又传播到上海。在上海的少数精英文化圈中，现代主义建筑不仅是一种可以接受的风格，而且被认为是未来建筑发展的方向。此期间上海的现代建筑主要表现为对西方现代建筑外观形式上的风格模仿，比如流线型、光滑的几何体块组合、大面积玻璃窗等。邬达克的吴同文住宅、董大西的自宅都是最时髦的摩登式样的建筑。通常，现代建筑并不只有一种单一的风格；有些建筑虽然采取对称式的布局、学院派的构图，但是因为简化或去除了外立面的装饰，也可以被称为现代建筑。不过 40 年代以后，东南地区的现代建筑发展走向了更丰富的层次，和此前侧重于外立面风格的阶段已有所区别。这种进步主要体现在建筑空间观念的引进和推广方面，即将空间营造视为建筑的本质因素。这无疑得益于海外归来的新一代学子带来的新观念，其中吉迪恩的最新著作起到了推波助澜的作用，也影响了中国建筑界学术观念的变迁。

1950 年，冯纪忠参与筹备同济大学建筑系，最初同规划学者金经昌共事，系里几乎没有建筑专业教师。到 1952 年，全国院系调整，上海圣约翰大学、杭州之江大学、中央美术学院华东分院的建筑系都合并到同济大学，组成了新的建筑系。不同学术流派兼容并包的同济大学建筑系，成为沪浙建筑文化圈的中心。其中，黄作燊领军的圣约翰大学以包豪斯学派为基础，成为同济大学建筑系的重要力量。另外一支力量则是吴景祥、谭垣为代表的之江大学，以布扎体系为基础。布扎体系和包豪斯体系并存，相互竞争。而冯纪忠则独自一人，他的教育背景与这两拨人马都存在差异，学术观念不尽相同，但是更具有开放性。不同的学术体系之间既相互交流，又相互竞争。

系副主任黄作燊，早年在英国的建筑联盟学校（A.A.School）留学，他曾到巴黎访问

---

[1]如需了解民国时期的上海文化，可阅读李欧梵的著作《上海摩登》。该书参考了休斯克《世纪末的维也纳》，研究了上海的摩登文化，以及精英阶层的现代性体验。

[2]参见：伍江.包豪斯及现代建筑思想在上海的影响.德国研究.2000，（3）：33-37.

柯布西耶的事务所，是其建筑思想的追随者。1938 年黄作燊考入哈佛大学设计研究院，成为格罗皮乌斯的学生。1942 年，黄作燊在圣约翰大学建筑系担任系主任。这位年轻的系主任精力充沛、才华横溢，乐于交游而为人谦和，因此，他的周围形成了一个小范围的主张现代主义建筑的学术圈，其成员包括张肇康、李德华、王吉螽等。其中李德华曾参与鲍立克（Richard Panlick）事务所设计的上海淮阴路姚有德宅（1947，图 2.9、2.10），这是一栋模仿赖特美国风（usonian）住宅的建筑。[1] 出挑的平屋顶檐口，水平方向的线条处理，以及转角窗等细节，都是赖特常用的手法。平面形式也是美国风住宅常见的 L 型，虽然内部空间区隔明确，还没有达到赖特式的开放和自由的程度，但是已经体现出对现代空间观念的关注。

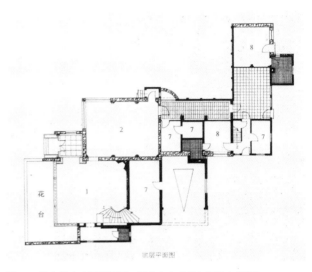

图2.9　姚有德宅底层平面图。图片来自《老上海名宅赏析》

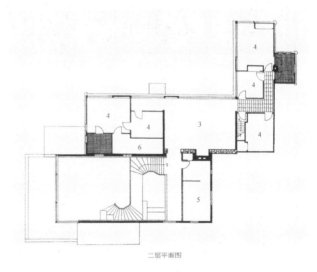

图2.10　姚有德宅二层平面图。图片来自《老上海名宅赏析》

　　在学术思想上，冯纪忠似乎与黄作燊具有更多的共同语言，因为他们年纪相仿，且都有留学欧洲的经历。黄作燊最初设计的一些项目挂靠在陆谦受负责的中国银行设计科。[2]

[1] 鲍立克曾就读于包豪斯德绍学校，20世纪40年代受黄作燊邀请在圣约翰大学任教。对姚有德住宅的分析，可参考：李娟. 论上海近代独立住宅中的现代式. 同济大学硕士论文，2007.

[2] 黄作燊的设计作品，参见：同济大学建筑与城市规划学院. 黄作燊纪念文集. 北京：中国建筑工业出版社，2012.

图2.11 上海万航渡路中国银行职工宿舍，1946。笔者拍摄

上海万航渡路中国银行职工宿舍（1946，图2.11），明显深受柯布西耶的影响。这是一个沿街的集合住宅，主体是砖混结构，但是转角部分采用了梁柱结构；白色、光滑的外墙面，转角处的条形窗，屋顶平台，鸡腿柱，都是柯布西耶的新建筑特征。而1948年的中国银行高级员工住宅则由两幢大小不同的并联的住宅构成。黄作燊沿用了带有透空构架的屋顶平台的做法。建筑体型丰富、高低错落，但立面的处理十分简洁。黄作燊由于曾亲聆现代建筑大师的教诲，所以更直接地接受了现代主义的建筑形式语言。至少从形式上来说，他已经成为当时上海现代主义建筑运动的代表。

黄作燊从未公开发表过任何学术文章，但是他于1948年所作的两次英文讲演，充分地表达了其建筑思想。[1] 从黄作燊的演讲内容来看，他不但完全接受了包豪斯建筑学术

〔1〕黄作燊的两次演讲，题目分别为："The Training of an Architect"（中译名：《一个建筑师的培养》）、"Chinese Architecture"（中译名：《论中国建筑》）。两次演讲的时间大约在1947—1948年间，或为受英国驻上海文化委员会邀请。参见：同济大学建筑与城市规划学院.黄作燊纪念文集.北京：中国建筑工业出版社，2012：3-30.

体系，同时也还抱有现代主义的道德理想，即服务社会，为人类进步和和谐文明做出贡献。此外，黄作燊反复引用了英国建筑师托马斯·G.杰克逊爵士的格言——"建筑学不在于美化房屋，而在于优美地建造"[1]，他视建筑学为艺术和技术的结合。传统文人志于学而游于艺，黄作燊同样喜爱文艺，无论是东西方的戏剧还是诗歌，他都非常喜爱。因此，他也曾将建筑和诗歌做比较。"正如散文若思想凝练、语言流畅，并能触动人心的悲悯，就可以上升为诗歌的境界。建筑也是如此。房屋如能构造形式优雅，建造方式完美，使用目的和艺术成就和谐统一，就上升为建筑学。简言之，建筑就是建造的诗学。"[2]

黄作燊秉承了西方学院派的观念，即认为"房屋"（building）和"建筑"（architecture）具有不同层次的价值。但是他认为西方的这种观念并不适合解释"中国建筑"。黄作燊批评当时的"民族形式"和"中国复兴风格"，以上海江湾的政务中心建筑为例，即使建造技术和材料都提升了，但比起传统中国建筑来，在艺术上并未有所进步。"穿着中式外衣是不可能追赶时代的，并且无力去适应一个变化着的世界。"[3]既然黄作燊反对中式外衣和西式室内的简单结合，那么，他想象的"当代中国建筑"应该是什么样子的呢？

黄作燊认为传统中国创造建筑艺术的是两种力量，"匠人"（builder）和"学者"（或"文人"，scholar）。中国传统房屋建造目的单纯，是建造一处纯粹而简单的庇护所。匠人掌握了高超的建造技艺，但是只限于单个房屋而已，还不能上升为艺术。正如李诚的《营造法式》，主要是一个技术文本，而缺乏阿尔伯蒂（Leone Battista Alberti）这种从哲学的层面来思考建筑的思想。中国建筑同样需要学者们将智慧投入到建筑中来，他们的价值在于能够很好地处理建筑单体和组群的关系，并使这些空间关系产生意义。黄作燊认为这类学者的典范就是孔子，他利用城市和建筑的布局，例如前朝后市、左祖右社、中轴对称等等，表达了一种社会秩序和时代需求。北京的紫禁城和南京的明孝陵就是最佳的例子。紫禁城是建筑组群气势恢宏的代表。而明孝陵则能顺应自然地形，谦逊但同样具有尊严的气质。黄作燊批评了20世纪30年代的著名建筑中山陵，对这一普遍认为成功的作品表达了异议："现在看中山陵，它仅是一些无休止的台阶的堆积……超出了人们观瞻所适宜的尺度。如若远眺中山陵，你只看到这郁郁葱葱的山坡上覆盖了一块巨大的

---

[1] 引自黄作燊演讲"The Training of An Architect"，见《黄作燊纪念文集》第3—14页。

[2] 引自黄作燊演讲"Chinese Architecture"，见《黄作燊纪念文集》第15—30页。

[3] 同上。

白板，那是一种令人不快的对自然的入侵……我无法从这座 20 世纪的陵墓中看出任何美感，和宏伟的效果。"[1] 这种意见并不孤立，陈从周也表达过类似看法，因此很有可能是圣约翰大学建筑学术圈中的共识。[2] 冯纪忠由于与这个圈子交往较多，很可能也持有相似的观点，我们从他后来的行动与只言片语中，也能判断出他对 30 年代民族固有形式的态度。

如同许多留学归来的建筑师，如园林研究先驱童寯一样，黄作燊也对中国传统园林感兴趣。除了规划壮美的宫室之外，中国传统学者的价值正体现在园林的生活之中，园林是学者介入建筑艺术的方式之一。黄作燊对园林中包含的"隐居"的概念非常认同，更强调建筑应满足文人精神上的需求。他开始从古典文献中寻找古人对于住宅和生活的记录。例如，他根据明代程羽文的《清闲供》中对宅院的描写，认为这是一种文人居住的理想——曲径通幽的僻静之所。[3] 通过发现传统建筑文化中的这种特征，并与他所学的西方建筑文化相参照，黄作燊形成了自己的批判性视角。那么，与明孝陵相比，他对中山陵的批评自然不足为怪。

所谓认识自己，正是从了解他人开始。留学生在海外获得不同的视野，回来发现中国园林与西方建筑文化的迥异，因而产生研究的兴趣。我们可以感受到一种趋势，研究中国园林，在强调中国园林结合自然、注重群体关系的优点外，通常会导致对建筑单体建造的关注度降低的副作用，而那恰恰是西方建筑学比较关注和擅长的方面。在某种程度上，这也是一种文化心理上的副作用。

圣约翰大学建筑系虽然只存在了短短十年时间，却培养了一批具有现代主义建筑观念的学生。黄作燊与其学生共同组建"工建土木建筑事务所"，他们设计的山东济南中等技术学校的宿舍（1951 年，图 2.12）与食堂，可以为这一阶段的建筑思想代言。正如钱锋的研究所显示的那样，济南中专校舍受到了风格派和密斯的影响。[4] 其平面布置的方式是不对称的，宿舍的主入口不在正南面，而在西侧面。建筑外观努力突破了方盒子

---

〔1〕引自黄作燊演讲 "Chinese Architecture"，见《黄作燊纪念文集》第15—30页。

〔2〕黄作燊与陈从周亦师亦友，正是在黄作燊的建议和帮助下，陈从周开始了对中国古代建筑的研究。

〔3〕同济大学建筑与城市规划学院.黄作燊纪念文集.北京：中国建筑工业出版社，2012.

〔4〕钱锋.从一组早期校舍作品解读圣约翰大学建筑系的设计思想//同济大学建筑与城市规划学院.黄作燊纪念文集.北京：中国建筑工业出版社，2012：88-102.

图2.12　山东济南中等技术学校宿舍室外楼梯。图片来自《黄作燊纪念文集》

的形式，将所有的围合元素片断化，山墙、横墙、屋顶的交接都不是连续的，而是呈板片状搭接。窗下墙和窗间墙也都以材质区分开，是进一步的片断化，打破了建筑的体积感。室外楼梯同样如此，片断化的踏步、独立的片墙，都预示了后来的同济大学教工俱乐部的做法。休息室的外墙面处理更深刻地体现了密斯形式语言的影响，屋顶与伸出去的外墙呈搭接关系，挑出的阳台也与侧墙呈搭接关系，构件各自独立地清晰表达。济南中专校舍不仅仅是对现代风格的模仿，而且在空间和建造细节方面都表现出深刻的理解。这足以说明，黄作燊对现代建筑的探索是紧紧跟随西方现代运动的，除了经济技术上的局限性，并未落下太多的差距。

应该注意到上海万航渡路中国银行员工宿舍和济南技校宿舍这两栋建筑在形式语言上的差异，因为前者显然接近柯布西耶早期的风格，后者则接近风格派密斯的形式。按照通俗的说法，柯布西耶是方盒子的形式，比较富于体积感；而风格派密斯是要破除方盒子的，将构件片断化。虽然两人都是现代建筑先锋的代表，但这两种形式风格在某种程度上是有矛盾的。黄作燊早期对两种风格都有所尝试，对于一个年轻的建筑师来说，借鉴不同大师的风格，这无可指摘。如果结合后来的同济工会俱乐部来观察，那我们可以推断，风格派密斯的形式更为黄作燊他们所接受，成为他们创作中的主要方向。

　　黄作燊在哈佛大学设计研究院留学期间（1938—1941），吉迪恩正在该校以讲座形式宣讲《空间、时间和建筑》一书中的观点，黄作燊有机会听到吉迪恩的讲座，并了解他的学术观点。而在上海圣约翰大学建筑理论课的参考书中，不但有柯布西耶、赖特的著作，还有吉迪恩的那本名著。[1] 虽然黄作燊在两篇演讲中并未强调空间的观念，但是对空间的关注在圣约翰大学的教学中已有体现。冯纪忠在维也纳留学时，并没有直接接受现代主义先锋们的教诲，但是对他们的观念是比较接受的，自然也在学术上更接近黄作燊。在追随现代主义先锋的形式语言方面，黄作燊和圣约翰大学的年轻一代实际上走在冯纪忠的前面；因为我们在同期的冯纪忠的作品中还看不到这种明显的现代形式语言特征。不过，在现代主义建筑空间的观念方面，他们具有共同的追求。因此 1950 年当冯纪忠试图扩大群安建筑事务所的规模时，即与黄作燊讨论合作事宜。他们先后商谈过两次，希望能合办一个带"规划"的联合事务所，还讨论了事务所如何运营。[2] 但是到了 1952 年以后，经过"三反""五反"等运动，私营企业逐渐退出历史舞台，黄作燊的事务所以及冯纪忠的群安建筑师事务所先后停业关闭。

薄壳结构：追求新技术

　　1950 年，冯纪忠与胡鸣时创办了群安建筑师事务所。这一年他们在上海公交公司四平路保养场设计竞赛中获胜。事务所的起步不乏艰难，当时他们甚至还没有固定的办公地点。据傅信祁回忆，冯纪忠借了他家屋顶下的阁楼进行方案设计和讨论。[3] 公交保养场的方案采用了大跨薄壳结构，当时在国内尚无先例。

　　傅信祁提到，冯纪忠在设计公交保养场时曾使用过一本法文的学术杂志，里面有薄壳结构的案例，其中很可能就包括弗雷西内所设计的那些厂房。尤金·弗雷西内（Eugene Freyssinet，1879—1962）是法国结构工程师，他在预应力混凝土方面有突出贡献。弗雷西内在 20 世纪 20 年代设计了一些薄壳结构，其中最著名的是法国奥利（Orly）的飞机库房。

〔1〕参看圣约翰大学 1949 年的教学档案。钱锋，伍江. 圣约翰大学建筑系历史及其教学思想研究//同济大学建筑与城市规划学院. 黄作燊纪念文集. 北京：中国建筑工业出版社，2012：49-67.

〔2〕参见：冯纪忠. 建筑人生：冯纪忠自述. 北京：东方出版社，2010：111.

〔3〕参见"第一届冯纪忠学术思想研讨会"上傅信祁的发言。赵冰，王明贤. 冯纪忠百年诞辰研究文集. 北京：中国建筑工业出版社，2015：510-512.

此外还有一些小型薄壳结构，如在巴黎郊区的巴列（Bagneux）建成的火车维修场，以及达马里 – 莱利斯（Dammarie-les-Lys）的散热器工厂（Radiator Factory，图 2.13、2.14）。火车维修场的平面是方格网形的，屋顶采用了瓦片型的薄壳方案，两片之间形成自然采光天窗。每片用横向的钢拉杆减少薄壳结构的侧推力。

20 世纪上半叶是混凝土薄壳技术发展迅速的时期。这一时期，除了弗雷西内，还

图2.13　尤金·弗雷西内，散热器工厂，图片来自http://www.columbia.edu/cu/gsapp/BT/BSI/SHELL_MS/shell_ms.html

图2.14　尤金·弗雷西内，散热器工厂，图片来自http://www.columbia.edu/cu/gsapp/BT/BSI/SHELL_MS/shell_ms.html

图2.15　丹佛英里高中心展览厅的筒壳结构。图片来自http://www.pcfandp.com/a/p/5204/s.html

图2.16　丹佛美迪夫百货公司的伞形薄壳。图片来自http://www.pcfandp.com/a/p/5204/s.html

有瑞士的马亚尔（Robert Millart），以及稍后的康德拉、特罗亚等混凝土结构大师。吉迪恩在《时间、空间和建筑学》中有专章介绍马亚尔。瑞士的马亚尔因为同属德语文化圈，也更受维也纳的学者关注。冯纪忠因为是土木工程专业出身，对结构技术的进展比较敏感，这与他的同学贝聿铭十分相似，他们都有动力将最新的结构技术应用到设计之中。贝聿铭在20世纪50年代也设计过一些薄壳结构，比如丹佛英里高中心（Mile High Center，1955，图2.15）的展览厅采用了大块的筒壳结构，另如丹佛美迪夫百货公司（May D F Department Store，1960，图2.16）的商场采用了双曲抛物线的伞形薄壳（折板结构），跨度132英尺 × 113英尺（约40米 × 34米），也是当时美国最大的薄壳结构。

　　群安事务所当时规模很小，因此这一项目邀请了许多外面的结构工程师参与，也得到了李国豪、俞载道等人的支持。上海公交保养场分为两部分，车库采用的是瓦片型薄壳，修理场采用的是筒型薄壳。从方案渲染图（图2.17）上判断，瓦片型薄壳很明显借鉴了弗雷西内散热器工厂的屋顶结构形式。不过，由于经济的原因，瓦片型薄壳车库未能实施，只有修理场建成。修理场每跨筒型薄壳实际上由三片壳体组成，只有中间这片是一个完整的薄壳，其他两片下面是有梁的，中间一片高出，形成侧天窗采光（图2.18）。另外，保养场也采用了薄壳悬挑结构（图2.19）。整个公交场体现出工业建筑的功能性、技术

图2.17　1950年上海公交一场渲染图，显示车库部分为瓦片型薄壳屋顶。图片来自《冯纪忠诞辰百年纪念文集》

图2.18　公交修理场的筒型薄壳屋顶。图片来自《建筑设计十年》

图2.19　公交保养场的悬挑薄壳。图片来自《建筑设计十年》

性和形式的简洁性。

冯纪忠和贝聿铭具有相同的土木结构学背景，都有将新技术加以利用并创造新形式的野心。在 20 世纪 50 年代，他们不约而同地尝试了薄壳结构，在各自所在的国家都处于领先地位。冯纪忠对新的结构技术充满热情，也得益于维也纳技术大学课程中对结构的重视，使他能及时了解新的结构技术发展情况。[1] 混凝土薄壳是当时最新的技术成就之一，由于能以极少的材料满足大空间的需求，尤其得到冯纪忠的青睐。因此，在 50 年代的中国，由于结构学的背景，冯纪忠确实是有与众不同之处。上海公交场之后，混凝土薄壳作为一种能充分发挥材料性能的高效能结构形式，在国内厂房和公共建筑中得到广泛使用[2]，例如 1959 年的首都十大建筑之一的北京火车站。

武汉东湖客舍

1950 年，通过上海市工务局园场管理处程世抚介绍，冯纪忠接受了周苍柏的设计武汉东湖客舍的委托，这是他早期最不为人知却具有重要意义的项目（图 2.20、2.21）。

东湖客舍的宅基地位于现武汉东湖风景区内，新中国成立前是开放的城市公园——海光农圃，原是实业家周苍柏的私产。周苍柏 1917 年毕业于纽约大学银行系，是一个思想开明的民族企业家。他于 1929 年开始兴建立海光农圃，建成后免费对外开放，新中国成立后将其捐给国家，改为东湖公园，自己则任东湖建设委员会副主任。他将项目完全交给冯纪忠设计，对设计并无干涉，因此，东湖客舍能比较完整地呈现冯纪忠当时的建筑思想。

东湖客舍包括两栋楼，后来归于东湖宾馆南山甲所、乙所。目前乙所已被拆除，甲所也拆掉了两翼伸出来的辅助用房。客舍最初的主要功能是接待贵宾，伟大领袖毛泽东曾经在此居住，所以这地方有保密的要求，恐怕外人很难参观了解。客舍在功能上很接近住宅，包含了住宿、会客、餐厅、厨房等功能区。今天的东湖客舍已成为景区酒店的一部分，四周树木茂盛，房屋完全融入树林中，参观者无法对建筑的形态有一个整体的把握。以现在的趣味来看，东湖客舍的外观似乎平平无奇，并不具有"摩登"的风格。

---

〔1〕冯纪忠也曾在自述中谈到在维也纳时期对新结构技术的了解. 冯纪忠. 建筑人生：冯纪忠自述. 北京：东方出版社，2010.

〔2〕参见：茅以升. 建国十年来的土木工程. 土木工程学报，1959，（9）：2-14.

图2.20　1950年东湖客舍甲所渲染图，冯纪忠绘制。图片来自《冯纪忠百年诞辰纪念文集》

图2.21　1950年东湖客舍乙所渲染图，冯纪忠绘制。图片来自《冯纪忠百年诞辰纪念文集》

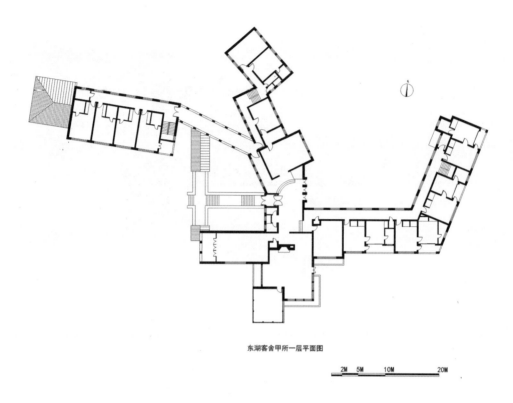

东湖客舍甲所一层平面图

2M　5M　　10M　　　　20M

图2.22　武汉东湖客舍甲所一层平面图，杨子翰绘制

若非特地为它而来，难免会对其视而不见。事实上它也很少受到建筑史学者的关注。然而，在客舍平凡的外貌中，却隐藏着独具一格的空间布局，其平面图的空间构成方式独树一帜，不落俗套。

首先，这个平面图不太符合古典的构图术（图 2.22）。我们看不到传统布扎体系追求完美几何形的构图。须知，这个建筑的基地是郊外荒野地，而非在城市之中，完全可以不受城市文脉和建筑法规的限制，做成一个集中式的、完美的几何形，例如柯布西耶早期所设计的那些独立式别墅，如最典型的萨伏依别墅；又如密斯学派的精美玻璃盒子。东湖客舍的空间形态是发散式的，向四周延伸、扩张。其次，东湖客舍的平面也不遵循笛卡儿式的正交系统，其典型如密斯的现代主义乡村住宅、杜根哈特住宅等等。东湖客舍平面形体的交接似乎比较自由，空间转向的角度看上去也很随机。从整体上判断，它缺乏欧洲现代主义经典作品中的秩序感。似乎可以推断，这个时期的冯纪忠较少地受到欧洲现代主义大师的直接影响。

由于客舍在平面布置上比较自由，最终的平面形式不同寻常，似乎很难找到一个前人的范例；这种非同寻常的平面处理方式是如何产生的呢？东湖客舍的平面确实令人费解，好像来路无迹可寻。笔者也曾试图在纽费特（Ernst Neufert）的《建筑师手册》中寻找类似的案例，那是冯纪忠常用的一本参考书，不过，在该书50年代之前的早期版本中也没有找到类似的住宅平面。

若将其放在1949年后三十年的现代中国建筑史之中，东湖客舍可以称得上是一件罕见之作。而造成这种罕见的因素是什么呢？首先，自1949年以后，由于特别的社会环境，类似的高级休养所或者住宅在国内是比较罕见的。东湖客舍确实是在刚刚解放后政治比较平和的条件下实现的，并由一个私人事务所设计，这在此后日益极端化的政治环境中更加不可能。而且事实上这个住所是为当时的国家元首而建（虽然当时设计者本人并不知情），普通人是没有建造个人独立住宅的可能的。

所以在20世纪50年代后，东湖客舍在国内很难找到类似的建筑项目做比较。但是我们可以比较一下在美国现代建筑教育系统下受过正规训练的中国建筑师的作品，如贝聿铭和王大闳分别设计的自宅，两者都完成于1952年，与东湖客舍时间相近。通常自宅可以最彻底地展示设计者的风格偏好。贝聿铭和王大闳都采用了密斯风格的平面形式，其自宅都具有严格的密斯式的几何精确性。两座住宅都采用以卫生间为空间核心的开放式空间布局。王大闳的台北建国南路自宅（图2.23）是一个院子中的独立正方体，平面铺地具有严整的正交网格系统，墙体和门窗

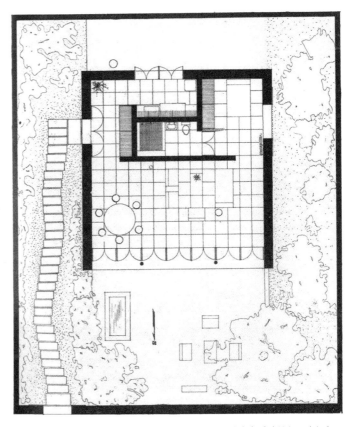

图2.23　王大闳台北建国南路自宅平面，1952。图片来自《建筑师王大闳》

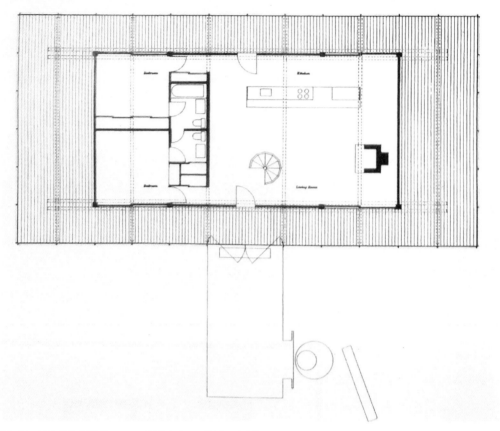

图2.24　贝聿铭自宅平面，1952。图片来自王天锡《贝聿铭》

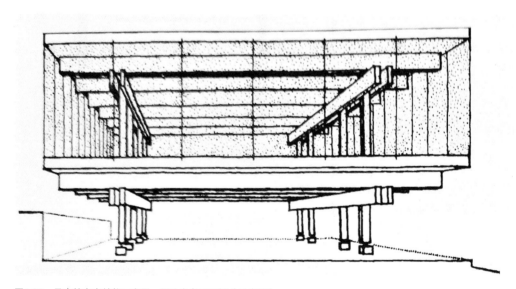

图2.25　贝聿铭自宅结构示意图。图片来自王天锡《贝聿铭》

洞口的尺寸和位置都也遵循这一网格逻辑。王大闳自宅为砌体结构，而贝聿铭自宅是现代木结构（图 2.24、2.25）。贝聿铭是一个训练有素的结构工程师，其自宅的木框架一天就装配完成，在一周之内即告完工。贝式自宅结构梁四边出挑，梁柱搭接完全露明。这结构概念与东方的木结构有关，据贝聿铭自称，这是从中式寺院里学到的，不过架空的地面实际上更接近日本的观念。贝聿铭自宅在空间与形式上紧紧跟随时代的先锋性建筑，又具有结构技术的表现性，体现了其作品的一贯特征。

贝聿铭和王大闳在美国留学时，正是密斯在美国影响力最大的时期，可谓一枝独秀，因此毫不奇怪这两位留美学生都有明显的"密斯风格"特征。而身处欧洲的冯纪忠则没能那么深刻地感受到密斯的独特风格，部分原因是欧洲的现代建筑流派还是比较纷繁芜杂的，密斯学派并非一家独大，而且在纳粹时期密斯是被禁止的。卢永毅曾经比较过东湖客舍和德国建筑师李承宽、黑林等人的作品，认为它不规则的形态和德国的有机功能主义之间存在一些学术关联。[1] 当然，冯纪忠留学德奥期间，与李承宽相熟，而后者正在夏戎事务所工作；因此，冯纪忠通过李承宽了解黑林、夏戎的建筑作品及其思想，完全是有可能的。

在纳粹掌权期间，夏戎虽然项目很少，却有机会探索学院派与国际风格之外的途径。1936 年左右完成的摩尔住宅（Haus Moll，图 2.26）位于柏林郊外的风景区，也是一个山地住宅。摩尔住宅具有很典型的德国有机功能主义的特征，其平面构图整体上并不呈现一个完整的几何形，常使观者觉得无从把握；它的不规则的走向与景观和地形相关，高差富于变化，而一些房间又依据特别的功能设计出特殊的形状。这种追求高度适应性（highly adaptive）的空间组织方式，显得颇为极端，很容易被当作是"非理性"的操作。确实，东湖客舍与夏戎的住宅相比较，它们的空间形体连接的关系都是非直角的，具有一定的相似性。但是对于某些公共空间和功能房间来说，夏戎的设计也是异形的（非矩形）。而东湖客舍很少有异形的功能房间，我们可以辨别出，东湖客舍还是由规整的矩形空间单元组合而成，只是在连接方式上是非直角的。此外，从屋顶的形式也可以判断，东湖客舍的所有主要单元空间的屋顶都是规则的四落水（四坡顶），并没有出现异形的坡屋顶。冯纪忠有意使四落水的屋顶与里面的功能符合，保证屋脊线在主要房间的正上方，即屋顶的形状和房间的功能符合，而非一种完全自由的形式。

那么，除了夏戎或黑林以外，东湖客舍有没有另外的师法对象？如果我们对它的平面

---

[1] 卢永毅. 试读冯纪忠的空间设计思想. 时代建筑，2011，（1）：136–139.

图2.26　夏戎的摩尔住宅平面图，1936。图片来自*Hans Scharoun*，*Bauten*，*Entwürfe*，*Texte*

做进一步细致的分析，有可能发现一些更隐秘的线索。冯纪忠当时 35 岁，刚刚开始个人开业实践不久，对于一名青年建筑师来说，借鉴前辈大师的作品可能是一种实际需要，也可能是无法遏制的情怀，而东湖客舍取法的前辈或许是一位来自美国的大师——赖特。

赖特的典范：十字形平面

赖特的建筑作品 20 世纪 10 年代在欧洲传播，对欧洲现代建筑的发展有较大的影响。他在 1893—1910 年间完成了许多独具个人特色的草原住宅，得到了德国学者弗兰克（Kuno Francke）的欣赏，并将其作品介绍到德国。1910 年，柏林的瓦斯姆斯（Wasmuth）出版公司出版了赖特的作品集。[1]贝尔拉格（H.P.Berlage）把赖特介绍到荷兰[2]；之后柏林、维也纳都曾展出过他的作品。赖特的建筑平面中比较自由的空间关系，激发了欧洲新锐建筑师的灵感。

〔1〕参见：弗兰克·劳埃德·赖特，埃德加·考夫曼. 赖特论美国建筑. 姜涌，李振涛，译. 北京：中国建筑工业出版社，2010：75.

〔2〕参见：Sigfried Giedion. *Space*，*Time and Architecture*，*the Growth of a New Tradition*. Harvard University Press，2008：426.

赖特在草原住宅时期经常采用十字形平面，此处仅举两例，威利茨住宅（Willitts House，1902，图2.27）和罗伯茨住宅（Roberts House，1907，图2.28）。其中，曾在吉迪恩《空间、时间与建筑》一书中被提到的案例就是罗伯茨住宅，它引起了欧洲建筑师的广泛关注。赖特的十字形平面实际上是两个不同高度的长方形体块交叉而成，通常以大壁炉作为十字中心，空间的组合以及它们之间的流通都围绕这个中心来安排。如果有两层的话，通往二层的垂直交通也围绕中心区域来安排。赖特当然还采用过其他的平面形式，但是在草原住宅时期，以十字形平面最为经典。吉迪恩认为赖特的十字形平面最早将运动、自由、灵活性（flexibility）

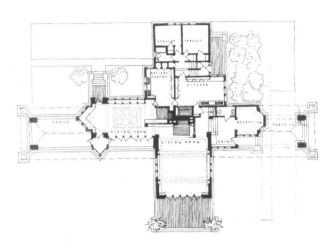

图2.27 赖特的威利茨住宅，1902。图片来自《赖特作品集》

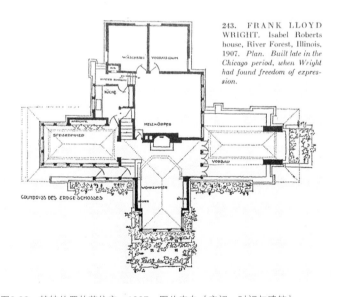

图2.28 赖特的罗伯茨住宅，1907。图片来自《空间、时间与建筑》

带到内部空间中来，这是他对当代建筑学做出的最大贡献。[1]路斯曾经旅居美国，他后来所展现的空间规划，即住宅中围绕中心垂直交通系统的空间分布，很可能也与赖特颇有渊源。另外一个维也纳工业大学的学生，理查德·纽特拉，来到美国之后曾在赖特那

---

〔1〕参见：Sigfried Giedion. *Space*，*Time and Architecture*，*the Growth of a New Tradition*. Harvard University Press，2008：400-403.

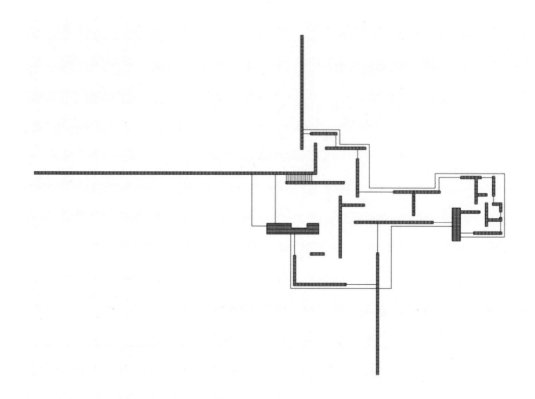

图2.29 密斯的乡村砖宅，1923。图片来自弗兰普顿《现代建筑——一部批判的历史》

里短暂工作，也经常采用十字形平面。

作为空旷场地中的独立式住宅，十字形平面具有一些功能上的优越性，赖特认为这种平面的优势是主要房间可以三面采光，大部分房间都可以自然通风采光。采光好固然不错，但十字形还有一个优势，就是能使室内空间更紧凑，缩减交通流线长度，提高室内空间之间的交通效率。这一点也十分重要，因为冯纪忠早期的两件重要作品都可以说是十字形平面的变形，而武汉同济医院平面形式就特别与十字形交通流线的组织效率相关。

20世纪初，赖特发明了开放的十字形平面的范型，而密斯将墙体彻底碎片化，将这种范型拓展成为更为自由流动的平面；比如，密斯的乡村砖宅（1923，图2.29），固然可以看到风格派绘画的影响，但是这个建筑平面也属于十字形的变种，主要房间按风车型平面的四个方向展开布置，隔而不断，很有可能也受到赖特的影响。[1]20世纪40年

〔1〕吉迪恩也提到了密斯对赖特的十字形平面的借鉴与变通，参见：Sigfried Giedion. *Space*, *Time and Architecture*, *the Growth of a New Tradition*. Harvard University Press，2008：404.

代吉迪恩则将这种空间范型理
论化为"流动空间"，并将其
作为现代主义建筑史的经典教
义，这些教义通过书籍、媒体
传播到全世界，在中国同样也
找到了知音。杨廷宝、黄作燊
各自的学术圈就是案例，从他
们的不少作品中都能看见赖特
的影子，可见当时东南地区的
学术圈整体上都是如此。冯纪
忠于20世纪40年代回国之后，
自然有机会接触到吉迪恩的最
新理论书籍，也无法不受其
影响。

图2.30 戴念慈临摹的赖特作品。图片来自《当代建筑大师——戴念慈》

杨廷宝于20世纪20年代
在美国宾夕法尼亚大学留学，
虽然该校建筑系采用的是布扎
体系的教育，但是由于赖特的
名声巨大，杨廷宝对赖特作品
非常了解。赖特的作品也影响
了许多中央大学的学生。比如
1948—1949年间，汪坦曾慕名

图2.31 北京中直机关住宅的山墙处理，戴念慈设计。图片来自《当代建筑大师——戴念慈》

在赖特的建筑事务所工作学习。另一位建筑系学生戴念慈也十分仰慕赖特，曾经一度被
称同学为"小赖特"。[1]戴念慈曾经临摹的赖特作品草图（图2.30），那是赖特的一个
未实现的方案——1922年加州塔霍湖开发的小木屋，具有一个富于表现性的高耸的坡屋

---

[1] 参见：万千.和谐与创新之路：戴念慈建筑设计研究//张祖刚.当代建筑大师：戴念慈.北京：中
国建筑工业出版社，2000：293-305.

顶。[1]赖特对戴念慈思想与创作的影响是深远的。新中国成立后，戴念慈经梁思成推荐，成为北京中央直属机关修建办事处设计室主任，他为中直机关设计的住宅（1950年，图2.31）是最初的证明。不过戴念慈更关心的是建筑外观的风格和构造特征，而非其内部空间，因为在他后来的作品中不大能发现赖特更为根本的空间组织方式，而是更多借鉴了赖特的立面处理手法。戴念慈并非完全照搬，其处理手法也具有自己的个性。他以双坡屋顶代替了赖特的四坡顶，因此，使通常观念中的山墙面成为主立面，自有独特之处。主立面窗全部齐屋顶，正中是大片的窗，并且形体突出于主墙面。转角设转角窗，这是赖特建筑中的常见的手法——打破方盒子。

　　杨廷宝不仅了解赖特的作品，还曾经于1944年出访美国时，同赖特会过面。赖特式开放空间的影响在1946年杨廷宝自宅中就显现了出来。这个小住宅中餐厅和会客厅几乎不做分割，仅仅把中间的柱子包装成一个假的壁炉和橱柜。前文中提到的南京新生俱乐部可以说是十字形平面的一种变体，而最典型的则是1948年的孙科住宅（即延晖馆）。

　　延晖馆（图2.32）位于南京紫金山，属于郊野别墅，和东湖客舍甲所功能类似。建筑面积约1000平方米，客厅和卧室十分宽敞，属于比较奢华的住宅。延晖馆可以明显地

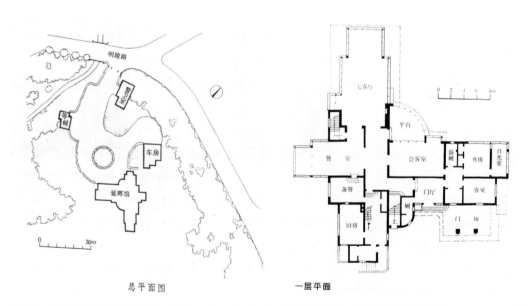

总平面图　　　　　　　　　　　　　一层平面

图2.32　延晖馆总平面图。图片来自《1927—1997 杨廷宝建筑论述与作品选集》　　图2.33　延晖馆一层平面图。图片来自《1927—1997杨廷宝建筑论述与作品选集》

〔1〕赖特的塔霍湖小木屋，可参见弗兰克·劳埃德·赖特著，埃德加·考夫曼编《赖特论美国建筑》，第52页。此书初版于1955年，收集了以往赖特的论文和演讲。

图2.34 延晖馆。图片来自《杨廷宝作品选集》

看到赖特的影响，采用了典型的十字形平面的变形。首层的大客厅、会客室、餐室、厨房、备餐等辅助空间构成了十字形的四翼（图 2.33）。主入口的位置也和赖特的建筑作品类似，靠近十字形的中部。杨廷宝对十字形平面的空间流动性的优势把握得非常熟练，对运动中空间序列的设计更是独具一格，在这方面甚至超越了它的范例。例如，从入口到客厅，经过两个转折（碰鼻子转弯），颇有中国传统住宅或园林中那种曲折的空间趣味。从北面的主入口进到门厅，正对一面墙，如同影壁；左转，进入一个走廊，尽端同样正对一面墙；再右转，就能看到大客厅，透过整面的全玻璃可以看到外面的风景。通过一个过厅联系大客厅、会客室、餐室、厨房、备餐，主要空间之间既有分割又有私密性，空间非常灵活。而且所有的主要房间都朝向较好的景观，并拥有良好的采光。

延晖馆显然参考了赖特的十字形平面，杨廷宝对赖特的借鉴，不仅仅是一种风格的模仿，他清楚地意识到这种平面的空间流动性和灵活性，在借鉴的基础之上还发展出自己的特色。赖特的十字形平面通常是以大壁炉为中心，符合欧美人的生活方式，具有仪式感或者象征性。延晖馆则不存在这样一种中心，它的中心是开放的，并成为一个过渡性的空间；而壁炉则边缘化了，位于大客厅靠外墙的一侧。延晖馆大客厅的处理更与赖特如出一辙，客厅尽端收窄，使屋檐出挑更深远，然后用转角玻璃破除了方盒子的封闭感。

延晖馆部分参考了赖特草原住宅的外立面风格（图 2.34）。屋顶采用了平屋顶，立面也进行了简化，去掉了一些线脚，更接近简洁的国际式现代主义外立面。这种建筑风格在 20 世纪 30 年代被希区柯克和约翰逊引入美国，在中国也被视为先进和时髦的代表。杨廷宝在借鉴赖特的风格的时候，还发展出自己的变化。赖特的草原住宅具有艺术效果的一致性，或者说整体性。这体现在屋顶和墙身概念上的脱开，高窗通常是连续的，屋顶由若干个点支撑，转角则设转角窗，这种构造处理加上深远的出檐，就形成一种屋顶飘浮的视觉意象。赖特将这种方式贯穿在整栋建筑物上，也就是采用了整体性的艺术效果。而杨廷宝则是有选择性的，他把这种处理方法用于南向的餐厅和大客厅，这两处出檐深远，而北侧则不做挑檐。杨廷宝并不追求整体效果的一致性。他的处理方式是务实的，形式处理包含了对功能的兼顾，南侧需要遮阳就做挑檐，北侧不需要遮阳就省略。

赖特的草原风建筑是现代主义建筑空间特征的源头之一，具有广泛的影响。他还曾亲自撰文说明自己如何突破古典的方盒子建筑[1]，解放转角，悬挑屋顶，将围护墙分解为独立片段的墙体。赖特的草原住宅直接启发了意大利布鲁诺·赛维（Bruno zevi）《现代建筑语言》（*The Modern Language of Arcnitecture*）的写作。虽然在外观形式上，欧洲现代建筑还需要现代主义艺术和机器美学的融入，给它披上先锋的外衣——去装饰的、平滑的表皮。延晖馆借鉴了赖特的十字形平面和形态处理的技巧，而在外表形式上则更接近欧洲的现代主义，体现了杨廷宝对现代建筑不同流派进行综合的一种能力。

十字形平面的转化

冯纪忠的东湖客舍和杨廷宝的延晖馆一样，都采用了十字形平面（图 2.35）。它们的核心空间构成模式或类型是相似的。而客舍由于平面不规则的走向，以及体量之间不寻常的连接方式，确实容易干扰我们对于其更基本的空间模式进行解读。

东湖客舍甲所的平面，同样是以壁炉为中心。赖特住宅中的壁炉既有功能性目的，又有象征性的意义，还是进行空间组织的重要元素；正是围绕壁炉，形成了旋转流动的空间序列。壁炉是空间转动的轴心。东湖客舍甲所的壁炉也具有这种空间转动轴心的功能，被灵活地利用，作为门厅、起居室和会客室的空间隔断（图 2.36）。主要功能空间围绕壁炉呈风车形布局，隔而不断，显示出他对赖特草原住宅的空间特征之了解。只是，

---

[1] 参见：赖特. 障碍和主张 // 弗兰克·劳埃德·赖特，埃德加·考夫曼. 赖特论美国建筑. 北京：中国建筑工业出版社，2010：77.

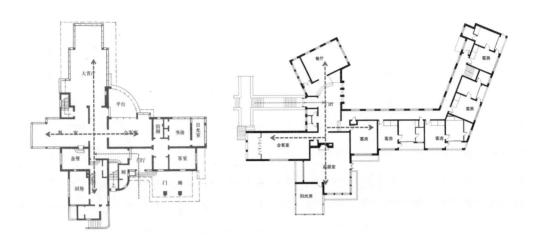

图2.35　延晖馆和东湖客舍甲所的主要功能空间呈十字形分布。笔者绘制

这四个功能分支并不是直角正交的，而是根据地形调整了角度，以至于很难一眼辨认出它和赖特十字形平面的关联。

　　甲所餐厅以外的附属用房已被拆除，现在只剩下图示的主体部分，这样，十字形的空间关系就更清晰了。冯纪忠将甲所的入口门厅扩大化，并使之朝向内院打开，客人从入口进入门厅之后，就可以直接看到湖景。位于北面的餐厅也旋转了一个角度，以获得更好的景观视线。客房区因为数量比较多，体量较长，在中端有一个转折，从而也使空间序列更丰富。

　　东湖客舍多次运用了十字形平面，但是根据地形、朝向、风景视线，冯纪忠对平面原型做了很大的调整。客舍乙所的平面构成看上去更复杂，但是，它的主体（不考虑车库）仍然可以分解为相互搭接的两个十字形平面，只是并非直角正交（图2.37）。实际上赖特也做过类似的案例，例如库尼住宅（Coonley House，1908，图2.38），同样是两个串联的十字形平面。对比库尼住宅和客舍乙所的平面构成，两个十字形的连接方式十分相似，并且都在连接处造成一种空间转折的效果。这种相似之处绝非巧合所能解释。乙所的公共部分和甲所类似，主入口处也有一个开敞的门厅。进入之后，左侧有一片略为倾斜的墙将视线引向朝南的落地窗。左转通往客房区，右转则通往会客厅，会客厅有一片弧形的短墙，成为空间转折的中心。公共部分像一个小小的迷宫，充满了"碰鼻子转弯"的机趣，有意识地延宕了空间的深度。空间流线不断地转折，有曲径通幽的层次感，并且不一定是直角转弯，既在法度中，又随机自由。

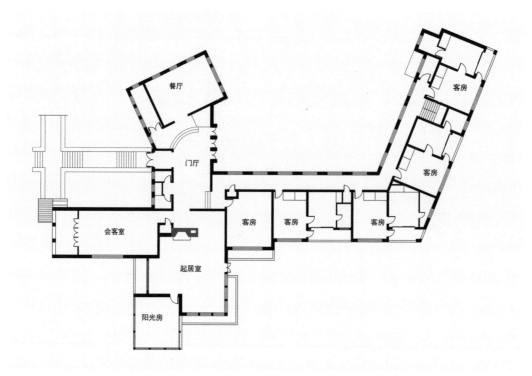

图2.36 东湖客舍甲所主体平面，餐厅以外的辅助用房拆除后的平面图，可以更清楚地观察到以壁炉为中心的风车型平面。笔者绘制

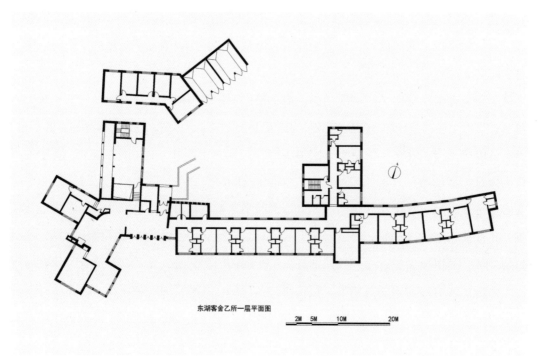

图2.37 东湖客舍乙所一层平面图。杨子翰绘制

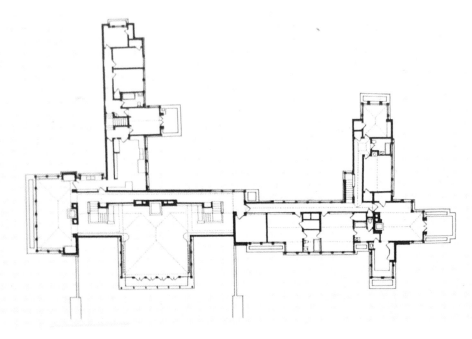

图2.38　赖特的库尼住宅平面。图片来自《赖特作品集》

　　读者或许会问，建筑设计本身就存有共通之处和普遍应对策略，东湖客舍与赖特作品相似之处或许只是巧合而已，未必有实际上的联系。如同科林·罗（Colin Rowe）在《理想别墅中的数学》中对比柯布西耶与帕拉迪奥（Andrea Palladio）的作品，发现他们具有类似的平面构成关系，虽然并没有事实上的证据显示柯布西耶确实阅读或考察过帕拉迪奥的作品。当然，我们可以说这只是一种形式研究方法。通过上文对建筑平面的形式分析，我们已然能够发现东湖客舍与赖特草原住宅的内在关联，当然，在很大程度上这仍然只是一种逻辑上的推理，同样缺乏事实证明。确实，冯纪忠很少提到赖特，他首先是一位大学专业教师，他关注的是设计方法，而不是单个建筑师的具体作品与设计手法。他仅仅在自述中提到了几位在维也纳就已经了解的建筑师，包括赖特，此外并无再多评述。不过，从一个从业建筑师的角度来看，其实倒不难理解。冯纪忠有自己模仿的对象和前辈，但并不一定要经常提起这位前辈，使得尽人皆知。相反，对于自己模仿的前辈，他倒有保持缄默的可能。

　　冯纪忠的早期论文中也提到了"空间流动"的概念，显示出他对赖特草原建筑的空间特征之了解。"这一切不同的景色随着人们在室内流动而变化；为了促使流动无阻，室与室之间不用门扇隔断；为了加强变化，地坪标高也略有起落；各室净高根据不同的使用性质而高低不等。"[1]赖特住宅中的壁炉是进行空间组织的重要元素，以壁炉为中心，形成旋转流动的空间序列。壁炉是空间转动的轴心。东湖客舍甲所的壁炉同样是空间重心所在，也具有这种空间转动轴心的功能，它分割和串联了门厅、起居室和会客室。而地面的高差起落、屋顶高度，也依据功能的不同房间而有所不同，又让人不能不想起维也纳建筑师路斯的空间规划。

草原住宅是赖特留给现代建筑的遗产之一，被后辈广泛地学习和借鉴。有些建筑师欣赏它的形式，例如戴念慈；也有些建筑师发挥了它的空间主题，例如密斯、杨廷宝等。冯纪忠的发挥则显得更为自由，和其他建筑师不同的是，他的平面并不恪守笛卡尔直角几何系统，而是根据场地、风景自由地调整空间走向。冯纪忠当时独立开业不久，但是已经能够不拘一格、灵活自如地进行空间表达。

赖特从未提出"流动空间"的概念，这个概念是建筑史学家建构出来的，并对世界建筑产生了广泛影响。1958年，清华建筑系对"流动空间"进行了意识形态上的批判，批评了资产阶级建筑大师密斯的杜根哈特住宅和巴塞罗那馆，但还没有在国内找到实际的批判目标。[2]而在1950年前后，杨廷宝和冯纪忠都借鉴或发挥了赖特式的开放或流动的空间，他们是中国现代建筑史中最早实践现代空间观念的建筑师。这比岭南泮溪酒家和同济工会俱乐部都要早，但是由于它们都未公开发表，所以并未引起足够的注意。据冯纪忠回忆，陶铸曾邀请他到广东就工程项目提意见，并要求广东的建筑师参考武汉东湖客舍的经验。[3]

"山丘之眉"

"建筑成为山丘的一道弯眉"，赖特曾如此描述威斯康星的东塔里埃森与大地的关系。[4]

赖特草原建筑的特点之一是和谐地处理建筑与自然的关系，他从不将建筑当作一个

〔1〕冯纪忠《武昌东湖休养所》，原载《同济大学学报》1957年第4期，后收入同济大学建筑与城市规划学院编《建筑弦柱：冯纪忠论稿》，上海科学技术出版社2003年版。

〔2〕闵晶.中国现代建筑"空间"话语研究（1920s—1980s）.同济大学博士论文，2012：96.

〔3〕冯纪忠.建筑人生：冯纪忠自述.北京：东方出版社，2010：120.

〔4〕参见《赖特论美国建筑》第185页。

图2.39 威利茨住宅。图片来自《赖特论美国建筑》

图2.40 东湖客舍入口处现状。笔者拍摄

孤立的物体。开放的十字形平面的目的也是为了打破方盒子的建筑，让墙体融入室外风景中，让坡屋顶沿着地形延伸。"墙体可以相互独立地形成展示面；开放的平面看起来更加自然；相对于室外的居住关系变得更加亲密；景观与建筑融为一体，更加和谐；建筑不是独立地建立在景观和场地中的与世隔绝的事物，而是与景观和场地不可避免地融合。这种轻松与自由形成新的建筑观念，使个人的生活被丰富和拓展。"[1]

如果我们将东湖客舍甲所的水彩透视图（图2.20）和赖特的威利茨住宅透视图（图2.39）做一个对照，可以发现两个建筑意象之间存在某种相似性。首先，两座住宅都位于一个轻微隆起的山丘之上（乙所同样如此）。其次，建筑不同体块之间的关系相互穿插、高低错落。这种关系部分来自于它们的十字形平面。再次，屋顶都是四落水的坡屋顶，而且坡度都比较平缓（东湖客舍略陡）。赖特的草原住宅的平缓四坡顶，是其最鲜明的特征之一，这是欧洲所不常见的，因为他有意强调屋檐在水平面的延伸，与缓慢起伏的

---

[1]《赖特论美国建筑》第86页。

草原地形相衬托：平缓起坡的屋顶在草原上是令人愉悦的，就像山峦和峡谷一样。[1]今天到现场看东湖客舍，入口的关系和威利茨住宅仍有神似之处，会客室向前伸出，成为视觉上的重点（图2.40）。

东湖客舍基地位于东湖西边听涛景区的一个半岛上；如今现场探访东湖客舍，客舍掩映在高大的树丛之中，已经不能窥其全貌（图2.41）。而建筑最初都是位于半岛上隆起的土丘之上，从早期的鸟瞰图（图2.42）中也可以看出它们被设想的状态。这张鸟瞰图用徒手线条绘制了等高线、道路和建筑，虽然翻拍自复印件，并不清晰，但还是大致能看出建筑和地形的关系。甲所和乙所各自占领了一个山丘，因为东湖在长江边，长江汛期可能会发生洪水，所以建筑的选址定在基地的高处具有工程上的合理性。我们看到甲所客房的形体有一个转折，也是依据地形所做的调整。从现场来看，微折的建筑形体像臂膀一样拥抱着山丘和树林，建筑与自然紧密融合，成为一体（图2.43）。冯纪忠着意让建筑匍匐在山丘上，其姿态是蔓延而非耸立，正如赖特所言，"建筑成为山丘之眉"。

冯纪忠发表于1958年同济大学学报的论文，几乎是一篇优美的散文，在对风景的诗意描写中简明地论述了东湖客舍的设计理念——

> 半岛是一个土阜，漫步其上，顿觉心旷神怡，举目四瞩，湖光山色，云烟幻化，朝夕不同。把这些四面八方无限的天然图画，结合了室内活动，收入眼帘，应该是建筑布局的原则。
>
> 舍陆乘舟，绕岛而行，见岛脊高不到十米，要避免头重脚轻产生负担过重的感觉，建筑物是不能高大的。全岛微微地隆起在水面之上，要配合这些柔和的轮廓，建筑物应该高低错落，符合因地制宜的原则。
>
> 通过勘察，大自然已经为我们规定了设计的体裁，提供了设计的依据。
>
> ……我受自然的孕育而不要众人瞩目于我……[2]

文中提到了基地的地形、风景，建筑如何与东湖周围的景观发生关系，而很少提到

---

[1]参见《赖特论美国建筑》第189页。

[2]冯纪忠《武昌东湖休养所》，原载《同济大学学报》1958年第4期，后收入同济大学建筑与城市规划学院编《建筑弦柱：冯纪忠论稿》，上海科学技术出版社2003年版。此书将该文标为1957年第4期是错误的。

图2.41　中央部分原为东湖客舍甲所的餐厅，现已改成客房。笔者拍摄

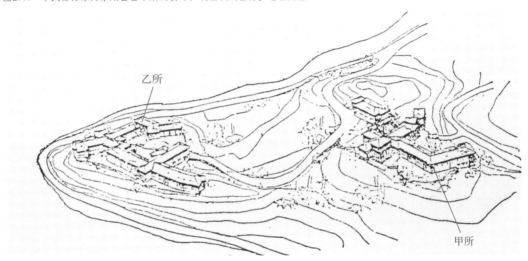

图2.42　东湖客舍鸟瞰图，甲乙所两栋建筑都位于半岛的土坡之上。图片来自《同济大学学报》，韩冰提供

图2.43　东湖客舍甲所客房的形体依据地形有一个转折。笔者拍摄

建筑的外观形式。建筑物应该配合地形，应该高低错落，避免头重脚轻。不但地面标高顺应地形，在屋顶的处理上，冯纪忠也尽力保持屋脊线的高低错落，与山坡发生关系。十字形平面、匍匐于场地上的建筑形体、伸入风景的墙体——建筑的整体形式是发散的、延展的。冯纪忠有意识地使建筑低调，与自然融为一体，其设计理念非常接近赖特的有机建筑的观念。如今在甲所室内，外面树荫遮天，已经不大能看到远处的风景了。当年基地上的植被远没有现在这么茂盛，所以位于山丘之上，建筑内部的视野、外部的视线应该都曾得到恰当的考虑。

"有机建筑"：事物的本质存在于相关性中

　　冯纪忠不仅有可能借鉴了赖特的十字形平面，而且也有可能接纳了部分有机建筑的理念。建筑中的"有机"观念，最初是和自然界发生关系的。这种观念首先来自对自然中的有机结构的观察，例如植物的形式与结构的关系，显示了自然中生命形式所具有的法则——效率与和谐，而效率与和谐带给人类美的感受。赖特的"有机建筑"观念远不止是仿生学意义上的，更是融合了东西方的哲学思想，具有非常丰富和复杂的内涵。赖特认为：在建筑艺术中，"事物的本质存在于相关性中（God meets nature in the sphere of the relative）"，因此，现代艺术的第一需要就是对整体秩序的敏锐感觉。[1]建筑的目的也是为了追求一种"整体秩序"的美。自然中的形式与其功能、目的存在着秩序化的关系，形式、材料和功能相互协调，这使自然具有一种上帝般的整体性——个体服从于整体，整体存在于个体之中。[2]建筑的主体、结构、内外空间、材料、家具与配饰，以及周围的环境都是一个有机统一的整体。建筑不是各种风格的堆砌，而是各种事物之关系的产物。建筑师不仅仅要关注建筑本身，还要考虑环境，包括光、热、气流等非物质因素。有机建筑是"一个作为环境中生活表达的统一体"[3]。一座建筑物看上去应该是从其所在地中自然生成的，与周边环境天然地和谐并存。"有机建筑"是与自然中的有机生命体类比而来，但是被赖特赋予了更多的含义。

---

〔1〕赖特.障碍与主张//弗兰克·劳埃德·赖特，埃德加·考夫曼.赖特论美国建筑.北京：中国建筑工业出版社，2010：77.

〔2〕同上书，第27页。

〔3〕同上书，第57页。

对于赖特来说，"有机建筑"也是指一种追求自由的空间观念。在《障碍与主张》一文中，赖特比较清晰地论述了自己所反对和所追求的事物。他试图打破古典建筑中的方盒子，破除用确定的墙体包裹房间的观念，也将对建筑本体的关注从外观形式转向内部空间。赖特自述，从拉金大厦开始，他开始有意识地打破方盒子，然后是统一教堂进一步地解放空间。"我发现了通向我一直追寻的自由的通道，当我最终（经过了巨大的挣扎）将楼梯间从建筑的角落中里移出，将它们自由地独立放置，成为个性化的特征……建筑物中的空间是建筑物的本体……一座建筑物的本体性并不存在于墙体或屋顶上。因此，这种自由的思想开始形成当代的建筑艺术，我们称其为有机建筑。"[1]

"有机建筑"的特征之一是打破方盒子，他的具体做法是使建筑空间脱离墙体的束缚，通过悬挑解放建筑的转角，使墙体和屋顶之间脱开，让室内获得更多的光线，获得内外部空间的自由和连续性。赖特肯定建筑的本质是空间的，而非物质的，而且，他还将这种空间特征和民主、个体性的价值观念联系起来——"有机建筑"是一种民主的、个体性的建筑艺术，这也是美国建筑应该追求的价值目标。这种观念深深地影响了 20 世纪的现代主义建筑思想。

在 19 世纪末的美国，赖特大约是最早试图挣脱学院派的束缚，发展并建立自己独特风格的建筑师。草原住宅被认为是具有美国本土风格的现代建筑。赖特批评文艺复兴以及任何古典复兴或折中主义的风格，认为它们缺乏与土地和自然的亲密关系，"当文明离自然越远，它就……会形成一些忽视或违反自然的法则的习俗"[2]。赖特欣赏日本的艺术与建筑，认为它们与土地更亲近，是"有机"的建筑，因此也是更"现代"的。在某种意义上，"有机建筑"是一种抵抗的建筑，是对"堕落"文明之反抗，是重新回到自然。赖特的思想也混合了美国诗人梭罗、艾默生、惠特曼的精神，热爱自然，对日常生活充满关怀。"当达到有机的标准后，一座好的建筑就成了一首伟大的诗歌。建筑面对现实，提供服务，解放生活。日常的生活变得充满简洁，所有的必需变得愉悦，有价值地生活在一栋建筑中，依

---

[1] 赖特在冈仓天心的《茶之语》中读到了老子《道德经》"延埴以为器……"的段落，更加明确了自己的信念，即建筑的本体性不在墙体和屋顶，而存在于人们生活其中的空间。赖特.障碍与主张//弗兰克·劳埃德·赖特，埃德加·考夫曼.赖特论美国建筑.北京：中国建筑工业出版社，2010：78-82.

[2] 弗兰克·劳埃德·赖特.建筑之梦：弗兰克·劳埃德·赖特著述精选.于潼，译.济南：山东画报出版社，2011：114.

然是诗歌，甚至更加真实。每位伟大的建筑师都是——也必须是——一位伟大的诗人。"[1]

　　赖特了解老子思想的途径是通过冈仓天心用英文写就的《茶之书》，这是一本杂糅了中国道家和禅宗思想的美学著作。[2]众所周知，赖特曾在其著作中引用《道德经》的文字来验证自己追求"空间"本质的意义——"凿户牖以为室，当其无，有室之用，故有之以为利，无之以为用"，当然这段话也是转引自《茶之书》。建筑的空间比实体更为本质；对于建筑来说，建筑自身固然很重要，而更重要的是其内部的空间，以及建筑个体与整体环境的空间关系。

　　赖特所言"事物的本质存在于相关性中"，到底是什么意思？冈仓天心并未直接说出这句话，他转译了自己心目中的道家世界观，认为世界的本质是永动不居，事物的本质也是相对性的，所以永远要寻求调整，调整就是艺术，生活的艺术便是随着周围环境变化而不断地重新调整安置。[3]道家观念里的事物并不是指一个孤立的"物"（object），而是指物与世界的关系，因此，在某种程度上，事物的本质就是它与外在世界的关系。从某些方面来说，赖特的有机建筑思想确实与东方的精神有着较为深层的因缘，"有机"或者"自然"是指一种整体性的存在，是各种关系、相对性或相关性的综合。

　　赖特"有机建筑"的部分概念在德国被雨果·黑林、汉斯·夏戎等人所继承[4]，而其方向更为激进。黑林认为，设计的出发点不依据抽象的理性的形式法则，而依据具体的基地特征和生活方式，由此产生复杂而多变的建筑形式。黑林同时反对古典学院派与

---

[1]《赖特论美国建筑》第43页。

[2]冈仓天心.茶之书.谷意，译.济南：山东画报出版社，2010.

[3]中国的历史学家总是称道家为"处世之术"，因为它所关注的是当下：也就是我们自身。只有在自身之中，才融合了"神圣"与"自然"，才隔开了过去与未来。"现在"，其实是不停推移的"无限"，也是"相对"的本来所在。既然有"相对"，就必然有"调整安置"，而"调整安置"便是"艺术"。生活的艺术，便在于不断重新安置周遭环境。参见冈仓天心《茶之书》第53页。英文原文：Chinese historians have always spoken of Taoism as the "art of being in the world," for it deals with the present—ourselves. It is in us that God meets with Nature, and yesterday parts from tomorrow. The Present is the moving Infinity, the legitimate sphere of the Relative. Relativity seeks Adjustment; Adjustment is Art. The art of life lies in a constant readjustment to our surroundings.

[4]这个观点参见：科林·圣约翰·威尔逊.现代建筑的另一种传统，一个未竟的事业.吴家琦，译，武汉：华中科技大学出版社，2014.

先锋派（如柯布西耶）的几何学形式传统，他推崇"功能性的形式"，每个形式的产生都为满足一个独特的需求，因而也符合自然之道，是"有机的"（organic）。建筑设计的结果就是呈现出"事物的本性"和"存在"的独特性。[1]这一观点当然是非常美妙而激进的，在实际的形式操作中他们几乎不采用正交几何形，反对借鉴一切古典范例，也拒绝对历史样式的参照，因而其形式颇难为大众所理解和接受，在学术圈内同样始终属于少数派。冯纪忠在柏林时与李承宽的往来，一定使他对赖特、夏戎等人的有机观念有所了解，尽管他自己所在的维也纳技术大学可能更偏向理性主义。在夏戎的作品之中，我们也经常看到非正交的转折、灵活自由的朝向以及高低变化的地坪面。建筑形式应该灵活地应对自然，这一策略，对于冯纪忠来说是可以欣然接受的。

　　无论是直接来自赖特，还是经由德国的有机功能主义一脉，在武汉东湖客舍中，"有机建筑"的思想也部分地得以体现。虽然冯纪忠并未在写作中提到"有机建筑"这一词语，但是中文世界里也有类似的词语可以表达相近的内涵，比如"因地制宜"，这个词语意味着要观察地形，尊重和发扬事物本身所具有的特征，调整诸事物之间的关系，其中也包含了"有机建筑"思想的某些内涵。

"不妨偏径，顿置婉转"：《园冶》中的智慧

　　冯纪忠虽然借鉴了赖特十字形平面的范例，但是并非生搬硬套。设计者遵循了场地的自然特征，轻微地扭转了建筑的朝向和形体的走向，从而使建筑具有了独特的态势，也与赖特的正交平面空间形态产生差异。赖特在日本设计过几所住宅，因为地形的关系，建筑平面也有非直角的构成。如山村住宅（Tazaemon Yamamura，1918），同样位于山地，面朝海湾。赖特将这些角度转向都控制为一个整十数，例如60度，或120度；所有这些变化仍然在精确的几何法度之中，这是赖特建筑的一贯特征。冯纪忠在20世纪80年代建成何陋轩，其三层台基随着地形跌落、偏转，转向角度则按30度、60度有序变化，也属于这种精确控制。但是东湖客舍没有追求这种数值上的精确，笔者特意测量了图纸中的角度，发现它的每次转向都不是整数角度，似乎并无数字规律；不同时期的作品对于"偏径"之法的控制也略有差异。

　　东湖客舍之平面与空间有其临机应变之处，反映了建筑师思想中的自主意识，甚至

---

[1] Peter Blundell Jones. *Hugo Häring: The Organic Versus the Geometric*. Axel Menges，1999：77.

已经略微跳脱出赖特的路径。这种因地制宜、灵活运用的自主意识来自何处呢？

让我们回到在1958年的那篇总结性文章中，冯纪忠写道：

> 建筑的内部布局，在"借景"的手法上也收到了一些预期的效果。甲幢中自餐厅远眺湖的东部横着的汀渚成了一条细线，好像是水天之间隐约的分界，自会客室西望，夕阳与丛荷相映成趣，起居室前树丛映掩，微透山水。乙幢中起居室窗外，南湖沿湖层层山峰和开阔的湖面构成一幅深远的画面，朝南的起居室窗缘恰好成了武汉大学全景的镜框，从餐厅西望，平冈茂林的上面露出青黛的远山。这一切不同的景色随着人们在室内流动而变化……[1]

这段20世纪50年代的文字中出现了"借景"一词，显示冯纪忠可能很早就了解到中国传统园林思想中的"借景"之法。而"借景"这个词，以及"因地制宜"这些术语都来自17世纪计成的著作《园冶》，此书在消失了数百年后，于20世纪30年代重新出现在知识人的视野之内。建筑师了解"借景"之道，他首先考察了基地的风景，然后让室内空间的布置和室外的风景发生联系。图2.44（根据卫星图和冯纪忠的鸟瞰草图绘出）显示了甲所（右上）和乙所（左下）在半岛上的相对位置；十字形平面和体量的偏折确实带来了更多观景角度，也使得建筑本身的空间与形式富于变化。进一步观察可以看到，主要的功能空间都朝向湖面展开，甲所的餐厅发生扭转角度，或许是为了避开客房的遮挡。冯纪忠并不预设一种先验的完美的形式，也不固守理性的直角格网系统，而是依据风景的视线灵活调整建筑形体的走向，务必使每一驻足之处能够看到有差别的、恰当的风景。东湖客舍的重要价值在于它是一种全面考虑场地内外、相互关联的空间设计，真正体现了中国传统中"因地制宜"的设计哲学。

借景和因地制宜有着内在的逻辑联系，《园冶·兴造论》中说巧于因借，"因"在"借"之前——"'因'者：随基势之高下，体形之端正，碍木删桠，泉流石注，互相借资；宜亭斯亭，宜榭斯榭，不妨偏径，顿置婉转，斯谓'精而合宜'者也"[2]。这一段话非常重要，其含义值得反复推敲。"因"是一种顺势而为，即"随基势"，破除对某种先验秩序的固执，

---

〔1〕冯纪忠《武昌东湖休养所》，原载《同济大学学报》1958年第4期，后收入同济大学建筑与城市规划学院编《建筑弦柱：冯纪忠论稿》，上海科学技术出版社2003年版。

〔2〕计成. 园冶图说. 济南：山东画报出版社，2003.

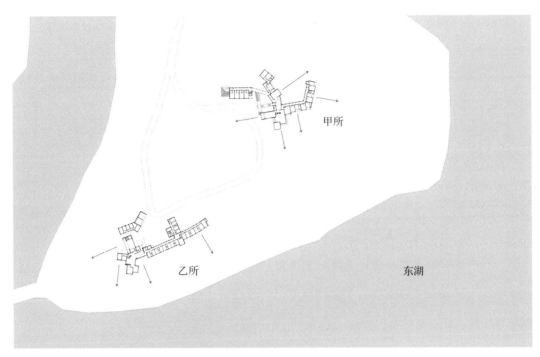

图2.44　东湖客舍甲所和乙所在半岛上的相对位置以及主要房间的视线分析。笔者绘制

而获得一种更为自然的状态。假如"巧于因借"说的是造园的一般性原则，那么"不妨偏径，顿置婉转"则是提出了一种园林建筑具体的设计方法，是最终"制宜"并到达"合宜"的方法和途径。中国传统家宅最讲轴线对称和居中的礼仪性；但是园林是对家宅的反动，也就是要避免轴线和居中。家宅和园林就是静与动的相反相成。《园冶·屋宇篇》写道："方向随宜，鸠工合见；家居必论，野筑惟因。"[1]计成说得很明确，"家居"和"野筑"的处理法则是有区别的。家宅的建筑要讲究定规法度，园林建筑则讲求因地制宜、方向随宜（按陈植注释）。所以说"不妨偏径"，不仅是指在游览园林时要先择偏僻的路径（字面意思），还要求建筑的布置同样灵活应变、方向随宜。体现在东湖客舍这个具体项目上，就是脱离理念在先的古典主义构图原理，将景观建筑从严整的古典几何秩序中解放出来，从而获得更为自由的姿态，这恰恰是南方文人造园传统追求的独特目标之一。传统园林与家宅本质上是一种阴阳互补的关系，造园就是对规范、套路和几何秩序的破除和补充，因此"不妨偏径，顿置婉转"，恰当地描述出东湖客舍的自由姿态。

　　《园冶》既是一本实用的手册，它提供了一些操作手法或者方法论，以及分类示例（如

---

[1]计成.园冶注释.第二版.陈植，注释.北京：中国建筑工业出版社，2017.

门窗与栏杆的图案）；但是另一方面又否认存在固定的造园方法，是反对方法论的。它宣称"构园无格"——造园没有规定之方法，重点在于"得体合宜，未可拘率"——不要拘于任何程式、教条。一切似乎都是顺势而为，以得体合宜为妙。这可以概括为因势导利、顺势而为的哲学，最终也可以归化到"道法自然"的范畴。

"借景"与"有机建筑"之间有一个共同的支点，那就是一种整体性的世界观，并且要求建筑随着周围环境而不断地调整安置，以获得一种新的关系。通过这一支点，赖特的有机思想和中国传统中的智慧有了沟通融合的通道。"有机建筑"观念被中国建筑师所接受，似乎也有了内在的合理性。建筑绝不是一个孤立的物体，独立于自然条件与周围环境之外，相反，建筑正是积极地与外在世界产生关系，从而形成自我的独特性。正是在这种相关性中，个体性才能得到体现，建筑因为处于不同的自然与文化环境、由于不同的需求而产生其个性。在某种程度上，这也是"有机建筑"与"国际风格"的差异所在，后者如密斯式的玻璃盒子放之四海而皆准，自在而与世界无关。

建筑受自然的孕育

> 大自然已经为我们规定了设计的体裁，提供了设计的依据……我受自然的孕育而不要众人瞩目于我……[1]

东湖客舍的外观谦逊，"建筑受自然孕育而不受瞩目"，对于一位年轻的建筑师来说，未免有点过于低调。东湖客舍虽为"少作"，但是已经体现出冯纪忠尊重自然、因地制宜的建筑观。建筑师试图回归到一个古老的传统，可以说是其个人智识上的早熟。晚年冯纪忠回忆时曾再次提到，东湖客舍是位于景区的建筑，协调四周的环境至关重要，"不是从自我出发，而是从一个建筑看上去，四面八方都要联系起来"[2]。在中国现代建筑史中，东湖客舍并未以某种"新风格"而受人瞩目。但是从建筑文化与设计的哲思角度来说，东湖客舍有其独特价值，是中西建筑文化碰撞与融合的典型案例之一。通过它，我们可以观察建筑文化融合的一种可能性。一方面，它是现代建筑思想——包括"流动空

---

〔1〕冯纪忠《武昌东湖休养所》，原载《同济大学学报》1958年第4期，后收入同济大学建筑与城市规划学院编《建筑弦柱：冯纪忠论稿》，上海科学技术出版社2003年版。

〔2〕冯纪忠.与古为新：方塔园规划.北京：东方出版社，2010：15.

间"和"有机建筑"两种观念传播的产物；另一方面，它也是《园冶》与中国传统建筑文化重获生机的一次实践。东湖客舍形体布局的不规则走向，即是"不妨偏径，顿置婉转"的具体实践。建筑师将外来建筑思想与本土固有文化相互参证；现代建筑也经过本土思想的过滤与改造，生发出别样的姿态。

东湖客舍或有不成熟之处，但是从中我们可以观察到冯纪忠的一些特点，其中某些特点成为他此后一直延续的手法。

第一，对现代建筑空间观念的接受和实践。东湖客舍借鉴了赖特草原建筑的创造性，尝试了流动空间的手法；东湖客舍各个主要空间的层高、地坪标高都按空间的尺度来调整，体现出路斯空间规划的影响。这些空间实践奠定了20世纪60年代冯纪忠空间组合原理的发展基础。

第二，由内而外的设计原则。由内部的空间组合出发，来决定外部的形式，再通过外部的限制因素和约束来调整内部空间，如造型和景观。如此往复，使建筑整体上达到合情合理。这既不同于古典学院派的做法，也不同于流行的国际风格。

第三，"亲地"——"有机建筑"的观念。冯纪忠处理建筑与基地的关系，使建筑融进风景之中，暗合赖特"有机建筑"的思想。将建筑视为自然环境整体中的一部分，建筑匍匐于地表之上，成为山丘的一道"弯眉"。更进一步，冯纪忠以《园冶》中的"借景"理念融合、丰富或者替代了赖特"有机建筑"的观念。"建筑受自然孕育而不受瞩目"，和现代主义先锋派将建筑理解为凌驾于自然之上的机器的观念不可以道里计。冯纪忠的设计在很大程度上尊重了地形（自然），具有一种"亲地"的特征。可以说，通过东湖客舍，冯纪忠对"有机建筑"或"建筑与自然"这一命题的思考，具有了自觉的意识。"亲地的建筑"或建筑的"亲地性"成为后来冯纪忠作品的一贯特征，而无论建筑的形式与风格。

第四，借景——视线控制的方法。借景首先是一种整体性的世界观，是从主体或自我的角度，注重视觉对象的选择和心理体验。这要求建筑师不仅要了解基地，还要了解基地之外、视线之内的物与风景之间的相互关系。借景或对景也是对视线进行控制的方式，俗则屏，嘉则收。这些因素会决定房屋的朝向、形体的偏正和开窗的方式，并影响最终的建筑形式。这些思想将在20世纪80年代的方塔园与何陋轩中得到再次呈现。

东湖客舍的材料和形式

根据冯纪忠所绘的透视效果图上标示的日期，最初客舍设计方案当于 1950 年冬完成。在此之前，冯纪忠很可能没有踏勘过现场，因为他的回忆录中只记录了 1951 年 8 月的那次武汉之行（参考赵冰编的冯纪忠年谱）；那么最初他可能只是依据地形图来控制建筑的形体和朝向，而 1951 年的武汉考察之行之后，或许又对方案进行了调整。[1] 东湖客舍于 1952 年春建成，最终完成的建筑与透视图并不完全相同。而且建造过程中业主对方案有所调整，由于距离遥远，冯纪忠并未再有机会去工地探视。直到 1955 年冯纪忠才到武汉探访建成的客舍。

对比现状和 1950 年的透视图，我们能够发现实际建成的作品有不少改动。入口爬山廊原是斜屋顶，后改为四个连续跌落的小坡屋顶。朝西南的会客厅前原来有个内凹阳台，应该考虑到了西侧的遮阳，现在已封闭。透视图中毛石柱墩上直接搁置带有吊顶的屋顶，比较接近赖特的做法，但是实际建成的作品还是把梁露出来了。

透视图显示甲所的墙体材质有两种，会客厅为毛石墙，其他部分则是刷白的墙。这种不同材料的大面积搭配也比较接近赖特的做法。欧洲早期的现代建筑，或许是受现代主义绘画的影响，以格罗皮乌斯、柯布西耶为例，在处理外墙时，都有一种抽象化、平面化、匀质化的特征，通常外表一律刷白。密斯一派不一定刷白墙，但也会强调材料的一致性，或者是通体玻璃，如范斯沃斯住宅；或者全部采用砖块，如砖宅。这种观念在古典传统中或许也是存在的，因为在一般的建筑史中，经典建筑风格中通体石材是最为常见的，而且不大可能采用毛石墙。石材需要精确地加工和有规律地砌筑，这也符合古典哲学对一致性或单一性的追求。

赖特设计的住宅中屡见这种手法，最著名的莫过于流水别墅。在外墙以及内部，采用较大面积的材料对比，粗糙的质感和光滑的质感并置，手工性的材料和工业性的材料并置，确实能创造一种戏剧性的效果。通常这能产生一种诗意的含混性，既展示了反差，又显示了融合之感。倘若用中国的古话来解释，可叫"反常合道"，这是冯纪忠经常引用的来自苏东坡的警句。赖特的手法具有一定的批判性，是反经典的、反欧洲传统的，套用当代词汇，乃是美国的地域主义建筑。它能同时激发出人们对与乡土性和现代性的

---

[1] 冯纪忠在《武昌东湖休养所》一文中说接到设计任务是 1951 年初，这和效果图上标的时间相矛盾。

想象，既有对乡土的留恋，又有对现代的期待。

透视图中的东湖客舍的材料处理也是如此，反映了冯纪忠最初的设想。但是实际建成的主体大部分都是毛石外墙，只有餐厅部分的外墙是刷白墙；此外还有客房尽端的一个小房间，不能确定这是不是后来历次改造的结果。不过在室内起居室，用毛石砌筑的厚重的大壁炉，与刷白的内墙形成强烈的对比。这些手法在今天看来似乎老旧了，但是在赖特时期，还是比较先锋的做法。

除了会客厅、餐厅等几个比较高的空间，冯纪忠将客房部分的层高定为 2.8 米，而且所有的窗都到顶。层高低、窗户到顶主要是考虑通风的效率，以及采光的均匀，冯纪忠解释这是欧洲许多老房子的做法。而实际上，这种做法最典型的是赖特的住宅。赖特的草原住宅层高更低，而高窗基本上都是连续的。除了考虑功能上的需要外，赖特的设计是为了创造一种特别的效果，也许如他自己所宣传的那样——打破方盒子。连续的高窗、深远的挑檐，使屋顶看起来仿佛飘浮在空中，这正是草原住宅所传递的最显著的艺术效果。

草原住宅中窗子的间数一般取奇数，这暗含了古典的美学因素，中西皆然。东湖客舍如法炮制，主要房间的开窗间数一般采用奇数。甲、乙所的会客厅、餐厅、门厅落地窗等，正立面一般是三开间或五开间窗。"自由立面"的概念还不存在。

"民族的特色不够鲜明，新颖的气氛不够浓厚"[1]，1958 年冯纪忠这样总结东湖客舍。本文的分析展示了冯纪忠在很多方面都受到了赖特的影响，特别在空间观念和处理建筑与自然的关系方面。但是冯纪忠并没有追求草原住宅中那种特别的效果表现，实际上他只要再推进一步就能接近赖特的风格。而且此时期他也未发展出自己独特的建筑语言，使建筑外观呈现出足够的新颖性。冯纪忠自我期许"语不惊人死不休"，那么，从哪里去寻找自己的语言？如何形成自己的特色呢？

武汉同济医院

1952 年春冯纪忠受委托设计武汉同济医院（现武汉医学院附属第二医院）主楼，包括 500 床的病房，总面积约 1.9 万平方米，对于群安事务所来说，这是个庞大的工程。方案设计用了半年的时间，但由于天气和人事原因，到次年 5 月才开工建设。其间武汉大水曾淹

---

〔1〕冯纪忠《武昌东湖休养所》，原载《同济大学学报》1958年第4期，后收入同济大学建筑与城市规划学院编《建筑弦柱：冯纪忠论稿》，上海科学技术出版社2003年版。

没工地，工程经过颇费周折，直到 1955 年医院才建成。当时由于打桩机比较罕见，租借费用高，为了节约基础造价，结构不能过高。所以医院的主要建筑高度都是四层，这使得建筑体量非常的大。

同济医院由于用地紧张、功能复杂，平面呈放射形。正前端为主入口，其上为产科。后侧三层楼为化验室、治疗室和手术室等。两翼的 L 型为四层的护理单元。

关于如何在武汉同济医院的建筑过程中保证环境的安静、清洁、交通便捷这三大要求，冯纪忠 1958 年写过一篇总结性的论文发表在《同济大学学报》上，本文不再复述。同济医院的平面近乎一种赤裸裸的功能主义，最能体现冯纪忠早期实践中特别重视功能、效率的特点。平面看起来是不太常见的放射形，但它实际上仍旧是十字形 / 风车型平面的变体，与东湖客舍的平面类型一脉相承。如果我们仔细查看规划总图（图 2.45、2.46），会发现同济医院总平面是一个复杂的十字形。建成的是一期工程，南侧规划的二期工程未按原计划建成，两栋建筑通过架空的廊桥连接。主入口在正中的短枝。从功能的角度考虑，根据路径最短原理，从中心到分枝的距离最短，而且尽量避免产生穿越，这就减少或避免了医院中的交叉感染。不过，由于受基础限制，层数少，走道仍然太长，冯纪忠觉得如果是高层将更合理，将水平流线转换为垂直流线，减少穿越。这种思考方式完全是功能理性的，是冯纪忠所恪守的设计原则之一。冯纪忠在 20 世纪 60 年代还指导了云南昆明医院的方案设计，这一方案延续了同济医院的平面布置原则。如果说同济医院是一点通四路，昆明医院就是一点通六路，即一个中心通向六个方向。

 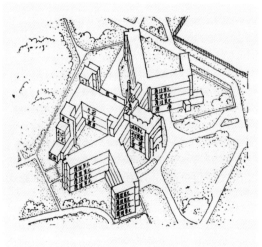

图2.45　武汉同济医院总平面图。图片来自《建筑弦柱》　　图2.46　武汉同济医院轴侧图。图片来自《建筑弦柱》

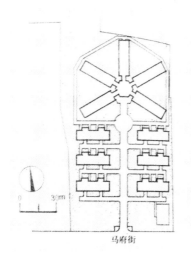

图2.47 南京公教新村甲型宿舍总图。图片 图2.48 南京公教新村甲型宿舍入口。图片来自《杨廷宝作品集》
来自《杨廷宝作品集》

放射形平面是一种很少见的平面类型，它确实能节约一定的交通面积，提高使用效率。医院的主要楼梯间和卫生间集中布置在中间十字形的横向体量中。当然，这种思考方式并非冯纪忠独有。事实上杨廷宝也做过类似的平面，不过是用在宿舍的设计中。1946年南京重建需要大量宿舍，杨廷宝设计了几个公教新村，其中甲型宿舍采用了放射形平面（图2.47、2.48）。放射形中心为公共卫生间、盥洗室和公共楼梯，连接5栋条形的宿舍楼。这是在建造预算非常拮据的情况下的非常规做法，非常经济实用。

同济医院创造了一种医疗建筑的布局类型，1964年该建筑平面图被收入《综合医院建筑设计》[1]，以及1966年《建筑设计资料集》第2册《医疗建筑》（图2.49）。在纽费特的《建筑师手册》中，对医院建筑有专门介绍，但是没有这种总平面布局类型。最可能的范例或许是芬兰的帕米奥疗养院（Paimio Sanatorium，1929，图2.50），阿尔托（Aino Aalto）正是凭借这个医院在欧洲声名鹊起。据冯纪忠自述，在他留学期间，阿尔托在奥地利已经非常知名，所以冯纪忠也应该了解他的名作。[2]帕米奥医院采用非对称的平面布局，并且不遵从直角正交系统。主入口从中间分支开始，服务区、治疗区和疗养区分离，功能分区非常明确。帕米奥疗养院也是现代医院的代表之作，除了具有现代感的、宣示

〔1〕建筑工程部建筑科学研究院，南京工学院.综合医院建筑设计.北京：中国建筑工业出版社，1964.

〔2〕冯纪忠.建筑人生：冯纪忠自述.北京：东方出版社，2010.

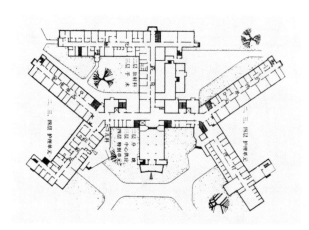

图2.49　武汉同济医院一层平面图。图片来自1966年版《建筑设计资料集》第2册

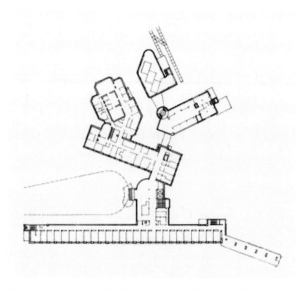

图2.50　阿尔托，帕米奥疗养院。图片来自《阿尔托作品集》

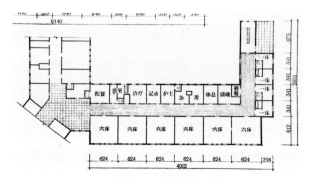

图2.51　武汉同济医院护理单元。图片来自1964年版《综合医院建筑设计》

清洁的外立面以外，还有一些人性化的设计细节。同济医院的一些细节也参考了帕米奥疗养院。例如，屋顶的玻璃阳光房，以及波浪形的遮阳篷，为病人提供了冬、夏两季的休息场所。

同济医院是我国最早的现代医院之一，病房护理单元的空间布置显然参考了纽费特的《建筑师手册》。同济医院的医疗系统是德国式的，很多医疗专家都曾留学德国，并且和冯纪忠是相熟的朋友，在设计过程中可以与建筑师有效地配合。因此在功能配置方面，同济医院代表了当时最先进的水平。内廊式的医院，通常主要功能房间如病房等朝南，而诊室、治疗室、手术室及其他辅助用房则朝北（图2.51）。换言之，"服务部分"和"被服务部分"分立内走廊的两侧。同济医院的左右两翼是L型护理单元。L型中部是更衣和电梯等服务设施。每个护理单元平均80床，以6人间的病房为主，所有的病房都朝向东南或正南，都享有较好的日照条件。此外每个护理单元端头还有公共的阳台。屋顶层还设有玻璃阳光房和遮阳雨篷。

图2.52　武汉同济医院正立面。图片来自1959年版《建筑十年》

图2.53　北京儿童医院外景。图片来自http://www.ikuiku.cn

华揽洪的北京儿童医院

　　冯纪忠晚年回顾武汉同济医院："当时国内的医院主要还是形式主义，概念上比较新的作品，还有华揽洪的儿童医院、夏昌世的广州医院。儿童医院在北京，难免要用民族形式，不过用得并不呆板；夏昌世的设计主要考虑门诊、住院等的联系，按功能划分，这是比较好的；同济医院相对更脱开老套……"[1]

　　武汉同济医院（图2.52）被建筑学会收入1959年的《建筑十年》，同时被收入的还有北京儿童医院（图2.53），由留法归国的建筑师华揽洪设计。华揽洪（1912—2012）

[1] 刘小虎. 在理性与感性的双行线上：冯纪忠先生访谈//赵冰、王明贤. 冯纪忠百年诞辰研究文集. 北京：中国建筑工业出版社，2015：334.

同样也属于第二代建筑师，他于 1951 年归国。战后欧洲现代建筑的观念已经成为主流，华揽洪在法国完成的工程也都属于现代建筑。不过儿童医院的设计却具有中国特色。北京儿童医院与武汉同济医院的规模近似，都是 20 世纪 50 年代标准最高的大型医疗建筑。两者的设计都完成于 1952 年左右，尚在国内建筑设计比较自主的阶段。因此对两者进行比较，可以观察当时不同建筑师设计思想的异同。

第一，总平面布局上的异同。

北京儿童医院的用地相对比较充足，布局更加宽松，采用了较为常见的院落围合的形式。北京儿童医院的平面遵守正交网格系统，很符合华揽洪所接受的正统现代主义建筑的原则（图 2.54、2.55）。不过总平面的构图则并非完全自由。医院用地有东西两个入口，所以从平面上观察，门诊楼的东立面和西立面的体量关系都属于对称式构图。而南立面和北立面则是非对称构图。所以，总平面构图在折中的同时又有变化，约束中有自由，这或许也反映了当时的设计风气。华揽洪既有自己的现代性建筑追求，又要尊重当地的文化惯性。

同济医院用地局促，所以采用了更紧凑的放射形平面。实际上同济医院主楼也并非完全脱离了对称式构图，虽然不是那么严格。其主入口也是对称的，具有很强的仪式感。

儿童医院的主入口设在东侧，门诊区形成一个内向的四合院，人流预设是环线型，而同济医院是放射线型。儿童医院的门诊区和病房区形成多个四合院和 U 型庭院，从空间上来说有变化，但是也使人员流线不够清晰，流线过长。

第二，是否运用了传统的手法或形式。

华揽洪吸收了不少中国传统建筑的处理手法。例如主入口和门诊区的空间处理，就有传统四合院的影响。门厅是一个浅进深的空间，然后经过两次 90 度转折，由两侧的回廊进入到门诊区。连廊及雨篷的处理不全是功能性的，虽然是平屋顶，但是高低错落，形式比较活泼，也类似园林中的手法。此外，病房楼的屋顶雨篷模仿传统的屋檐起翘，这种美化具有一定的结构性，而非完全符号化或图案性的（图 2.56）。

在儿童医院，华揽洪较早地尝试将传统建筑的空间组织方式引用到现代建筑中来，这在同期的冯纪忠那里还不大能看到。同济医院的门厅是西方式的大进深空间，接近教堂类神圣空间的类型，其门厅的空间旨趣与儿童医院相去甚远。这大致反映了冯纪忠当时的思想状态，他还没有准备直接采用中国传统建筑的形式特征与符号。

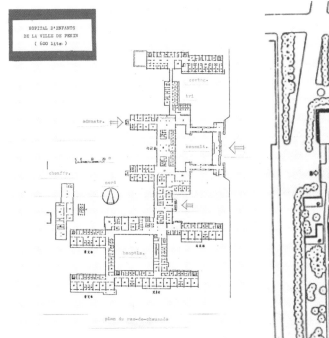

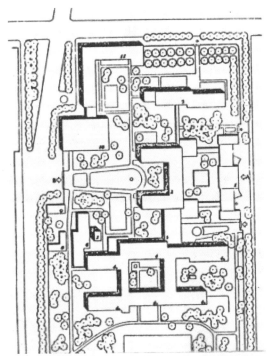

图2.54　北京儿童医院一层平面。图片来自http://www.ikuku.cn

图2.55　北京儿童医院总平面图。图片来自http://www.ikuku.cn

图2.56　北京儿童医院的细节中有传统元素。图片来自http://www.ikuku.cn

图2.57 武汉同济医院，外墙的柱子突出于外墙面，而且有收分，往上逐层变薄。图片来自《建筑十年》

图2.58 武汉同济医院外墙现状。笔者拍摄

图2.59 上海圣约翰大学思彦堂，柱子的收分处理。笔者拍摄

同济医院的"建构"

同济医院受造价的限制，除了不能往高处加层外，还要在结构柱上节约材料。其整体结构是框架结构，而且每一层的柱子的截面尺寸逐层缩小。病房的主要尺寸是 6.24 米 × 6.12 米，纵向（进深）与横向（面宽）跨度近似。结构设计预留了横向布置空调管道的空间，因此主梁呈纵向布置。柱子的横向尺寸保持不变，然后逐层减少纵向柱子截面的尺寸。冯纪忠选择让柱子在内部保持一条线垂直。所以，我们从外墙可以看到，一层的柱子明显比突出，以上每一层都往内收，顶层柱只稍微地凸出墙面。由于柱子是逐层瘦身，而不是连续收分，因此连续的水平遮阳板除了遮阳功能外，还可以过渡两层间柱子截面的长度差。尽管如此，我们还是能从外立面分辨每层柱子凸出墙体的差异（图 2.57、2.58）。

将结构柱暴露在外，并根据结构的实际需要保留柱体的收分，这在哥特式教堂中并不稀奇罕见，哥特式教堂中支撑飞扶壁的柱墩通常就是这么做的。冯纪忠本是土木专业出身，对此自然不陌生，而且在圣约翰大学，也有些校舍是这样做的，如思彦堂（1904 年，图 2.59）。保持室内界面的垂直性，这或许反映了建筑师更重视内部空间的意图，正如哥特式建筑对内部空间的重视。由于要考虑框架结构的经济性，上下层受力柱截面尺寸不同时，冯纪忠倾向于在外部保留结构的诚实性，不假乔饰，让力的传递方式显现出来。冯纪忠认为建筑造型不仅要表达力的传递，甚至"物质手段发挥其效能的特征，施工上克服困难的迹象等要有恰如其分的流露"[1]。这种思想不仅是一种实用主义的态度，也进一步转化成一种美学趣味。例如，20世纪60年代路易·康在建造埃克塞特图书馆（Philips Exeter Library）时也采用了近似的处理方式，让不同层的墙体逐渐向上收分。不过埃克塞特图书馆墙体的收分只是在横向而非纵向，相比之下，同济医院的做法更接近哥特式教堂的传统做法。冯纪忠不仅保留了结构收分，而且还在色彩上强调这种结构形式。我们看到武汉同济医院早期的照片中，结构柱和填充墙体的材料和色彩是有区分的：外露的柱子表面处理成斩假石，柱间填充墙为煤屑空心砖外罩汰石子；柱子的色调比墙体浅，结构形式得以明确地表达。

同济医院外立面的处理不同于学院派的构图方式，因为凸出的部分分量不够（顶层尤其如此），不具有表现性。学院派通常会对柱子做一些构造处理，将尺寸放大，对结构更夸张地予以表现。同济医院则完全诚实地展示了自己的结构和构造。这也不同于现代建筑中追求外表皮平滑的风格（如柯布西耶的早期作品）。冯纪忠习惯于通过材料和色彩的区分来强调结构柱与填充墙的区别，这一特征一直是延续的。此时的建筑师还未过多关注先锋形式的表现性，而主要是出于功能性的考虑。冯纪忠并不讳言自己是个功能主义者，他认为"造型"是第二性的。冯纪忠以水平遮阳板遮蔽了柱子的截面变化，这显示了他的实用主义。这一水平构件打断了柱子竖向的连续性，削弱了竖向结构的表现性。看得出来，建筑师对于建筑表现的整体性还处于探索的阶段。

在冯纪忠为数不多的作品中，只有同济医院是平屋顶。屋顶设有阳光室，为住院病人提供了在屋顶休息和活动的场地。这些功能方面的考虑很接近阿尔托的帕米奥疗养院。前文提到苔斯设计的维也纳海伦路摩天楼也是这种做法。平屋顶没有设女儿墙，而是采用铁制栏杆，屋顶排水通过挑出的檐沟解决。通透的金属栏杆不同于通常公共建筑纪念性的做法，宣示了建筑的轻盈。这些手法都可以在维也纳摩天楼看到相似的运用。

同济医院后来经过多次改造。比较大的结构改造是护理单元病房的外面增加了一小跨，给每间病房布置了卫生间和封闭阳台，底层形成一个挑空走廊。增加的跨度大约为2.1

[1] 冯纪忠《"空间原理"（建筑空间组合设计原理）述要》，原载于《同济大学学报》1978年第2期，后收入赵冰、王明贤主编《冯纪忠百年诞辰研究文集》，中国建筑工业出版社2015年版，第26—37页。

米，外加的这排柱子没有再考虑收分的处理，所以我们现在看到的护理单元病房外柱子外凸的距离是相同的。另一个改造就是外墙材料，整个都贴成了一种马赛克，抹去了原来柱子和墙体的差异，也使立面缺乏层次和细节。

武汉是典型的夏季炎热地区，同济医院的遮阳设计是连续的水平遮阳板，出挑约60厘米。这种遮阳方式在夏天的上午和傍晚是不够的，效率低于垂直遮阳。冯纪忠当时考虑安装垂直方向的苇帘，在水平遮阳板下每隔一米装上悬挂窗帘用的铁钩。这当然是一个浪漫的想法。不过遗憾的是，最终施工中省去了这一措施，冯纪忠的想法未能实现。[1]

巴洛克式主入口立面

同济医院的设计是功能理性的，其形式在当时堪称现代。但是从现在的视角来重新审视，并不能轻易看到其建筑形式的新颖之处。冯纪忠善于从细处着眼，总有若干别开生面的处理手法，使人眼前一亮。有几个细节可以显示他的偏好，局部对弧线、曲线的使用，暗示了冯纪忠思想中某种潜在的倾向。

例如屋顶的雨篷（图2.60），水平的波浪形弧线平屋顶，由两排蘑菇柱支撑的无梁楼盖组成。这个屋顶也可以理解为由单个的伞形结构组成，令人联想到赖特的约翰逊制蜡公司办公楼。遗憾的是，这个颇费心机的雨篷并没有得到设想中的使用，现在被封闭成办公房间。另一处是急诊入口处的雨篷（图2.61），采用了反梁，天花表面光滑。这个伸出的弧形雨篷很像帕米奥疗养院的雨篷。这两处雨篷的天花都追求一种平滑的界面处理，显示出冯纪忠对现代建筑抽象、平滑的形式语言的兴趣。

同济医院主楼的大门与门厅或许是现代最独特的医院入口，具有一种无法归类的陌生感（图2.62）。首先，很少有建筑的主入口设在建筑体量的短边或山墙面，同济医院可谓孤例。主入口门厅是具有对称性的三开间门廊，进深为五个柱跨。这使门厅空间结构如同一个教堂，具有一种古典的仪式感。假如我们已经知道建筑平面的原型是十字形，那么医院与教堂的这种联想就更强烈。本文第一章已经提到冯纪忠曾经在赫雷那里了解到圣斯蒂芬教堂，那个教堂同样也有一个三开间五柱跨的前厅。而且在结构上，医院边柱的结构收分也遵循了哥特式建筑的建造原则。

---

[1] 冯纪忠《武汉医院》，原载《同济大学学报》1957年第5期，后收入同济大学建筑与城市规划学院编《建筑弦柱：冯纪忠论稿》，上海科学技术出版社2003年版。

图2.60　武汉同济医院屋顶雨篷，蘑菇柱头、无梁楼板。图片来自1964年版《综合医院建筑设计》

图2.61　武汉同济医急诊入口雨篷，反梁做法是为了保证天花的平滑。图片来自1964年版《综合医院建筑设计》

图2.62　同济医院主入口。图片来自《冯纪忠百年诞辰研究文集》

图2.63　同济医院主入口的圆弧形浅门廊，胶囊形柱子是向心的。笔者拍摄

　　尽管医院是一个功能性的建筑，但是作为一个服务社会的公共机构，冯纪忠还是试图让建筑表达出一种社会可以接受的公共性。如果对入口不做处理，从学院派建筑构图来理解，设在山墙的这个主入口的立面就略为狭小，正立面高度大于宽度，气势上不足以表达公共性。冯纪忠巧妙地做了一些处理，通过一个凸出的楼梯间和管理用房，将正立面的宽度扩大了，然后前面再加一个三层楼高度的浅门廊，这样就凸显了主入口立面的重要性，虽然不大，但是视觉上有深度和立体感。

　　本文第一章中已经讨论过维也纳巴洛克教堂的一些手法，同济医院立面的处理方式无疑借鉴了历史的经验。这当然也不是巴洛克建筑独有的方法，维也纳哥特时期的圣斯蒂芬教堂也是如此。欧洲其他地区的教堂中也有，例如英国著名的圣保罗教堂。这种巴洛克的手法与哥特式教堂较为强调垂直方向的构图略有不同。冯纪忠追随的先例还包括瓦格纳设计的维也纳斯坦霍夫教堂（Steinhof Church，1902—1907）。这个教堂采用了希腊十字形平面，但是入口的一枝比较长，多设一排柱廊，加强了入口空间的仪式感。瓦格纳在处理教堂的入口时，将两侧的楼梯间稍微向外突出，使主立面看上去更接近一个正方形。然后在此立面前再加了一个三开间的浅雨篷。这种方式对于生活在维也纳并受过古典构图训练的冯纪忠来说显然并不陌生。

其次，比较特别的是那个凹进的弧形的入口立面。这是一个进深 4 米左右的浅三开间门廊，中间宽，左右开间窄。廊高与进深的比例约为 1：1。入口凹进而不是通常的凸出，这一细微的处理使入口空间不落俗套，也使内外部空间的过渡更生动，增添了亲切宜人的气氛。弧形入口很容易让人联想到巴洛克建筑的风格特征，而这无疑也是冯纪忠的个人喜好之一。进一步观察会发现，这个入口门廊的柱子不是圆形的，而是中间略平、两头圆的胶囊形。四根柱子并不平行，而是向心的，圆心在建筑之外（图 2.63）；这无疑是巴洛克式的处理方法。

这种巴洛克式建筑艺术的处理方法，显示出冯纪忠对于西方建筑历史的熟谙。冯纪忠在晚年论及何陋轩时，曾提到过波罗米尼的一个教堂。"最初巴洛克是在意大利，有一个叫圣玛利亚的四券教堂，是最早的巴洛克架式。这之前的房子，它的光是向内聚集的，到了巴洛克的时候，它就要向外了。"[1]冯纪忠提到的很可能是圣玛丽亚七苦教堂[2]，该教堂位于罗马的一座修道院内。冯纪忠留欧期间曾到罗马旅行，或许到过这个教堂。不过冯纪忠可能记错了，它并非波罗米尼最早的作品。这个教堂也不是波罗米尼最著名的作品，不过像波罗米尼的大多数作品一样，此教堂确实有一个凹面的弧形入口（图 2.64、2.65）。与其他教堂不同的是，圣玛丽亚的教堂外墙特别朴素，装饰壁柱极浅。去除那些表面的装饰，教堂的主入口，就非常接近同济医院大门的造型关系了。

波罗米尼的菲利皮尼小教堂（Oratorio dei Filippini，图 2.66）入口也是一个凹弧形入口，这个立面还影响到德国德累斯顿伯爵宫（图 2.67）的入口做法。波罗米尼这样解释："……在设计这个立面时，我的头脑中有一个伸展双臂的人体，仿佛在拥抱进入那里的一切……"[3]波罗米尼希望用这种形式表现出教堂对教众积极接纳的姿态。冯纪忠将这一范例运用到医院建筑中，自然让人联想到基督教堂与医院的关系。欧洲中世纪医疗机

---

[1]冯纪忠. 与古为新：方塔园规划. 北京：东方出版社，2010：106.

[2]圣玛丽亚七苦教堂（Santa Maria dei Sette Dolori）位于罗马特拉斯提弗列区，1643年由波罗米尼设计。参见：http：//en. wikipedia. org/wiki/Santa_Maria_dei_Sette_Dolori_Rome.

[3]克里斯蒂安·诺伯格·舒尔茨. 巴洛克建筑. 刘念雄，译. 北京：中国建筑工业出版社，2000：108.

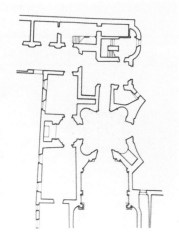

图2.64　圣玛丽亚七苦教堂主入口。图片来自诺伯格·舒尔茨《巴洛克建筑》　图2.65　圣玛丽亚七苦教堂入口平面图。图片来自诺伯格·舒尔茨《巴洛克建筑》

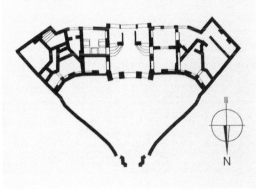

图2.66　菲利皮尼小礼拜堂　图2.67　德累斯顿伯爵宫平面图。图片来自王瑞珠《巴洛克建筑》

构附属于教会，与教堂或修道院具有相近的宗教性和社会功能。现代医院和教堂则分别承担了对于身体和精神的救治功能。弧形墙体代表了一种拥抱的姿态，这是与医院建筑所应该具有的公共形象相符合的。

　　波罗米尼的方式并不孤单，现代建筑大师柯布西耶也有类似的处理方法，这个案例就是日内瓦国际联盟办公楼方案（1929，图2.68）的沿湖入口立面。这个著名的方案在集会大厅的入口处理非常大胆：集会大厅是一个梯形的空间，沿湖处理成一片光滑的实墙，并以之作为雕塑的背景。柯布西耶在这个立面前还加上一个巴洛克式的弧形柱廊，无疑加强了立面的公共性和空间序列的仪式感。冯纪忠并未直接受教于现代主义大师，但是他善于吸收古今中外的优点，并将之转化成具有个性自身的形式。进一步深究，巴洛克

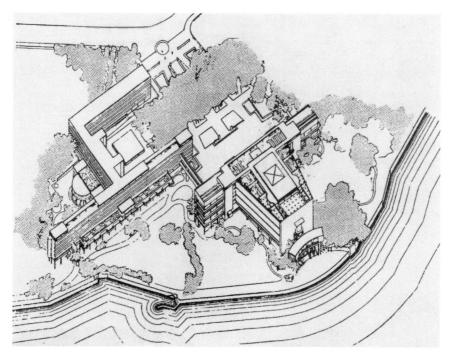

图2.68　日内瓦国际联盟办公楼方案。图片来自《柯布西耶作品集》

于他来说不仅仅是形式的奇特，更重要的还是一种塑造空间的方式。他相信这样的处理将使医院入口的广场空间更积极和具有亲和力。

　　同济医院入口正立面有个十字形的落地窗，是比较醒目的标志。对于医院来说，十字形显然具有一种符号的意义。同时这个窗还兼有功能性。此处本应该和规划中的二期办公楼相连接，所以这个窗实际上也是预留的门洞。因此，十字形窗是一种兼顾符号意义与功能的巧妙处理，是一种语义上的"双关"。通常对于"原教旨"的现代主义说，这种明显的象征符号是禁忌，而冯纪忠其实并不拘泥于此。

"借景"的兴起

　　"借景"作为一种设计手法的术语，在当代被讨论是始于《园冶》的重新发现。

　　冯纪忠的《武昌东湖休养所》一文发表于1958年第4期《同济大学学报》。在这篇文章中，他明确地提到，"借景"是东湖客舍的一种设计手法。也许因为是大学学刊，这篇文章似乎并没有产生什么影响。而后来的同济大学教工俱乐部由于发表在《建筑学报》，所以引起了较大的反响。比冯纪忠稍早，在同一刊物上，陈从周发表过一篇文章，即《建筑中的"借景"问题》。陈从周毕业于之江大学语文学系，20世纪50年代初曾随刘敦桢从事古建筑园林的研究，自然也会涉及对《园冶》的讨论。

刘敦桢在南京工学院建筑系主持调查研究苏州园林，于1956年写成《苏州的园林》，并且曾在学院内部会议上宣读。园林布局是刘敦桢讨论的重要内容，他总结出五种园林的布局手法：（一）景区和空间；（二）观赏点和观赏路线；（三）对比和衬托；（四）对景和借景；（五）深度和层次。20世纪30年代《园冶》经过营造学社的整理出版，重新回到中国学者的视野之中，得到了具备现代学术训练经验的研究者的重视，刘敦桢也不例外。[1]童寯早在20世纪30年代初即开始研究江南园林，他于1936年用英文写作的《江南园林》发表在《天下月刊》，文中已经提到计成与《园冶》。但是童寯的研究重心是田野考察，似乎并未关注《园冶》的理论潜力。而刘敦桢的研究成果是里程碑式的，奠定了中国古典园林研究的基础。这一方面是由于他领导下的南京工学院建筑历史组对苏州园林进行的实地调查和测绘工作，另一方面则得益于对以《园冶》为代表的文献研究的展开。此后，潘谷西根据这些研究成果，于1963年在《建筑学报》上分别发表《苏州园林的布局问题》和《苏州园林的观赏点和观赏路线》。

陈从周对刘敦桢的学术观点应该很熟悉，他后来在同济大学教授中国建筑史，并带领学生到苏州园林进行实习。1956年陈从周曾写作《苏州园林概述》，他既了解刘敦桢的学术方法，又熟悉南方文人的书画传统，对于景色的评价又以符合画意为佳。目前暂未发现童寯和刘敦桢对借景进行专门阐述，而陈从周《建筑中的"借景"问题》是较早专门讨论《园冶》中借景手法的论文之一。

《园冶》共三卷，其中提到借景的地方主要有两处。一处为卷一的首篇《兴造论》："借者：园虽别内外，得景则无拘远近，晴峦耸秀，绀宇凌空，极目所至，俗则屏之，嘉则收之，不分町疃，尽为烟景，斯所谓巧而得体者也。"另一处则是卷三的末篇《借景》，专门讨论借景。计成在此篇中首先强调造园无定式，即"构园无格，借景有因。切要四时，何关八宅。……因借无由，触情俱是"。结尾又再次强调："夫借景，林园之最要者也。

---

〔1〕中国营造学社本《园冶》于1932年出版，1956年中国城市建设出版社重新影印出版了营造本《园冶》，为新中国成立后的第一版。此后《园冶》得到了广泛的研究。《文物参考资料》1957年第6期中的大部分论文是关于园林的，似为园林专辑。其中，傅熹年、杨鸿勋、周维权、陈植等发表的论文都曾提及《园冶》。

如远借，邻借，仰借，俯借，应时而借。然物情所逗，目寄心期，似意在笔先，庶几描写之尽哉！"[1]

计成在《园冶》篇首篇末反复提及借景，可见借景于造园之重要意义。从他的文中读来，借景的一种意义在于，基地不是孤立的，它必须与周围的环境发生关系。借景之可能性，其实和"相地"亦有关系，对于建筑的布置非常具有指导意义。冯纪忠在东湖客舍的设计中，所确立的机动灵活的建筑走向既与所处的地形相关，又与室外的风景发生关系，"不妨偏径，顿置婉转"正是借景理论的生动实践。借景强调对基地及其周围景观资源尽可能地利用，甚至超过了对园林自身要素的关注；正如冯纪忠说东湖客舍"受自然孕育却不欲令人瞩目"，都是关注于建筑与自然环境的整体性关系。

陈从周认为，《园冶》的借景手法，不但在造园中可以采用，同样在城市规划、居住建筑、公共建筑中，也都是一种必不可少的手法。不仅单体建筑物要加以考虑，建筑与建筑之间、建筑与环境之间也需要思考研究，要具有一种整体性的观念。"'景'既云'借'，当然其物不在我而在他，即化他人之物为我物，巧妙地吸收到自己的园中，增加了园林的景色。"[2]

陈从周认为借景是园林中的对景手法的一种延伸，两者其实是一回事，借景就是选取园外的对象来"对景"。计成说"俗则屏之，嘉者收之"。屏俗尤在收嘉之前。屏俗是必需的，而借景收嘉是锦上添花。现代城市中建筑都比较高，借景的主要考虑倒是屏俗。陈从周以苏州马医科巷楼园为例，认为因为四周无景可借，于是四面筑屋自成一统。

东南地区的学者，出于对传统建筑文化的视角，或许具有一些共同的观点。他们也对以往的涉及民族形式的实践有所不满。例如，对20世纪30年代固有形式的批评，有一方面就是针对其宏伟和超人的尺度。笔者在前文中曾经提到，黄作燊批评中山陵尺度令人不适；而陈从周同样称赞明孝陵而批评中山陵。明孝陵依据山势，逶迤曲折，环顾山势如抱，隔江远山若屏，俯视宫城如在眼底，朔风虽烈，此处独无。而中山陵"远望则显，藏而不露，祭殿高耸势若危楼，就其地四望，又觉空而不敛，借景无从，只有崇

---

[1]计成.园冶图说.济南：山东画报出版社，2010.

[2]陈从周.园林谈丛.上海：上海人民出版社，2008：222-226.此文原刊于《同济大学学报》1958年第1期。

宏庄严之气势，而无深远渺茫之景象，剩下严冬，徒苦登临者"[1]。陈从周的价值标准和黄作燊类似，或不排除相互之影响，且两者都很接近中国传统园林的审美趣味。他们的批评都针对中山陵独有宏伟之气势，而缺乏深远之景象，且游客的体验并不美好。

以同济大学和南京工学院为中心，东南地区的建筑圈形成了一种兼容并包的学风，但又具有一定的共同发展的基础。他们对古典主义、折中主义都持一定的批判态度，并且开始从江南园林和民居中寻找资源和启发。从童寯于 20 世纪 30 年代开始关注中国园林以来，以沪宁两城为主，形成了研究江南园林的一个学术中心，南京除了童寯、刘敦桢之外，还有陈植（养材），上海则以陈从周为代表，黄作燊、冯纪忠等虽不专攻，但也都有所了解与创发。童寯《江南园林志》奠定了园林研究的基础，该书曾委托刘敦桢通过营造学社出版，后由于日本侵华战争而搁置。但刘敦桢对童寯的研究成果自然非常了解，他的《苏州古典园林》是在童寯的基础上所做的深入研究。

以往学者讨论园林与借景，多比照传统绘画的原理与理论，如陈从周，认为借景和对景是一回事。而冯纪忠讨论借景，则有其独特之处，他以空间为园林的基本要素，这与其建筑原理中的空间论一脉相承。"建筑空间"成为讨论建筑与园林的普遍性议题。对于冯纪忠来说，借景不仅是一个绘画式的构图问题，也不仅是立面图上的背景问题，不仅是墙上开洞的问题，更重要的是对空间的生成产生实在的张力，并影响到内部空间的组合与构成的问题。假如通过一扇窗看见一座塔，这个只能说是透景，因为塔没有参与空间限定中来，而借景要对空间限定起作用。[2] 当然，在 20 世纪 70 年代后，冯纪忠还引进了另一个维度，就是人与自然的关系，下文将进一步讨论。

冯纪忠的早期实践以注重功能、实用、效率为主，并且主动探索现代结构技术的应用。这都是现代建筑的基本准则，但是我们又不能简单地以功能主义来概括之。赖特和德国的有机建筑思想可能对他有着潜在的影响，体现在东湖客舍，就是能够因地制宜、灵活布局。但是冯纪忠在借鉴的同时，又借助中国传统园林的思想和方法，生发出超越之处。他所接受的西方历史建筑的文化熏陶也反映在作品之中，比如同济医院中的巴洛克元素。因此，我们可以获得一种印象，即在冯纪忠的早期实践中已经具有了多维的丰富性。以下试对冯纪忠早期思想略做总结。

---

〔1〕陈从周. 园林谈丛. 上海：上海人民出版社，2008：226.

〔2〕冯纪忠. 意境与空间：论规划与设计. 北京：东方出版社，2010：51-52.

第一，以基地、环境为出发点的设计策略。这是有机建筑观念和借景思想的共通之处。建筑设计的出发点有两个，一个是外部的环境，一个是内部的功能。由室内到室外进行设计，这是机械的功能主义的设计手法。冯纪忠的视野更为广阔，因为同时考虑外部环境，如同在东湖客舍一样，赋予了一栋建筑此时、此地的一种独有的特征。东湖客舍可以说是对基地特征做出独特回应的经典案例。

第二，强调空间的流动、变化的设计，体现了现代建筑主流思潮的影响。东湖客舍是国内最早实践"流动空间"的作品之一。

第三，关注最新的结构技术，注重材料和结构的真实性与表现性。如果这是"建构"文化的一方面，那么冯纪忠的实践自始至终都坚持这一品质。

第四，作为一位青年建筑师，熟悉历史经典，并善于在实际工程中（依据场地、现实）创造性地予以转换。在冯纪忠的建筑实践中，体现了技术和历史两手抓的特点。

青年建筑师冯纪忠在实践中借鉴了许多经典案例，他还在寻找自己的语言，并丰富自己的思想。这个过程将在此后的三十年中，在个人和社会的巨大动荡中缓慢磨炼而成。

第三章　1953—1977：空间组合原理和民族特色探索

1952 年后，中国成立了一批国营设计院，私人事务所逐渐退出历史舞台。随着计划经济体制的加强，经济领域"国进民退"，建筑设计人员被完全纳入到政府的管理之中。冯纪忠的自由建筑师之梦，只持续了短短两年便告结束。群安建筑事务所关闭后，冯纪忠只能通过同济大学建筑工程设计处的官方渠道开展设计工作。设计处下设三个设计室和一个技术室，每个设计室都以一位教授和若干青年教师组成，冯纪忠当时为设计二室主任。

1952 年全国院系调整之后，各地高校都需要建设大量的校舍。各地的国营设计院和高校设计组都参与到建设中。冯纪忠也参与了很多学校校舍的设计，除了参与同济大学的一些工程以外，冯纪忠还主持了华东水利学院（现河海大学）、华东师范大学以及交通大学的一些规划和建筑设计。这些工作的特点是设计量多，时间紧，建设资金有限，也难有创新的空间。许多作品因为都具有集体创作的色彩，冯纪忠个人的贡献还有待考证。其中，华东师范大学化学馆和华东水利学院工程馆是冯纪忠提到的参与较多的作品，本文将予以重点分析。

华东师范大学化学馆

华东师范大学化学馆（图 3.1、3.2）于 1952 年开始设计，1954 年 2 月建成。华东师大的主入口进来有一条轴线，地理馆居中，是轴线的终点。化学馆和数学馆位于南北两侧，形成一个品字形的格局。地理馆由陈植主持设计，是一个工字形的对称平面，采用了复古的民族形式，具有纪念性的特征。构图上也是古典三段式的，中央部分高耸，形成高低对比的戏剧性构图。化学馆和数学馆的位置是对称的，但是两栋楼的形式并不对称，主入口的位置也是错开的。屋顶一致采用平缓的四坡屋顶，这种坡度舒缓的屋顶形式的来源可能还是赖特，而非古典的民族形式。因为，虽然都是坡屋顶，但是古典主义显然比赖特更重视屋顶和墙身的比例（例如 1:1），这使得屋顶通常比实际需要的要高。化学馆的屋顶显然没有古典主义那么夸张。

图3.1 华东师范大学化学馆。图片来自《建筑十年》

图3.2 华东师范大学化学馆现状。笔者拍摄

　　化学馆的建筑功能包括两部分——实验室和办公室，主要包含在两个矩形体块之内，通过带单边走廊的辅助用房连接。各部分根据功能不同而采用不同的结构形式。南边的三层是化学实验室，采用框架结构；北边的两层办公楼和连廊为砖混结构。平面布置功能分区明确，内部流线清晰合理，体现出灵活的空间组织方式（图3.3）。冯纪忠绘制了一个基本的空间单元——一间标准化学实验室的空间布置，然后由他的助手陈宗晖依据总体的要求来组合。[1]这种由单元而组合的设计方法后来成为20世纪60年代的空间排比方法。

---

〔1〕陈宗晖. 设计要从基本功能入手//冯纪忠. 意境与空间：论规划与设计. 北京：东方出版社，2010：253-254.

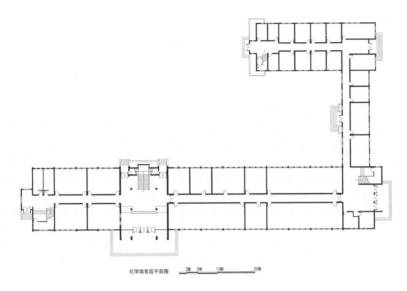

图3.3 华东师大化学馆一层平面图。笔者绘制

冯纪忠会在入口门厅等重要部位提供实际的指导。门厅也分为不同标高的两台，以增加空间的变化。围绕前面的两个柱子又砌出一个台面，具有进一步分割空间开放度的意图，同时可供人坐下来小憩。在空间设计中考虑视线控制的思想体现在门厅的设计中。主入口门厅正对着楼梯，楼梯平台做了一个放大的空间处理。这个楼梯平台可以挂一幅画或者放一尊雕塑，从大门进来正好可以看到（图3.4、3.5）。我们可以在路斯的作品中见到这种技巧，如在路斯大楼的入口门厅处就考虑到视线控制。通过比较，我们可以发现化学馆门厅的做法和路斯大楼有诸多相似之处，例如：（1）退进的门廊；（2）进深面阔均为三间的大厅；（3）楼梯位于中央位置，并有一个扩大的、可供停留的休息平台。

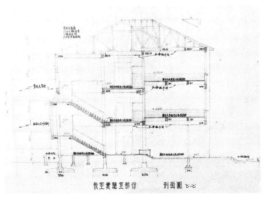

图3.4 华东师大化学馆入口大厅剖面图。图片来自同济大学设计院　图3.5 华东师大化学馆入口大厅现状图。笔者拍摄

华东水利学院工程馆

1952 年，由南京大学、交通大学、同济大学等学校的水利系科合并成立华东水利学院（现河海大学）。新校区位于南京清凉山脚下，由冯纪忠主持校园规划，并设计了其中的工程馆。工程馆于 1953 年 2 月完成施工图的设计，1954 年 1 月竣工。

工程馆的建筑面积约 7200 平方米，包括普通教室、大阶梯教室、实验室、办公楼，形式上与华东师范大学化学馆十分类似（图 3.6）。建筑平面布局上功能分区十分明确，以上四部分功能布置在四个南北向的矩形体块中，通过东西向的连廊空间串联起来，并因此形成一些半围合的庭院。在这一平面布置中再次试验了空间组合的原理，即将不同的功能区分为不同尺度和结构形式的空间，然后通过线性的交通空间串联起来（图 3.7）。根据各功能部分的面积大小，建筑形体也形成高低、大小不同的组合。尽管冯纪忠直到 20 世纪 60 年代才公开提出空间组合原理，但此种功能主义的空间组合方式，在工程馆中早已一览无遗。

华东水利学院位于山陵地，工程馆的地形亦非平坦。设计虽然仓促，但是地形的因素仍然被充分考虑。所以，工程馆一层的空间处理上，考虑了地面高低起伏的变化。建筑的各功能部分分别都有单独的出入口，通过不同高度的室内台阶和踏步的处理，在建筑内部创造了丰富的空间变化。尤其是主入口门厅，是冯纪忠比较得意的处理之一（图 3.8、3.9）。华师大化学馆的门厅入口正对着一个楼梯，是一种惯常的做法；而水利学院工程馆的主入口则是一个三岔口，大门正对的是一个大玻璃窗，可以看见外面的庭院和植物，是一种对景的处理方式，于是，右前方这个角落形成一个可以驻足停留的空间，并且能

图3.6　华东水利学院工程馆入口立面。笔者拍摄

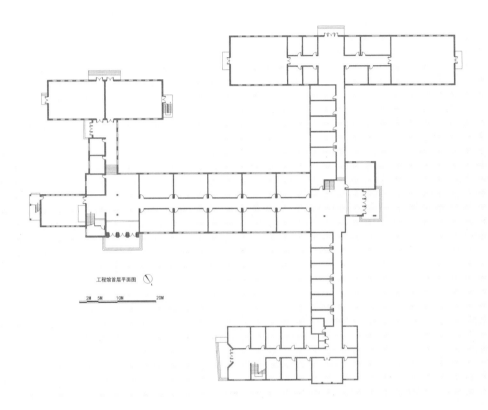

图3.7　华东水利学院工程馆一层平面图。笔者绘制

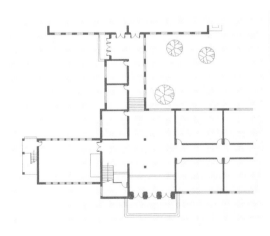

图3.8　华东水利学院工程馆主入口门厅放大图。笔者绘制

图3.9　华东水利学院工程馆入口门厅实景，中门进入可以看到庭院。笔者拍摄

欣赏到庭院中的风景。冯纪忠称这个门厅是一个"广场"[1]，体现了他对于空间公共性的意识。

华东师大化学馆的主楼是混凝土框架结构，和同济医院类似，结构柱和填充墙的表面材质做了区分。两者的主入口立面和西侧楼梯间的结构柱都凸出墙面，予以特别强调；外露的柱子表面处理成斩假石，为浅灰色，填充墙则刷成白色。第一层柱子和第二、三层柱子的截面长度也不同：第二、三层柱子是与墙面平直的；但是第一层柱子的截面较大，柱子凸出墙面，收于梁下凸出的线脚。

冯纪忠早期的实践在形式上并不追求现代主义先锋派的无差别的光滑的白色表皮，而总是带有结构理性主义的对结构形式的表现。华东师大化学馆的结构柱的外露与表现，与同济医院既相似又有区别：同济医院的柱子完全不事修饰，结构尺寸完全是计算的结果，表现得直率而野蛮；而华东师大化学馆趋向于将外露的结构表现得更为优雅，对于立面中需要着重表现的位置，比如主入口和楼梯间，结构表现更为夸张，其凸出并非完全是结构计算需要的结果。

而华东水利学院工程馆因为是分期设计施工，依据经济、实用的原则，各部分根据不同功能采用了不同的结构形式：中部的三层教室采用了钢筋混凝土结构和苏联人字屋架；办公部分为两层砖混结构；单层的大阶梯教室和实验室为砖木结构、豪氏桁架屋顶。工程馆在材料使用上与华东师大化学馆类似，或为当时的常规做法。教室部分的主入口立面外墙用灰色斩假石，大门的柱墩为加黑色斩假石，教室外立面用淡黄色水泥砂浆抹面。与华东师大化学馆及更早的同济医院不同的是，工程馆没有通过覆面材料和色彩对垂直受力柱予以凸出，教室部分的墙面是平滑的。如果不将这一变化理解为偶然性的话，那么这一立面处理的微妙变化，则可以理解为建筑师在向更先锋的形式语言靠拢，即追求一种平滑的塑形，而取消了对受力柱与填充构造的区别对待。

此外，工程馆主入口立面的一个显著特征是，第二层与第三层有一种类似玻璃幕墙的做法，不过幕墙的龙骨不是钢铁的，而是混凝土；龙骨与结构柱子是脱开的，与楼板连接（图3.10、3.11）。可以说这是建筑幕墙做法的初级阶段，也是工程馆立面与同期其他建筑稍有不同却容易被忽略之处。

---

[1] 冯纪忠. 意境与空间：论规划设计. 北京：东方出版社，2010.

图3.10　华东水利学院工程馆主入口幕墙后内景。笔者拍摄

图3.11　华东水利学院工程馆主入口幕墙的龙骨与结构柱子是脱开的，与楼板连接。笔者拍摄

"八国联军"内部的学术互动

　　华东师大化学馆和华东水利学院工程馆都在1952—1954年间设计建造，两个工程具有一定的相似性。两个项目体现了一些共同的设计原则，主要为以下几个方面：

　　1. 建筑平面——空间的组织方式都依据明确的功能分区。这种功能主义的空间组织方式，成为冯纪忠日后书写空间原理的基础。

　　2. 不同功能空间分配于各自独立的体块中，对应不同的结构形式；空间和结构形式是相关联的，特别在华东水利学院工程馆中表现尤为明显。

　　3. 华东师大化学馆和华东水利学院工程馆的教室屋顶都采用了木屋架的四坡顶。不同的功能体块也具有符合各自功能的高度，整体建筑造型形成自然的起伏变化。这种屋顶延续了武汉东湖客舍的做法，强调屋檐在水平方向的延伸，仍然具有赖特草原风格的形式特征，是一种可以称之为"有机功能主义"的设计手法。

　　20世纪50年代因为院系调整，全国新建了大量的校舍建筑。[1] 其中包括后来更为著名的同济大学文远楼。文远楼由于采用了平屋顶，看起来像是一些方盒子的组合，形

---

　　〔1〕据《建筑设计十年》，1949—1959年全国新建高等学校面积达1100万平方米。

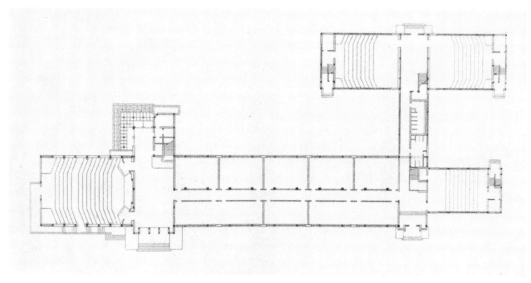

图3.12　同济大学文远楼平面图。图片来自《文远楼和她的时代》

式反而显得更现代。[1]

　　如果将华东水利学院工程馆和同济大学文远楼的平面（图3.12）做一番比较，我们会发现，这些建筑在平面组织方式上具有极大的相似性。例如，功能分区明确，交通流线清晰，不对称的平面布局，南北向的条状体量，通过布置辅助性功能的连廊连接。文远楼由黄毓麟和哈雄文设计，黄毓麟来自之江大学，是宾夕法尼亚大学毕业生谭垣的得意门生。他们虽然和冯纪忠的教育背景不同，且分属不同的设计室，但是却与其有着相似的建筑平面处理手法。这在某方面反映了尽管号称"八国联军"，同济大学内部各学派仍然具有共同的学术倾向。

　　此外，华东水利学院工程馆和同济大学文远楼在普通教室立面处理上具有相似之处。两者都是五间教室，每间教室的开窗方式相似，都是一宽两窄。出于结构上更为经济的考虑，两者的框架结构大都采用了纵向主梁，横向柱距是比较小的（工程馆的柱网为4.5米×6.47米）。所以每间教室实际上是由一个居中的柱网加两个半柱网组成。工程馆由冯纪忠和王季卿设计，而王季卿与黄毓麟是同门师兄弟，所以两者之间的这种相似性也不难理解。不过文

---

[1]文远楼之所以使用平屋顶，是为了搭建屋顶测量平台。参见：钱锋."现代"还是"古典"?文远楼建筑语言的重新解读.时代建筑，2009，（1）：112–117.

远楼特别对窗间墙进行了强调，形成"巨柱式"[1]的构图。这种学院派的手法与工程馆的做法就相去甚远了，因为工程馆并没有太多古典构图的手法，而倾向于结构与形式的直观表达。

而在形式语言方面，文远楼是采用构图的，而且是构图术的优秀范例。近来的研究显示，文远楼的设计包含了许多古典主义的构图手法，局部构件也是采用了中国传统的装饰图案。[2]这种方式在当时也是一种普遍的手法。童寯认为，公共建筑中官式屋顶不宜使用，那所谓的中国风味唯有体现在墙基压顶门头的雕饰与色彩之中。[3]与文远楼相比，水利学院工程馆实际上更接近西方的现代主义建筑，其立面是功能性的、不事修饰的，更为真实地反映了内部的功能。此外，水利学院工程馆也如文远楼那样采用了一些传统的装饰元素。我们亦可推断，此期间的冯纪忠并没有有意识地要在建筑中体现所谓的中国风味，尚未试图在建筑形式上体现出中国传统建筑的特征。

同济大学内部各学派号称"八国联军"，是因为黄作燊、冯纪忠等人的学术背景，他们对现代建筑观念的接受处于国内超前的地位。冯纪忠晚年（致李德华、罗小未函）曾写道："五十年代在那盛气凌人的伟大巨大群之中，我们和少数几个流露着微弱零星包豪斯观念的东西，得到了迟来的认同，不能不说是可喜的。"[4]从这段话中可以看出，冯纪忠对古典主义的构图术显然是不认同的，认为布扎体系过于追求"伟大巨大""盛气凌人"。可见，冯、黄虽然学术背景不同，但是他们很可能都对主流的建筑方针持一种批判态度，而对包豪斯学派抱有支持的态度。

大约在1956年，有一位密斯的亲传弟子来到同济大学任教，在学生中引起了不小的

---

[1]钱锋."现代"还是"古典"?文远楼建筑语言的重新解读.时代建筑，2009，（1）：112-117.

[2]同上。

[3]童寯《我国公共建筑外观的检讨》："将宫殿瓦顶覆在西式墙壁门窗之上，便成为现代中国的公共建筑式范，这未免也太容易了吧。假使这瓦顶为飓风吹去，请问其存余部分的中国特点何在？我们所希望的，是离开瓦顶斗拱须弥座，而仍能使人一见便认为是中国的公共建筑。欲达到此目的，既然不能由平面的地方体现，恐只限在压顶墙基正门附近，或借雕饰或借色彩，多少点出一些中国风味。……我们晓得近代欧美建筑，也有不少在钢骨水泥架子的面上贴一层很薄的希腊罗马古典外表的。其不合理与滥覆宫殿式瓦顶不相上下。所不同的，在欧美，这种建筑既不受诋毁，也不会有人誉之为'文艺复兴'。"童寯.童寯文集.北京：中国建筑工业出版社，2000.

[4]同济大学建筑与城市规划学院.建筑弦柱：冯纪忠论稿.上海科学技术出版社，2003.

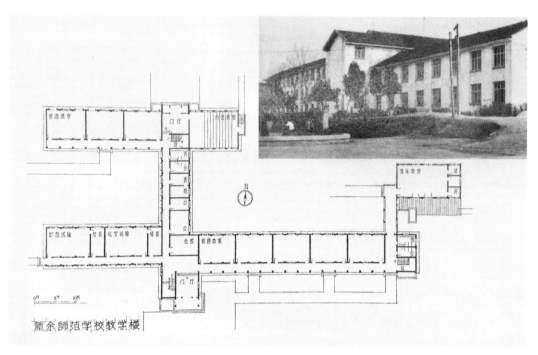

图3.13　戴复东，新余师范学校教学楼。图片来自《追求·探索——戴复东的建筑创作印迹》

图3.14　杨廷宝，华东航空学院。图片来自《杨廷宝作品集》

反响，此人即毕业于伊利诺伊大学（University of Illinois System）的罗维东。二战后密斯的名声更加响亮，罗维东的教学自然也吸引了更多学生的注意。密斯的建筑思想不但在学生中产生影响，甚至也为同济建筑系的现代建筑学术圈增添了新的氛围，扩展了这一学术圈的思想资源。[1]

由于黄作燊和冯纪忠等人的共同推动，其他院校转来的老师自然也受到这些新的建筑思潮的影响。戴复东于 1953 年进入同济大学，很快就感受到了这种新的学术风气。他回忆道："这是一个'营养'异常丰富的'土壤'。在这里我思想上原有的 BEAUX ARTS 学术观点受到了冲击。通过一段实践我认为是'民族形式社会主义内容'的东西在 1955 年变成了'复古主义'，并受到批评。这时，系里组织了对现代建筑发展历史和四位现代建筑大师事迹的学习，给我很大启示，我如饥似渴地学习新东西，开始作新的探索。"[2]

戴复东提出"同济风格"，其实是颇有依据的，他在同济开放的学术风气中浸染，后期转向了现代主义建筑设计方法。1956 年，戴复东设计的同济大学结构实验室就采用了现代主义的设计手法。1960 年他设计的新余师范学校教学楼（图 3.13）则完全是一种现代主义的平面构成，吸收了冯纪忠的水利学院工程馆、黄毓麟的同济大学文远楼等校舍方案中的手法，特别是在门厅的设计上，空间更为生动。

在 20 世纪 50 年代的学校建设中，以杨廷宝代表的南京工学院设计了华东航空学院（图 3.14）和南京大学东南楼，都采用了复古的民族形式。华东航空学院立面采用了很多中国传统元素，入口立面采用了牌坊的形式，楼梯间则采用了故宫城墙角楼的十字重檐屋顶的形式。另外，戴念慈设计的马克思主义学院（现中央党校），则深受苏联的形式主义影响，追求宏大的轴线和中心对称式构图。1952 年之后，在国内日益保守的文化政策下，追求新建筑的理想逐渐感受到政治上的压抑。

吴景祥的构图术

黄毓麟与后来的同济大学系主任吴景祥一样，接受过学院派的优秀构图术的训练，并将这种构图术运用到现代建筑的形式创造中。而冯纪忠的建筑作品似乎从未体现出对

---

［1］有关罗维东的资料很少，参见：卢永毅. 同济早期现代建筑教育探索. 时代建筑，2012，（3）：48-53.

［2］戴复东. 追求·探索：戴复东的建筑创作印迹. 上海：同济大学出版社，1999：序言.

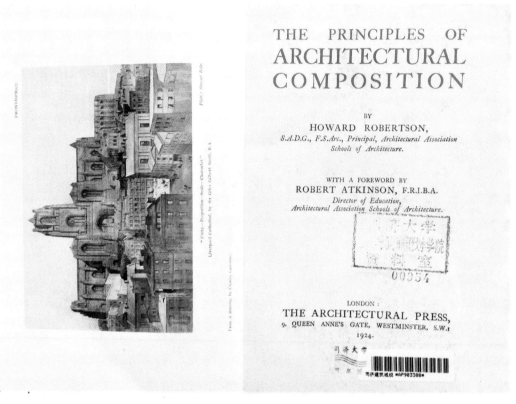

图3.15　霍华德·罗伯森的《建筑构图原理》扉页，同济大学图书馆吴景祥藏本

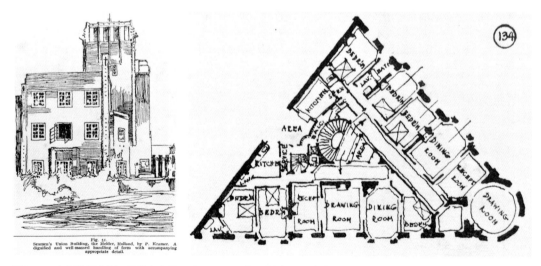

图3.16　立面构图案例。图片来自霍
华德·罗伯森的《建筑构图原理》

图3.17　平面构图案例。图片来自霍华德·罗伯森的《建筑构图原理》

那种戏剧性的构图术的应用。事实上，他认为这种构图术是具有西方特征的，未必是通用的。他甚至是有意识地抵制构图术的某些技巧。"要求形式有统一，有对比，或有主次，这都是外国的、西方的东西。"[1]

同济大学建筑系刚成立时的系主任是之江大学来的吴景祥。他是与杨廷宝同时期的清华学生，于1933年毕业于法国巴黎建筑学校，接受的是学院派教育。当然，吴景祥在巴黎也能接触到现代建筑思想，他在20世纪50年代也发表过介绍柯布西耶的文章。同济大学图书馆现有许多吴景祥的藏书，包括佩夫斯纳的《欧洲建筑概览》（*An Outline of European Architecture*，1943），J.M. 理查兹的《现代建筑简介》（*An Introduction to Modern Architecture*，1947），都有关于现代建筑的内容，无疑他对现代建筑也有一定的了解。吴景祥在之江大学教学用的构图参考书是霍华德·罗伯森（Howard Robertson）的《建筑构图原理》（*The Principles of Architectural Composition*，图3.15）[2]，他本人的设计实践也深受该书的影响。罗伯森是英国建筑联盟学校的老师，他的这本构图原理内容丰富，其主张并不能完全归于巴黎美院的古典主义和学院派。书中的案例也不限于各个时期的古典建筑，还包括不同地区的、民族的建筑。除了立面、体量、比例等传统内容外，其中也有讨论构图对功能的表达，以及在城市中不规则地块的平面组织的章节，这些内容已经超出了简单的古典与现代的分类（图3.16、3.17）。

吴景祥是理性、务实的建筑师，在设计实践中，并不执着于某种建筑形式或风格。他能熟练运用古典主义的对称式构图，比如湖南省委一号楼、同济大学教学楼，都以竖向的三段式为特征，横向则突出中央高耸的主体部分。同样他也能熟练处理不对称构图，比如早期的琼州海关大楼（图3.18），以及后来的吴氏自宅（1946，图3.19），这两座建筑都属于不对称的均衡构图（这也是罗伯森《构图原理》的内容之一）。吴景祥自宅位于一块狭小的三角形地块上，对这种特殊地块的构图在罗伯森的《构图原理》中也有类似的案例。虽然平面是三角形，但是吴景祥展现了深厚的构图功力，将形式和功能的关系处理得非常娴熟，并包裹在一个完美的非对称构图中，为人所津津乐道。但是，应该注意到，即使在自建住宅中，他也没有采用当时的摩登形式，而是采用了一种简化、

---

[1] 冯纪忠. 意境与空间：论规划设计. 北京：东方出版社，2010：93.

[2] 王凯. 吴景祥先生的生平与学术思想//同济大学建筑与城市规划学院. 吴景祥纪念文集. 北京：中国建筑工业出版社，2012：16-32. 此外，同济大学图书馆还藏有带吴景祥印章的《建筑构图原理》。

图3.18　琼州海关大楼。图片来自《吴景祥纪念文集》

图3.19　吴景祥自宅。图片来自《吴景祥纪念文集》

混搭的欧洲地域风格。由此可见，当时的吴景祥并没有完全地接受现代建筑形式。

　　吴景祥于1958在《同济大学学报》发表了一篇介绍柯布西耶的论文。他主要从四个方面，即建筑的定义、功能的理论、几何的规律、建筑的真实性论述了柯布西耶的建筑观念。柯布西耶"认为新的建筑学应该有广泛的定义，应该以功能为基础，应该符合于几何的规律性，应该有真实的感情"。吴景祥分析柯布西耶的论文未必全面深刻，这四个方面的选择也带有自己的主观视角。例如吴景祥说柯布西耶主张几何形体的明确性和简洁性，还重视比例关系，说明他似乎已经阅读过柯林·罗（Colin Rowe）的《理想别墅的数学比例》（*The Mathematics of the Ideal Villa and Other Essays*），了解到帕拉蒂奥和柯布西耶建筑中共有的几何、比例关系。[1]因为吴景祥的学院派背景，他对柯布西耶与古典系统相关联的方面自然比较认同。而对于柯布西耶更为著名的新建筑五点，以及吉迪恩所鼓吹的现代空间观念，吴景祥则不甚着意，也不予说明，或表现出谨慎的态度，与黄作燊相比显示出较大的差别。

　　吴景祥对现代建筑的形式的态度在结语中有所体现："审美观念多少带着一些主观的成分或习惯的因素。长久习惯于过去传统的建筑，现在骤然来看这种简单的形式，显然是会感到不习惯，因之意见也不一致。但问题的症结不在于形式的新旧，而在于这种

―――――――――――

〔1〕吴景祥在该文章提到了柯林·罗的这篇论文。吴景祥《勒·柯布西耶》，原载于《同济大学学报》1958年第1期，后收入同济大学建筑与城市规划学院编《吴景祥纪念文集》，中国建筑工业出版社2012年版，第36—45页。

图3.20 吴景祥，同济大学教学楼方案。图片来自《吴景祥纪念文集》

形式的产生是否合理。勒·柯布西耶在他的著作中，给了近代建筑许多有启发性的理论。但是在他的实际创作工作中，仍不免有许多地方不能在他的理论中得到矛盾的统一，如巴黎的规划中就有过分强调几何形体的生硬做法，而基本就忽略了规划的现实性与可能性。其他近年的作品如朗香教堂的奇怪的造型更显得做作而令人莫测其用意。"[1]可见，他对柯布西耶一派的现代建筑形式语言——纯粹的光溜溜的方盒子——持一种保留的批评态度。吴景祥的观点在受过学院派教育的老一辈建筑师中或许具有一定的代表性，比起黄作燊来趋于保守。至于朗香教堂这种造型独特的建筑，确实与固有的审美习惯相差太远，更使他们感到不可理解。所以他们更愿意强调以功能合理为基础，以及更客观的科学性、技术性，而避免关于形式和空间的讨论。

1954年，同济大学计划建造新的教学大楼，决定让建筑系全体师生进行一次设计方案竞赛。全系师生分成了许多小组参加了这次设计竞赛。当时国家的建筑设计方针深受苏联的影响，即"民族形式、社会主义内容"。据戴复东回忆，受到莫斯科大学教学楼的影响，多数方案采用了古典的多边对称的布局方式，但形式上采用传统的中式屋顶和装饰细部。吴景祥与戴复东带领的设计小组也提出了一个具有民族形式的方案，在平立面的构图上参考了莫斯科大学主楼，中央主体高耸，屋顶是中国官式重檐攒尖顶（图3.20）。这个方案在全校师生的投票中得票最高，最后被确定为实施方案。[2]

---

〔1〕吴景祥在该文章提到了柯林·罗的这篇论文。吴景祥《勒·柯布西耶》，原载于《同济大学学报》1958年第1期，后收入同济大学建筑与城市规划学院编《吴景祥纪念文集》，中国建筑工业出版社2012年版，第36—45页。

〔2〕戴复东.诚恳、忠厚、仁爱、好学的老者：吴景祥教授//同济大学建筑与城市规划学院.吴景祥纪念文集.北京：中国建筑工业出版社，2012：3—6.

同济大学教学大楼设计方案竞赛引起了一场不小的风波，也反映了同济大学建筑系内部的学术竞争。吴景祥的方案是20世纪30年代民族固有形式旧法的延续，引起了不少同事的反对，这其中包括冯纪忠和黄作燊，这符合他们一贯的学术倾向。多数老师认为，作为同济大学的标志性主楼，应该实用、经济，在审美上体现时代的创新精神。据朱亚新回忆，学校领导热衷于这个复古方案，而吴景祥则是秉承"长官意志"，身不由己。[1]最后许多不满的师生联名上书，以致中央调查组来到同济调查。在一阵反浪费、反复古的"运动"过后，虽然最后教学大楼仍然按吴景祥的方案修改设计并实施，但是去掉了戴在头上的中式大屋顶。

民族特色初探

1954年，冯纪忠在同济中心大楼设计动员会议上发言，他引用了杜甫《江上值水如海势聊短述》中诗句"为人性僻耽佳句，语不惊人死不休"。这次在大庭广众之下不落俗套的发言，给戴复东留下了深刻的印象。[2]

在同济教学楼的竞赛中，冯纪忠果然提出了一个与众不同的方案。据戴复东的回忆："当时他做的学校中心大楼的方案，其他人都要沿袭中国传统，做大屋顶，唯独他是用山墙的办法。"[3]据冯纪忠自述，这个竞赛方案中使用了马头墙的元素。不过目前还没有找到具体图纸，无法考证。我们已经了解到，冯纪忠虽然在东湖客舍运用借景的手法，但是，在1954年之前从未在建筑中加入中国传统的建筑造型元素。同济教学楼或为他的首次尝试。一般做民族形式都采用北方官式建筑的屋顶和装饰元素，正如吴景祥的那个方案一样。冯纪忠想打破这种惯性思维，试图采用民居形式的屋顶。这说明，冯纪忠很早就反对单一的以北方官式建筑为原型的民族形式，开始关注地方性的民居特色，并尝

〔1〕朱亚新.缅怀先师吴景祥教授//同济大学建筑与城市规划学院.吴景祥纪念文集.北京：中国建筑工业出版社，2012：159-165.

〔2〕戴复东.诚恳、忠厚、仁爱、好学的老者：吴景祥教授//同济大学建筑与城市规划学院.吴景祥纪念文集.北京：中国建筑工业出版社，2012：3-6.《江上值水如海势聊短述》系唐代诗人杜甫诗作，由其晚年（761）作于成都。

〔3〕参见"第一届冯纪忠学术思想研讨会"上戴复东发言.赵冰，王明贤.冯纪忠百年诞辰研究文集.北京：中国建筑工业出版社，2015：519-520.

试将这些特征嫁接到现代建筑中。

冯纪忠并非独自一人在探索。实际上，从 1953 年起，华东建筑设计研究院和南京工学院组建了中国建筑研究室，对园林和民居等中国传统住宅建筑进行研究，参与的人员包括陈植、赵深、刘敦桢等人。[1]这表示，在宫殿庙宇之外，东南地区的建筑师已经开始尝试从乡土民居和传统建筑中寻求形式和思想资源。虽然没有直接证据显示冯纪忠也参与了这个学术活动，但是同济建筑系后来也参与了民居研究。陈薇认为华东院设计的鲁迅纪念馆是民居形式的首次尝试，这个事实可能不错，但是对许多建筑师而言，借鉴民居形式的观念早就有了。20 世纪 50 年代探索民族形式，既是当时政治上的要求，也是建筑师寻找自己的形式语言的需要。一方面，国家的文化方针是社会主义、现实主义——"民族形式、社会主义内容"，因此，所有的设计者在实践中必须要考虑民族形式的运用；另一方面，也不排除冯纪忠具有追求民族形式的内在动力，这不仅仅是出于民族情感，同时也是赋予建筑独特个性的一种途径。

1958 年，冯纪忠曾这样总结东湖客舍的经验："民族的特色不够鲜明，新颖的气氛不够浓厚。"因为从建筑形式特征来说，东湖客舍主要是沿袭了赖特草原住宅，缺少自己的个性特征。作为一名有追求的创作者，冯纪忠显然并不满足于模仿。无论对于民族特色的探索是主动的还是被动的，对于冯纪忠来说，使建筑具有新颖的形式已经成为他的内在追求，而具有民族形式的传统建筑可以作为形式创新的资源。建筑设计的内容是实在的、明确且可控的，而形式是主观的、武断的。虽然民族形式实际上是多样的、多层次的范畴，但是当时建筑师关注的则是比较单一的。20 世纪 50 年代的"民族形式＋社会主义内容"，实际上延续了 30 年代的固有观念，即采用以官式建筑的大屋顶为代表的，包含各种构件和图案装饰的建筑形式。梁思成的贡献是通过对《营造法式》的研究和历史实物的调研，将民族形式中的历史风格特征予以标准化与科学化，但是并没有观念上的根本性转变。冯纪忠首次尝试了马头墙的形式，已经凸显出对民间建筑形式的认同，在当时来说，已经是独辟蹊径，体现出追求个性的愿望。

20 世纪 50 年代对民间艺术的采风和挖掘，民间艺术的地位上升，为民居形式的出现提供了动力。官式传统确实容易招致政治上的攻击，有可能被认为是封建统治阶级的代表，而民居形式则具有政治上的正确性。

---

[1]陈薇."中国建筑研究室"（1953—1965）住宅研究的历史意义和影响.建筑学报，2015，（4）.

人民大会堂方案

1956 年以后，冯纪忠担任同济大学建筑系主任。他的主要精力转移到教学和行政中，对同济大学建筑教育做出了极大的贡献，这是众所周知的。此时的建筑设计单位都是国有的，奉行集体创作、领导拍板的工作流程。在此后二十多年的时间中，冯纪忠能主导的建筑实践寥寥无几。

在 1956 年的华沙英雄纪念碑设计竞赛中，冯纪忠提出了一个简洁的方案。这个方案由两片黑色花岗岩墙体组成，抽象的形式构图显示出冯纪忠对现代艺术的兴趣。此时他结识了林风眠，并让画家勾画了一些人物线条附在墙上。

自同济大学教学楼设计竞赛以来，冯纪忠已经开始探索在建筑设计中融入本土的传统。对传统的借鉴首先是形式的，在教学楼竞赛中他采用了马头墙的形式。除此以外，

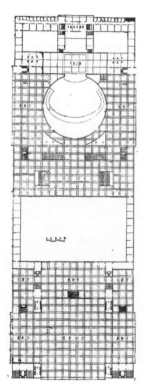

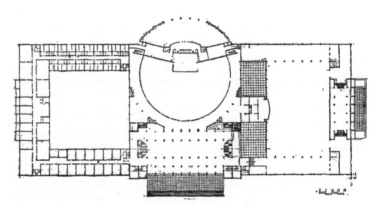

图3.22　同济大学建筑系，另一人民大会堂方案。图片来自赵冬日《从人民大会堂的设计方案评选来谈新建筑风格的成长》

图3.23　冯纪忠、黄作燊，人民大会堂方案立面。图片来自赵冬日《从人民大会堂的设计方案评选来谈新建筑风格的成长》

图3.21　冯纪忠、黄作燊，人民大会堂方案。图片来自赵冬日《从人民大会堂的设计方案评选来谈新建筑风格的成长》

冯纪忠也曾考虑吸收传统建筑群落的空间组织方式，这种尝试体现在 1958 年的北京人民大会堂的方案上。

人民大会堂设计方案竞赛是新中国成立以来建筑学界的一次全国总动员，其最终实施方案反映了当时的文化政策和学术方向。同济大学建筑系有两组建筑师参与其中，并为此提供了两个方案。冯纪忠这一组还有黄作燊、赵汉光，他们的方案也反映了他们对于传统与现代结合的共同思考。

冯、黄的人民大会堂方案采用了比较少见的南北轴布局，延续了传统群体建筑组合的主要朝向和轴线对称。宴会大厅和会堂分居南北，中间通过一个大庭院连接起来。冯黄方案是基于对中国传统建筑思考上的设计，有意识地拒绝了古典主义构图术，因此，其平面布局与其他大部分的古典主义建筑构图方案差异颇大（图 3.21）。

> 因为中国的建筑，不是看形式，而是看一个理念。它跟次体、再次的次体相互之间，有统一的关系。南北轴是它的核心。这是内心思想的一种逻辑统一，不光是形式统一。有的还要滑稽：一个北海，南北轴主体，旁边几个次要体离得老远，已隔着树林子，它还是南北轴。因此它是心理的统一，不一定看得见，是这么个东西。为什么？是因为太阳的关系吗？不是的，它是要相互之间有这么一个关系。要求形式有统一，有对比，或有主次，这都是外国的、西方的东西。后来建成的这个人民大会堂就是外国的东西……[1]

冯黄方案不是常见的东西轴线的古典构图，如同济大学所出的另一个方案，那个方案虽然立面形式看上去很现代，但仍然是一种东西轴线的对称构图（图 3.22）。而冯黄方案采取了南北向的轴线，且其平面的中心是一个庭院，而不是建筑实体；其平面组合方式更像是对中国传统合院的转化，不同的建筑单元通过两侧廊道联系，实际上这非常类似故宫的空间组合方式，在空间形态上追求与后面的紫禁城同构，这是冯黄方案与其他方案最大的不同之处。在这个方案中，位于中心的庭院是一个重要的活动节点。庭院中设置了一个弧形的墙体，而弧形的墙体是冯纪忠一直偏好的元素，在这里它是作为大合影的背景墙而出现的。

[1] 冯纪忠. 北京人民大会堂方案 // 赵冰，王明贤. 冯纪忠百年诞辰研究文集，北京：中国建筑工业出版社，2015：255.

　　冯黄方案在建筑形式上也利用了传统的元素，整体上下形成虚实对比，但是虚实之间又有局部的错动。下部的入口模仿了城墙门洞，与天安门的形制协调；上部出挑一部分，加强了轻盈的感觉。墙体的色彩也采用了故宫旧建筑中的红色。屋顶结构再次延续了薄壳结构的思考，国宴大厅屋顶采用了连续的筒壳，而圆形的会议厅大屋顶则为多瓣中心型薄壳，并试图与传统的形式产生一些联系（图3.23）。人民大会堂位于天安门广场西侧，所以从广场看大会堂，冯黄方案的建筑的立面是非对称的，而不是常见的学院派集中式构图。

　　除了总体布局的南北轴向关系，建筑平面还显示了一种正交的、均质的方格网形式。平面的尺度统一于一个标准的模数系统下，表现出高度理性、高效率的特征。这种方式似乎与晚期密斯的"通用空间"（universal space）有联系，反映了建筑师对密斯建筑的兴趣所在。不过，考虑到那片弧形的墙体，似乎又可以想见建筑师试图打破这种严格的正交方格网形式的潜意识。

　　人民大会堂方案是冯纪忠追寻民族形式的又一次尝试。在总体的"民族形式、社会主义内容"这个大背景下，冯纪忠和黄作燊所探索的层面又有独特之处，即不仅仅是考虑到对传统的外在形式的追摹，而且采用了传统的空间组合方式，并将新的技术和观念应用到民族形式的创新中来。

个人化的民族特色：花港观鱼茶室

　　20世纪60年代，冯纪忠几乎没有完成任何设计，除了杭州西湖边的花港观鱼茶室。然而这个项目最终也因为学术政治化的原因被改得面目全非，以至于冯纪忠不愿意承认这是他的作品。关于该茶室的初始方案，现存的资料只有两张模型照片和一张透视图，而去现场看到的实物可能和模型照片完全不一致。

　　从模型照片来看，这个茶室是一系列单独的坡屋顶建筑的集合，这些相互独立的房屋单元又与自由的片状墙体组成庭院（图3.24）。这一空间组合方式可以有多重解读方式：第一，它可能是传统的中国院落式组合方式的一种转化，即由多个相对独立的相似结构的单元化建筑体量构成。茶室在空间上有主次的关系，但是没有对称的关系，这减弱了其仪式感和秩序性；屋顶的朝向更为自由，且有高低的变化。第二，从自由的墙体和屋顶关系来看，这个茶室有可能受到风格派和密斯的影响。自由墙体和屋顶是脱开的，相互穿插；不同方向的单片墙体也是相互脱开，转角必然断开。二层的平台也伸出屋顶之外，

图3.24 花港观鱼茶室模型照片。图片来自《意境与空间》

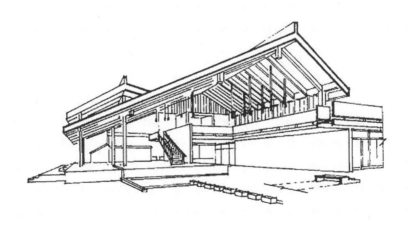

图3.25 花港观鱼茶室透视图。图片来自《同济大学教师论文集》

给人以室内外相连续的空间感受（图 3.25）。

如果将这个案子与 20 世纪 50 年代初的东湖客舍相比，我们就会发现两者之间的差距是非常明显的。之所以拿这两个案子来比较，是因为一方面两者在规模上相近，另一方面两者的基地十分相似，都位于湖边名胜。在空间组合方式上，东湖客舍是综合的，不同功能的空间聚集为一个整体；花港茶室是分解的，不同空间分别独立，各具完整的形式，而由廊子和穿插的墙体联系为整体。这是一个新阶段的开始，我们将在后来的作品中更多地看到这种分解的趋势。如果从另一个角度来说，即按照考夫曼所提出的方法来观察，东湖客舍偏向于综合的巴洛克组合方式，而花港茶室偏向于独立的亭阁单元组织方式。

东湖客舍受赖特的十字形平面影响较深，花港茶室则有可能受到传统中国院落式建筑的影响。冯纪忠曾经检讨东湖客舍的民族特色不够，而这个特色在花港茶室就有显著的体现：不但体现在空间的组合方式上，还体现在屋顶的形式上。

尽管资料稀少，但是花港观鱼茶室仍然提供了许多线索，让我们可以考察冯纪忠建筑思想的一个变化。这一方案可以说是冯纪忠一个阶段探索的结果，也预示了 20 世纪 80 年代何陋轩的出现。从 50 年代末开始，中国建筑学界在探索新的民族形式的过程中，除了已经确立的北方官式建筑传统之外，园林也得到了挖掘，民居也逐渐受到重视。而对于冯纪忠来说，"凡物皆有可观"，即使是民间的临时构筑物也能引起他的兴趣。花港观鱼茶室的大坡屋顶，便是来自他小时候对于红白喜事中竹构大棚的印象，在民间这样的竹结构十分常见；这里是冯纪忠第一次提到竹构棚屋的意象。[1]另外，据当时参与该方案的刘仲回忆，早先花港观鱼公园临湖就有一座竹子搭建的敞篷茶室，叫翠雨厅，此茶室与公园环境有机结合，每到节假日则门庭若市，深受群众喜爱。虽然翠雨厅后来被拆除了，但是冯纪忠对这个竹棚却念念不忘。[2]因此，花港茶室主体也是敞开的，空间也有高低变化，向湖面积极地敞开。

不过花港茶室主厅的坡屋顶非常不对称，这成为整个建筑形式的焦点所在，也是最终被"设计革命化"运动抨击的主要原因之一。茶室入口处屋顶长而檐口压得极低，面向湖面的屋顶则比较短而且高，可以容纳二层的平台。据刘仲回忆，浙江山地民居富于

---

〔1〕冯纪忠.建筑人生：冯纪忠自述.北京：东方出版社，2010：168.

〔2〕刘仲.续花港拾遗：缅怀恩师冯纪忠教授//赵冰，王明贤.冯纪忠百年诞辰研究文集.北京：中国建筑工业出版社，2015：130-136.

变化的屋面也是冯纪忠的灵感来源之一。不过，花港茶室的坡屋顶虽然前后不对称，但左右是对称的。茶室入口的屋面檐口还做了特别的处理，屋面破开再形成一个独立的小屋面，强调了入口的仪式感。因此花港茶室主厅仍然是具有仪式感和象征性的一个空间。那么，其模范对象也许不仅是棚屋，还有可能具有其他的范本。

不对称的坡屋顶

冯纪忠在欧洲留学时，曾与德国建筑史学者伯希曼（Ernst Boerschmann，也译作鲍希曼）有过交往，他有可能通过伯希曼的研究了解中国建筑（图3.26）。伯希曼出版的关于中国建筑的书籍，是近代中国建筑师在创作"中式风格"或民族固有形式最重要的参考书之一。[1]伯希曼曾经调查过普陀山的宗教建筑，并将测绘和调查成果结集成册，出版了《普陀山》（1911年，图3.27）一书。这本书集中测绘了普陀山上的三座佛教庙宇，有详细的平面图、剖面图以及照片。[2]无从知晓，冯纪忠是否曾到普陀山旅游，有机会现场参观伯希曼测绘的那几座庙宇。冯纪忠有可能通过林风眠的关系结识杭州市副市长余森文，

图3.26 冯纪忠（左一）与伯希曼（左二）合影。图片 图3.27 伯希曼《普陀山》扉页
来自《建筑人生》

〔1〕赖德霖.鲍希曼对近代中国建筑之影响试论.建筑学报，2012，（5）：94-99.

〔2〕Ernst Boerschmann. *Pu To Shan*. Berlin：Druck Und Verlag Von Georg Reimer，1911.

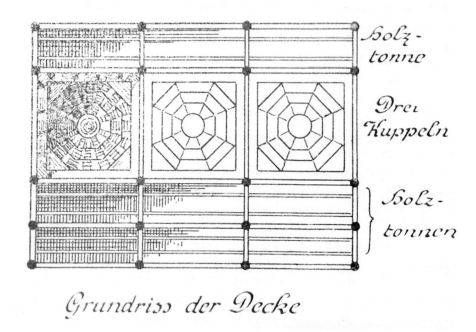

图3.28　佛顶寺天王殿天花平面图。图片来自伯希曼《普陀山》

图3.29　佛顶寺天王殿剖面图。图片来自伯希曼《普陀山》

并在杭州西湖的改造中提出意见。[1]余森文曾留学英国，新中国成立后主管浙江省的园林绿化，其时正对西湖景区进行整理改造。余森文邀请冯纪忠设计西湖边的花港观鱼茶室。一般认为，花港茶室的屋顶概念来自浙江民居，不过也不能完全排除其他资源的可能性，伯希曼的研究和普陀山的考察很可能引发了他在这个方案中首次采用不对称的但同时仍具有仪式感的坡屋顶。

普陀山佛顶寺天王殿看似为一座不起眼的硬山顶建筑，其平面是三间四架结构，其略不寻常之处是结构形式的前后不对称（图3.28、3.29）。天王殿的空间重点是第三架，为佛龛所在位置。第一架实为一个前廊，高度最低。这种不寻常的处理方式既有功能合理的解释，又产生了独特的空间形式。对比佛顶寺天王殿和花港茶室主厅的屋顶，我们不难发现其中的相似性。从模型上看来，花港茶室主厅也是三间四架的结构形式，且前低后高。这种形式符合先抑后扬的空间意图，入口的低矮是为了衬托进入后突然向人展开的开阔湖面。从屋顶的形式来看，花港茶室的屋顶仍然是轴线对称的，具有与佛顶寺天王殿相似的仪式感和象征性。

对于冯纪忠来说，将现代建筑的构成方法与古典的、民间的空间智慧结合于一处，花港茶室可以算是一件成熟的作品。在经历了许多摸索之后，他终于能找到一种设计路径，创造出具有个人色彩的独特建筑形象。花港茶室的手法，与屋顶脱开的自由墙体、檐口高低不同的大坡屋顶、穿插的平台与不同高度的空间一样，都是20年后何陋轩的肇始。

杜甫"语不惊人死不休"的精神激励，在花港观鱼茶室得到了兑现。只不过，这种富有个性的建筑形式并不符合"时代的需要"。花港茶室于1963年设计，但是当1964年即将完工时，"设计革命化"运动兴起，冯纪忠的设计受到批判。那个不对称的坡屋顶被恶意地称作"土地庙"等，从而与"封建糟粕"联系起来。一篇题为《建筑系的早春二月——花港茶室》的批判文章写道：

> 建筑系反动学术'权威'冯纪忠，煞费苦心为杭州西山公园设计了一个臭名昭著的花港观鱼茶室。其外形令人吃惊，'革命'群众痛斥为土地庙、祠堂、地主庄园、

---

〔1〕林风眠与余森文是广东同乡，又都在杭州工作过。据冯叶回忆，20世纪60年代初，她与林风眠在普陀山旅游时曾遇见余森文。赵冰，冯叶，刘小虎.茶室秋风//与古为新之路：冯纪忠作品研究.中国建筑工业出版社，2015：32-43.

衙门的'四不像'怪物。当人们进去一看，更是光怪陆离：钢筋混凝土的柱子和墙
是脱空的，室内像个车间、库棚，其中还有一些虚假的装饰，新奇的吊灯，资产阶
级夜总会式的照明，封建复古的石狮，等等，可说是专为资产阶级少爷小姐服务，
为资本主义复辟鸣锣开道的产物。[1]

如今看这篇批斗文章，撇开政治上有意上纲上线的因素，观察和调查都是很符合实
际的，作者好像去过现场，对建筑室内外的描述确实反映出茶室的特别之处。迫于当时
形势，杭州市要求同济大学去修改设计。据结构师俞载道回忆，凡是"不好"的地方，
即使已经建好，也要坚决敲掉。原来那个茶室钢筋混凝土的大屋顶，要将它不对称的部
分敲掉，使其变得对称。[2]如此，这个建筑也就失去了其独特性，"泯然众人矣"，花
港茶室成为政治运动的牺牲品。

探索空间组合原理

> 我搞空间组合，是针对当时不以空间而是用实体、外表来考虑问题的形式主义。
> 欧洲在现代主义之前是这样的，我们那时还是这样。后来我就被批判说，你怎么老
> 空间啊？当时我没有谈美观的问题，因为没法谈。可他们倒是一天到晚均衡、对称，
> 这不是美是什么？这种形式主义，怎么能算是原理呢？[3]
>
> ——冯纪忠

在某种程度上，空间组合原理是对当时国内的建筑学术主流风习的一种反抗或挑战，
注重空间设计，反对风格优先和形式主义。

20世纪60年代，冯纪忠已经很少能得到设计任务，其精力主要转向教学。正是在这
段时间里，他提出了面向建筑教育的空间组合原理，它们一般被史学界认为是国内最早

---

[1]花港观鱼茶室批斗材料。参见：赵冰，冯叶，刘小虎.与古为新之路：冯纪忠作品研究.北京：
中国建筑工业出版社，2015：40.

[2]俞载道，黄艾娇.结构人生：俞载道访谈录.上海：同济大学出版社，2007：60-61.

[3]刘小虎.在理性与感性的双行线上：冯纪忠先生访谈//赵冰，王明贤.冯纪忠百年诞辰研究文集.
北京：中国建筑工业出版社，2015：339.

提出的现代设计原理，有些研究已经对此进行了充分论述。[1]本文不再详述空间原理的内容，只做一些比较与内容上的补充。1963 年底，冯纪忠在一次建筑设计原理座谈会上提出，设计是一个组织空间的问题，应该具有一定层次、步骤和思考方法。[2]其时，冯纪忠还在主持花港观鱼茶室的设计工作，因此这个设计原理的某些部分也是他的实践经验的梳理和总结。

空间组合设计原理并非闭门造车而成，在此过程中冯纪忠一定也吸收了许多国外的思想资源。他早期接触的包豪斯和莱特等人的建筑思想，都包含了些许这样的理论因子。而 20 世纪 50 年代至 70 年代海内外建筑交流比较少，资讯比较少，不像 80 年代改革开放以后。不过对于冯纪忠来说，他还是有机会接触和利用德语方面的专业参考书，其中包括纽费特《建筑师手册》；本论文在前面的章节已经数次提到《建筑师手册》，实际上，冯纪忠在维也纳时就已经接触了这本书。

德国建筑师恩斯特·纽费特曾是 W. 格罗皮乌斯在包豪斯学校最早的学生之一，并一直担任格罗皮乌斯的助手，包括在 1925 年参与德绍的包豪斯新校舍的设计中。然而使纽费特成名的是他编写的《建筑师手册》[3]，该书首版于 1936 年。纽费特也曾尝试在美国寻找工作机会，他还到塔里埃森拜访过赖特，其间他被出版社告知因该书畅销，拟出修订版。纽费特因此放弃在美国寻找机会，返回柏林修订该书，并从此留在德国开业，二战结束后他曾是达姆西达特大学的教授。《建筑师手册》广受欢迎，并经不断修订，部分案例也不断更新，迄今已出了 30 多个版本，被翻译成 18 种语言，是国际上使用最广的建筑资料集，至今仍然被作为基本的设计参考书。[4]冯纪忠获得《建筑师手册》的时间以及版本，不得而知，但是大约可以确定是在 50 年代之前，或许在维也纳留学期间就见过该书亦未可知。

---

〔1〕顾大庆. "空间原理"的学术及历史意义//赵冰，王明贤. 冯纪忠百年诞辰研究文集北京：中国建筑工业出版社，2015：424-427。另参见：闵晶. 中国现代建筑"空间"话语研究（1920s—1980s）. 同济大学大学博士论文，2012.

〔2〕参见冯纪忠《谈谈建筑设计原理课问题》。此为冯纪忠的讲稿，由戴复东等人的笔记整理而成. 赵冰，王明贤. 冯纪忠百年诞辰研究文集. 北京：中国建筑工业出版社，2015：18-25.

〔3〕Ernst Neufert. *Bauentwurfslehre*. Berlin，1936.

〔4〕Http：//en. wikipedia. org/wiki/Ernst_Neufert.

在中国建筑工业出版社 1973 年版《建筑设计资料集》出版之前，纽费特《建筑师手册》可能也是中国建筑师最常用的资料集，但是一般最可能得到的只有德语版，英文版直到 1970 年才出版。[1] 因为纽费特的包豪斯学术背景，所以这本手册颇受欢迎。冯纪忠曾说，手册在奥地利几乎人手一本，广为所用。同济大学建筑学院阅览室现藏有一本 1936 年版的手册，上面加盖了吴景祥的印章，应为吴景祥私人所有，可见当时国内的建筑师已经对这本书很熟悉了；此外笔者还在同济大学图书馆发现 1940 年、1944 年、1950 年等多个版本。

该书的内容可以分为三部分，包括建筑设计的基本知识，建筑构造，以及按照建筑类型提供一些设计案例和典型做法。该书的具体内容如下：

一、基本知识：度量单位；绘图法；人体尺度；设计原理；计划监理；标准模数。

二、建筑构造：墙、屋顶、地板；采暖通风；隔热隔声防水防潮；照明采光；门窗；楼电梯；道路；花园；房间—辅助空间；房间—生活空间；瓷砖与铺地。

三、建筑类型：住宅种类；学校；高校；宿舍；图书馆；办公建筑；商场和店铺；作坊和工业建筑；农场；停车空间、车库和加油站；机场；餐馆；旅馆；剧场和影院；运动和比赛场馆；医院；养老院；教堂；博物馆和美术馆；火葬场和墓地。

纽费特《建筑师手册》主要是按照建筑功能类型来编排的，通常会对功能房间、空间组合进行一般性介绍，此外还会提供一些参考案例。以学校为例，手册不但介绍教学家具、设备、空间要求（包括采光、通风、采暖），教室面积大小，门窗，楼梯，特殊教室，等等；此外还介绍了单层校舍和多层校舍的空间组合方式，这部分具有设计原理的性质。

现代医院是非常复杂的建筑类型，也是《建筑师手册》篇幅较多的一节。武汉同济医院有着不同寻常的造型，由中央伸出枝丫。当然这主要是考虑了日照的因素，在病房布置上，内走道一侧为病房，一侧为各类服务性空间，这样主要是为了保证所有的病房都朝南或朝东。这当然也可以在《建筑师手册》中找到参考案例。

手册对设计原理的介绍比较简要，内容包括建筑材料对建造细节的影响，并从结构和材料的角度分析了历史上的建筑形式，如传统的拱券、穹顶、木结构、石结构以及 20 世纪 30 年代还比较先进的钢结构、钢筋混凝土结构、壳体结构、索结构等。设计方法一节则介绍了建筑师如何展开设计活动，这部分虽很简短，却也是建筑教学中非常重要的

〔1〕 Ernst Nenfert. *Architect'Data*. G. H. Berger, transl. Hamden, Conn：Archon，1970.

部分。例如：1.基地现状；2.空间要求：面积、高度、分布与关系；3.家具设备尺寸；4.预设结构形式等。此外还以私人小住宅为例，介绍了设计过程如何开始、推进、深化。这些内容在冯纪忠的空间组合原理中也有所体现。

要从纽费特的这本手册中推导出空间组合设计原理并不容易，这本书虽然可以作为基础资料，但是对于学生来说，显得不够简明和具有系统性。冯纪忠对各种类型加以归纳、抽象，提纲挈领，从而将空间组合归纳为四种基本类型：一、以一个大空间为主的空间。二、相同空间的排列——空间排比。三、根据一定流程的空间——空间程序。四、关系错综的多组空间组合。这样使之更具有普遍性、系统性，从而形成简明的空间组合原理的教学方法，以便更好地向学生们传授基本的设计方法。

空间组合原理虽然提出来了，但在当时并没有得到普遍肯定，仅在同济大学内部实施。在1963年的设计原理会议上，据冯纪忠回忆，仅有天津大学的徐中先生表示赞成。"文革"期间，空间原理还是被批判的。直到1978年，这些成果经过进一步的完善，整理为《"空间原理"（建筑空间组合设计原理）述要》发表于《同济大学学报》。

空间是技术和艺术的结合

空间原理可以看作是以功能主义为主基调的一种设计方法，即将功能要求换算成一定大小、尺度和形状的空间，以空间—功能相对应，取代造型和形式优先的古典构图术。文本简略，但是内容丰富，细读之可以挖掘到更丰富的内涵，全面地体现冯纪忠的建筑观。

冯纪忠在《谈谈建筑设计原理课问题》中曾经谈到"建筑设计的全面观"。建筑实践中存在一种设计庸俗化的现象，将建筑设计简化为立面设计，用一个花里胡哨的立面包裹一个平庸的平面布局和空间。冯纪忠认为建筑的"美观"是技术和艺术两方面完美协调的自然结果，具体在设计中，平面和立面之"美观"也不能相互脱离。"不能够说平面保证适用，立面保证美观，这样就会使美观变成附加物，事实上任何一种构件也都是适用、经济、美观三者的统一。而适用、经济、美观应当贯彻在设计的每一个阶段，不因阶段而分工……建筑师看了平面就觉得好看，说明平面也是既有经济、适用，又有美观。"[1]建筑的美不是外观的美化，而是体现在设计的每一个阶段。

---

〔1〕冯纪忠.谈谈建筑设计原理课问题//赵冰，王明贤.冯纪忠百年诞辰研究文集.北京：中国建筑工业出版社，2015：18-25.

虽然纽费特《建筑师手册》主要是一本工具书，但是纽费特的建筑思想可以从篇幅不多的简洁的理论叙述中发现。比如该书在"设计原理"一节中写道：

> 建筑细节来自材料的功能性利用。绑扎、打结、编织等技术活动决定了早期人类文明的建筑形式。木结构出现较晚，但是几乎在所有的文明中都是建筑形式的基础，如希腊神庙。这一认识最近才形成，却被大量的案例所证明。
>
> 对建筑构件的表现，既要符合其技术功能性，又要朴素和不寻常，因而产生了一些新型的细节，而且已经改变了建筑物的外观风貌。这是对今天的建筑师的挑战。认为我们的时代只需要提出一个清晰的技术手段，而将由那些结构培育一种新的形式的任务留给下一个时代，这是不对的。相反，建筑师必须以技术为工具，创造生动而令人愉悦的建筑，并能表达时代的精神。[1]

从这一段文字中可以发现 19 世纪晚期德国理论家森佩尔的影响，即认为建筑形式最初是由人类早期的生产技术活动决定的。森佩尔在《技术与建构艺术（或实用美学）中的风格》一文中认为，纺织是一种原始艺术，所有其他艺术都从纺织艺术中借取类型。"建筑之始，即是纺织之滥觞。"[2]例如，用木棍和枝条绑在一起的围栏和编制而成的栅栏，是人类发明的最早的竖向空间围合形式。另外，森佩尔认为结构和技术的进步将产生新的建筑风格，表达新的时代精神。这不仅为纽费特所接受，在冯纪忠的空间组合原理中也有所体现。

《谈谈建筑设计原理课问题》中提到"建筑是技术科学和艺术的综合"，因此既要有科学规律，又要有艺术法则。但是当时的社会现实不允许过多地讨论艺术法则，因此，只有更多地强调设计是一种科学。冯纪忠认为，设计原理是介于最高理论和基本理论之间的一般理论，最高理论是官方的"适用、经济，在可能条件下注意美观"，在中国实际上就是党的方针政策。这个最高理论放之四海而皆准。而建筑设计原理是讨论设计过程和各种建筑的一般规律，是最高理论的具体操作方法，在这里就是所谓的空间组合原理。

冯纪忠的空间组合原理主要是方法论，但还是有少数文字涉及他的理论预设和价值

---

[1] Ernst Nenfert. *Architect'Data*. G. H. Berger, transl. Hamden, Conn：Archon, 1970.

[2] 戈特弗里德·森佩尔. 建筑四要素. 罗德胤, 赵雯雯, 包志禹, 译. 北京：中国建筑工业出版社, 2010：225.

观，即空间和结构的一致性，"力求空间单元和结构单元一致，达到功能和技术统一……结构和空间完全吻合是最理论的"[1]。但是实际操作中，考虑到经济和技术水平，空间单元和结构单元并不是完全吻合的。不过，空间和结构的一致性，是一种应该追求的状态。路斯的经典作品中体现的空间计划不就是这样一种极致的标准吗？每个功能都对应不同大小的空间，每个不同的空间又对应不同的结构单元。在花港观鱼茶室中，不同大小的功能空间也具有不同的结构单元，建筑常常由不同空间的独立单元组合而成。这逐渐成为冯纪忠晚期作品的一种倾向，体现出考夫曼所鼓吹的现代建筑的自主性在他思想中的影响。

建筑的结构特点也是富有表现力的形式。有意识地表现结构的真实，在武汉同济医院等作品中已经有所体现。冯纪忠认为"大空间的物质技术比较难，能表达技术水平，应将最能表达水平的点露出来，显示结构的特点和力。要表现技术水平，不能虚饰，例如钢桥应该表现铰"[2]。在讨论造型问题时他还强调造型要注意力的表达和功能的表达，要显示力的传递，"物质手段发挥其效能的特征与施工中克服困难的迹象要有恰如其分的流露"[3]。结构和构造布置中所形成的棱角、线条、纹理、明暗分布、设备装修都会影响到人对空间的感知，建筑师要因势导利去加强或削弱这种效果。冯纪忠对于结构表现以及施工技术的艺术价值的理解，在早期国内的学术圈里很少有人能表述到这种深度，超越了一般对装饰和美化的认知。

建筑空间和人的感知有关系，建筑设计是建筑师有意对人的空间感知进行控制。艺术都和人类的感知方式有关。冯纪忠在讨论到大空间的艺术性时说道："人体尺度与大空间相比为空间感知性问题，即人在空间内感觉到人在空间的地位和空间尺度感。用什么手法能使人感知，建筑师有时则希望使人感觉不到大小，如何用手法模糊人的尺度感（感到大些或小些）？这些是感知问题。在巴洛克时期故意将尺度模糊，使人不易察觉其空间边缘，有无边无际感，使人觉得渺小。用什么手法使人易于感知呢？可以用划线、

---

[1] 冯纪忠.谈谈建筑设计原理课问题//赵冰，王明贤.冯纪忠百年诞辰研究文集.北京：中国建筑工业出版社，2015：18-25.

[2] 同上。

[3] 冯纪忠.空间原理（建筑空间组合设计原理）述要//赵冰，王明贤.冯纪忠百年诞辰研究文集.北京：中国建筑工业出版社，2015：26-37.

点的方法，可以使人感到大小及形状，所以应当用手法使空间易感知或不易感知。"[1]

　　冯纪忠对欧洲知觉心理学的研究进展应该有所了解。巴洛克建筑空间对人类感知的影响，在巴塞尔学派、维也纳艺术史学派那里已经得到了较为透彻的研究。另外，阿恩海姆（R.Arnheim）对视知觉的研究也有广泛的影响。在这样的学术背景下，冯纪忠常常从视觉感知和知觉心理学的角度来理解建筑空间的意义，空间的材料、形式、尺度都是与人的感受息息相关的。

科学的设计方法论

　　在某种程度上来说，空间组合原理是对功能主义的空间化。鼓吹功能主义的目的部分是为现代主义建筑开路，因为古典的形式主义常常在功能上不能完全满足现代需要，而在经济上是比较浪费的，这成为现代主义试图取代古典主义的切入点之一。在强调设计革命化的时期，经济实用才是根本。任何不具有实际意义的形式都可能成为攻击的对象。对于冯纪忠来说，他期望推动的现代主义建筑在当时并不是国内的主流，在各种竞赛中，其在建筑形式的表现方面往往处于不利的状况，那么只有通过强调设计的合理性和客观性来为自己的设计想法铺路才能改变这一状况，他相信基于功能主义的古典现代建筑肯定会比形式主义在这方面更有优势。

　　追求个性化已经不可能，冯纪忠在20世纪70年代后开始推动一种科学的设计方法论及其评价系统。这在1973年的北京图书馆的设计竞赛中有所体现，那也是一个类似人民大会堂式的全国设计竞赛。冯纪忠提出应该确立一个比较科学的判断标准，以避免在形式的喜好方面造成过多的争论。这个标准主要有两条：一个是借阅读书的流线长度，另一个是自然采光的利用率。这两个标准都是涉及功能、经济和效率的，比较容易形成客观的意见，从而减少因为风格和形式中的主观偏好等因素而影响对建筑方案优越性的判断。

　　在六七十年代，冯纪忠可能接触到了来自约迪克（Jurgen Joedicke）的建筑思想。约迪克是一位德国建筑师，他在斯图加特大学（Universität Stuttgart）教授建筑学。在研究建筑理论的同时他也在撰写现代建筑史，例如《一部现代建筑史》和《1945年以后的建

[1]冯纪忠.谈谈建筑设计原理课问题//赵冰，王明贤.冯纪忠百年诞辰研究文集.北京：中国建筑工业出版社，2015：18-25.

筑》[1]。约迪克在《1945 年以后的建筑》中重点介绍了雨果·黑林和汉斯·夏戎，他们在法西斯的意识形态和主流的 CIAM 的宣传中均无人问津，而通过约迪克的介绍，黑林和夏戎重新回到当代建筑学的视野里。[2]

约迪克的文章在德文学术刊物上发表，冯纪忠其实是有机会看到的。约迪克相信计算机技术将深刻地影响现代生产方式；他不但关注技术在现代建筑中的表现，还对技术将会带给人类的福祉充满信心；现代生活中激增的信息量将超越建筑师个人所能掌握的程度，所以他希望通过引入科学的方法来进行优化设计。所有这些观念都在冯纪忠七八十年代的工作中有所体现。约迪克的《建筑设计方法论》，德文首版于 1976 年，是本很薄的小册子。此书的思想一定深为冯纪忠所赞同，所以早在 1978 年冯纪忠就已与杨公侠合作将这本书翻译成中文，并于改革开放后的 1983 年出版中译本。此外，他还建议他的学生将设计方法论作为硕士论文的课题。

冯纪忠关于设计方法论的较为详细的论述体现在《谈建筑设计和风景区建筑》[3]一文中。这套方法应该包括：1. 目标确定的方法。一个设计任务最终要达成多个目标，每个目标应该有明确的权重；2. 设计分析的方法；3. 表达的方法；4. 评价的方法。冯纪忠提倡逻辑性和数量化，认为即使是艺术的部分，也有一部分可能通过数量来表达。《建筑设计方法论》中译本附有译者的话："现代凡是可以用数字表明的论据要比凭感觉而不能核查的论证能够获得更大的响应，而且应用数量化的方法更便于规划和建筑设计工作者与其他专业人员进行交流、讨论和协同工作，从而能更好地、集思广益地进行设计。"[4]这一直是冯纪忠极力倡导的方向。

约迪克的著作中还有一些章节涉及信息美学和感受学，也成为冯纪忠的重要思想资源之一。

在信息美学中建筑被陈述为消息，而消息又被陈述为信号系统。要懂得建筑师（发者）想说的是什么，必须由使用者（收者）将信号揭示出来，这一揭秘活动只有在

〔1〕Jurgen Joedicke. *A History of Modern Architecture*. Stuttgart： Verlag Gerd Hatje，1945；Jurgen Joedicke. *Architecture Since 1945*. Stuttgart ： Verlag Gerd Hatje，1958.

〔2〕犹根·伊奥迪克.一九四五年以后的建筑.李俊仁，译.台北：台隆书店，1980.

〔3〕冯纪忠.意境与空间：论规划与设计.上海：东方出版社，2010：157-170.

〔4〕约迪克.建筑设计方法论.冯纪忠，杨公侠，译.武汉：华中工学院出版社，1983：译者的话.

具备了某种双方通用的信号索引时才有可能。[1]

空间是可以从它的界面上感受到的；在处于空间中的人和空间限界因素之间存在着可以感受和可以测量的关系；空间是不可能从一个视点把握的；我们所说的空间感受总是指随着人在空间中移动的诸局部感受的总和。……可把空间感受理解为从若干视点依次经受到的诸关系的总和。

空间感受不仅通过视觉，同样联系着听觉和触觉，不过以视觉为主导。

感官得来的空间感受还要经过主观因素的过滤和评价，例如意愿、经验、学识及其他个人因素，因此空间的体验包含着空间感受和主观理解。[2]

冯纪忠在借鉴约迪克的同时，还有所推进，使其理论上更为完善，实际操作中更加可行。冯纪忠认为，在风景园林及建筑中，空间总感受量和游览导线的长度、空间感受变化的幅度以及时间和速度都是有关系的。组景的目标就是要有意识地通过空间感受的变化来获得最大的总感受量。冯纪忠借助大量的中国古典诗词中关于空间和景观的描写，不但扩展了他的思考，也佐证了他的观点。这些思考较为完整地体现在其论文《组景刍议》[3]中；可以说，在六七十年代，冯纪忠的思想中已经逐渐形成了一套建筑和景观空间组合的方法论。而这种思想与方法论随后在松江方塔园的规划中，得到了具体的实践。

不过需要指出的是，科学的方法论并不是要完全排斥个人的主观性。约迪克并不认为，只要正确地掌握各种信息，合理地满足所有功能和需求，就能产生合适的建筑形式。在建筑造型的问题上，即使如约迪克这样比较强调客观的理论家，也仍然认为，美学上的个人判断仍然是必不可少的。

"为人性僻耽佳句"

因为缺乏上下文，今天我们已经无法了解为什么冯纪忠要在 1954 的那次公开大会上

[1] 约迪克. 建筑设计方法论. 冯纪忠, 杨公侠, 译. 武汉：华中工学院出版社, 1983：61.

[2] 同上书，第46—47页。

[3] 冯纪忠. 意境与空间：论规划与设计. 上海：东方出版社, 2010：157-170.

引用杜甫的名句"为人性僻耽佳句，语不惊人死不休"，也很难恰当地理解他当时的心理状态。杜甫写此诗时年50岁，颠沛流离，寓居成都草堂。对古人来说这年纪已接近黄昏（杜甫卒年59岁），这一句诗可以说是杜甫对自己一生的总结。而冯纪忠当时刚刚迈入不惑之年，"为人性僻耽佳句，语不惊人死不休"可以视为他对自己未来人生的期许，表达了自己更要专注于创新实践的决心。

不过，此后二十多年的遭遇，似乎冥冥之中只证实了他的"性僻"而已。虽然冯纪忠从未加入也未必有兴趣参与任何政治团体，却也没有独善其身之可能。无论是坚持布扎体系，还是选择包豪斯或别的学派，本来只是正常的学术分歧，但是常常被当作实行政治迫害的借口。从20世纪50年初到70年代末，和中国大部分知识分子一样，冯纪忠也深陷持续的政治漩涡之中，经历了无休止的批斗审查、关押下放、劳动改造之事。建筑师在他成熟期的二十多年时光几乎荒废，总是令人心生遗憾。由于缺乏学术和创作的自由，冯纪忠很难在理论和实践中取得个性化的成就。对他来说，在这二十多年中能过上正常平静的生活已属不易，至于学术探索只能是勉力而为。

以上海和南京为中心的东南地区，在当时建筑探索的道路上处于历史的前沿。不同学术背景的建筑师和学者在此发生思想碰撞并且相互影响，有可能产生出新的可能性。具有维也纳建筑学术背景的冯纪忠，与以黄作燊为代表的圣约翰大学包豪斯建筑学派的来往比较密切，在探索现代建筑的道路上互相促进。在全国范围内，由于政治的原因，建筑设计并非一个可以自由探索的领域。布扎体系先入为主、根深蒂固，民族形式和苏联社会主义、现实主义的教条仍然存在，阻止了人们向更具个性的方向发展。

现代主义建筑作为一种"新奇"的建筑风格，并非能让所有经过古典建筑训练的建筑师都欣然接受。例如吴景祥这一代建筑师，他们的建筑风格即以庄严稳重的古典式构图为主，展示了一种主流文化的特征，具有一种象征性的价值。但是，现代主义建筑不仅仅是一种风格，甚至和风格完全无关，它是社会文化和技术进步的必然结果，并且响应了人类社会发展进步的需求。因此，现代主义建筑还隐含一个道德立场，即为最大多数人群提供适用和体面的居所。冯纪忠的工作室取名"群安"，虽朴实无华，却暗含了现代建筑的态度和立场——"大庇天下寒士俱欢颜"。另一方面，现代主义建筑在某种程度了包含了对保守的、稳定的文化意义之挑战。正如建筑理论家艾伦·科洪（Alan Colquhoun）所言，现代主义建筑不是一种风格，现代主义是一种意识到自己的现代性，并对其自身进行批判性思考的意识形态。[1]冯纪忠的实践建立在他对古典构图术的批判之上，他抛弃了对于形式、风格的先验喜好，而追求功能性、有效性、真实性。在此基础上，冯纪忠希望寻求一种独特的表现形式对建筑问题进行解答。20世纪60年代的花港观鱼茶室是他设计中的个性得以突破的作品，却不幸遭受政治上的批判。冯纪忠追求"语不惊人死不休"的精神在这种社会环境中显然是不合时宜的，事实上也是不可能的。

建筑学通常被认为是技术和艺术要素的结合，当讨论设计的艺术已不可能时，冯纪忠希望能够强调设计的科学性，以此为现代主义建筑开路，这是他在20世纪70年代以后推动设计方法论的原因之一。冯纪忠不仅翻译了《建筑设计方法论》，还在教学与研究中推崇和运用这些设计方法。此外他还校对了成莹犀翻译的德国柯特·西格尔所著的《现代建筑的结构与造型》，以及赵冰翻译的亚历山大的《模式语言》等。在1980年前后，他并不是一个人在做这件事，汪坦同样也在介绍方法论。汪坦1980年在《世界建筑》第2期发表《现代建筑设计方法论》，介绍了行为心理学、格式塔心理学、运筹与系统学。他将设计方法分为两派——理性主义和经验主义，分别强调逻辑和感性，各自的代表人分别为包豪斯和赖特。汪坦认为经验主义和理性主义不应该决然对立，都是一定的时间、地点、条件下的产物，不应该非此即彼，"你死我活"。虽然表面上是讨论国外的学术问题，实际上体现了汪坦对当时国内现状的担忧与批评。

从群安事务所关闭到"文革"结束，冯纪忠的建筑实践并不多，而能够完全把握的设计工程更是非常有限；但是在这段时期内，他的理论思考并没有停止。这一阶段他的两个理论成就是建筑空间组合原理和风景组景论，本质上它们的理论基础是一致的，都是"空间组合"的问题。西方现代建筑思想如何与中国传统文化融合并具有新颖性？现代中国建筑如何具有中国特征？无论是空间组合原理，还是风景组景论，都是冯纪忠在探索过程中将现代建筑思想本土化的成果。在此期间，冯纪忠形成了较为成熟的思想和方法，这些思想和方法得以在"文革"后的实践中体现出来。

[1]原文为："An architecture conscious of its modernity and striving for change." Alan Colquhoun. *Modern Architecture*. Oxford University Press，2002.

第四章 改革开放时期：现代建筑的再探索与反思

现代还是后现代？

当中国告别封闭岁月，重新打开国门时，世界建筑潮流也已经发生改变了。20世纪80年代成为后现代建筑汹涌冲击的时代，中国建筑还来不及现代，就被后现代卷走了。

周卜颐在《世界建筑》杂志创刊号上发表《当代世界建筑思潮》，较早地提到"后期现代派"。文章写道："后期现代派的主要论点，是认为今日建筑既十分复杂，又十分矛盾。认为现代派所追求的简明、单一、纯粹的建筑手法，难以满足现代生活多样化的要求。主张兼容并蓄，无论古今中外，凡能满足现实需要的一切都要。不怕混杂，不怕不纯。即所谓黑猫也要，白猫也要的灰猫派。方法是到历史中去寻找灵感（故又称历史主义派）；把今日民间下等酒肆和蹩脚戏院（即不是建筑师设计的建筑）当作样板；从西红柿罐头广告画作题材的流行艺术（Pop Arts）中寻求启示。他们追求建筑的刺激性和有视觉快感的外貌。"[1]

周卜颐曾留学美国，因此他所接触到的主要是美国方面的信息，所观察的后期现代派主要是美国的那些思潮。上文所提到的许多观点都来自文丘里（R.Venturi），后者在20世纪六七十年代先后出版了《建筑的复杂性和矛盾性》与《向拉斯维加斯学习》，而周卜颐是其中文版的翻译者。

在此前的三十年中，由于国内文艺政策的全部僵化和教条，建筑创作的路径越来越单调贫乏，因而亟需思想上的解放。后现代建筑的目的也是为了突破现代主义的教条，追求多样化，这符合80年代中国建筑界的迫切需要。而且后现代建筑有一个寻求历史参照的面向，似乎又契合中国建筑师试图把民族形式与现代建筑糅合的心理需求。在迫切需要和无暇考辨之际，后现代主义建筑被迅速接受。后现代潮流中的历史主义引发了对历史建筑中的形式和符号元素的滥用。戴念慈是一位跨越了三个时期的建筑师，在80年

---

[1] 1981年，张钦楠建议将"Post-modernism"翻译为"后现代主义"，而非"后期现代主义"（《世界建筑》1981年第4期）。参见：周卜颐.当代世界建筑思潮.北京：世界建筑，1980，（1）.

代仍然活跃在创造前沿，这一时期他的代表作是阙里宾舍。在阙里宾舍中，院落空间的组织方式不无香山饭店的影子，不过因为比邻孔庙，在造型上更为保守。阙里宾舍与方塔园类似的一点是，两者都在历史建筑的遗址旁边。而由于它们的创作者的历史意识的差异，而导致作品具有不同的趣味和意境。

在后现代主义喧嚣的背景下，冯纪忠也在思考后现代建筑和现代建筑的关系问题，不过其视角也有与众不同之处。作为一位建筑教育和学术机构的领导者，20世纪80年代，冯纪忠经常有机会参加国际会议，也多次在院系内部的会议中，发表对后现代主义建筑的看法。首先，冯纪忠肯定了现代建筑及其先锋的价值和成就，表现出对现代主义建筑基本价值理念的捍卫和尊重，"现代主义立定脚跟是很不容易的，因为长期以来老的建筑思想根深蒂固。现代主义第一代大师不能不有意无意地把以前的有些东西略去来强调自己的思想体系，这一体系在战后大量建设时起到了重要作用。当时也出现了夏戎、高迪等建筑师，他们也属于现代主义的，但显然用他们的方法解决战后繁重迫切的任务不如格罗皮乌斯、密斯等的理论顶用。当然后人将这些理论滥用，是另一回事"[1]。现代建筑在启蒙与发展过程中，本来有很多方向和流派，但是在传播过程中，有很多流派被遮蔽了，声音逐渐微弱，比如冯纪忠很熟悉的夏戎一脉。但是，随着二战之后的经济发展，单调的功能主义已经不能满足人们的精神需求，过去消隐的思想和流派重新被发现，再次萌发活力。20世纪60年代，夏戎先后设计了柏林爱乐音乐厅和国家图书馆，反响巨大。1980年冯纪忠再次到德国访学时，专程去参观了柏林爱乐音乐厅（图4.1、4.2），并且在那里听了一场交响乐，他赞赏音乐厅的观演厅空间"浑然一体"，尽管也批评前厅略带斧凿痕迹。[2]

其次，受约迪克的影响，冯纪忠也从信息美学的角度来看待建筑艺术，肯定了后现代建筑努力突破教条与程式的意义。"以信息的观点来看，人要追求美的事物，从客体

[1] 冯纪忠《IKAS哥本哈根会议评析：关于城市设计、住宅建设及后现代主义等问题》。该文为1984年冯纪忠参加哥本哈根举行的"国际建筑与城规会议"（ICAT）第三次会议的总结报告，原载《时代建筑》1985年第1期，后收入同济大学建筑与城市规划学院编《建筑弦柱：冯纪忠论稿》，上海科学技术出版社2003年版，第71—76页。
[2] 冯纪忠. 访德杂感//赵冰，王明贤. 冯纪忠百年诞辰研究文集. 北京：中国建筑工业出版社，2015：70-75.

图4.1 柏林爱乐音乐厅观演厅。图片来自 *Hans Scharoun*

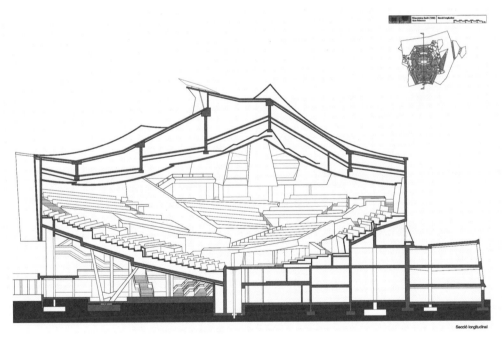

图4.2 柏林爱乐音乐厅剖面图。图片来自 *Hans Scharoun*

接受信息，这不仅与客体属性有关，还有主体条件。如果接受到的信息，都在人们的'料想'之中，一点新的感受都没有，那就是信息量接近于零。现代建筑在其发展过程中，一方面是日趋成熟，同时也出现了程式化和不分地域、千篇一律的现象，自然造成信息量的下降和信号的减弱。后现代主义强调建筑形象的不确定性，强调精神功能，想以此提高美感信息量，我们当然是赞成的。"[1] 冯纪忠认为建筑设计艺术的实质是追求变化、摆脱静止；但是，后现代主义对历史形式的滥用又形成了新的程式化，不顾现实条件、具体时空，一味堆砌，同样令人望而生厌。

贝聿铭的第三条道路

　　半个世纪以前，西方以美国赖特为首的现代建筑四代表，已稳据权威地位，各用独特风格为新建筑定下调子；他们的同时出现，可视为意大利文艺复兴历史盛况的重演。他们各有信徒门生，作为第二代以至第三代继承者，其中也有背叛这权威而投入另一阵营，但却不约而同都留下大批轻透简洁立体式作品，形成1932年被贴上'国际建筑'标签方盒子。存在的问题就如密斯晚年回顾这一时期所指出的：历史上各代建筑风格虽然统一，但作品依然多样；现代建筑景观尽管出现于不同国度不同民族，结果反而千篇一律。[2]

——童寯

童寯在"文革"后不久出版了《近百年西方建筑史》，可见他在"文革"期间已经在收集资料和写作——当时一些资深的教授还是有机会接触到国外的学术书刊。他所收集的资料或许不是最新最全面的，但是也具有一定的代表性。尽管童寯引用密斯的观点没有标明出处，但是20世纪70年代现代建筑确实遭遇了一个困境，千篇一律的现象已经引起了广泛的批评。

童寯对国际建筑的归纳十分形象并具有概括性："轻透简洁立体式"。也许童寯所接受的样式建筑的训练，使他最终不自觉地根据外立面的形象进行风格分类。例如该书中简要介绍了柏林爱乐音乐厅，认为其具"轻松豪放风格"；童寯称夏戎为表现派最后

---

[1] 冯纪忠《IKAS哥本哈根会议评析：关于城市设计、住宅建设及后现代主义等问题》。

[2] 童寯.近百年西方建筑史.南京：南京工学院出版社，1986：前言.此前言所署日期为1979年6月。

的宗师，这种贴标签方式有可能将夏戎作品中更丰富的内涵抹杀。德国学者约迪克对夏戎的作品有更全面的论述，较为清晰地揭示了有机功能主义的丰富内涵。德语文献对童寯来说难有了解，而对冯纪忠来说，则不是问题。

童寯在《近百年西方建筑史》前言中认为，现代建筑正面临千篇一律之困境，无疑他希望中国建筑能避免这种状况。那么怎样才能避免呢，他颇为期待贝聿铭的第三条道路——用中国古典手法来适应现代建筑形式。20世纪70年代末，由于华盛顿国家美术馆东馆的成功，贝聿铭已经成为举世闻名的华裔建筑师。1979年《建筑师》第1期大篇幅介绍了他的建筑作品。贝聿铭得到一次机会在国内设计一座旅馆建筑，即后来著名的北京香山饭店。童寯了解并曾提及这件事，对贝聿铭寄予厚望："（贝聿铭）设想在低层建筑中，采用中西综合方式处理建筑风格，既不全用西方也非传统中国造型而走第三条路，即用某些中国古典手法来适应西方现代形式，以他（贝聿铭）过人的才华，必能实现这一主张。"[1] 完全照搬西方建筑风格，或者采用中国传统造型，在童寯看来都有不足之处，而第三条道路是用"中国古典手法来适应西方现代形式"。形式是可见的，而手法是处理形式的手段，是思想的体现和产物。可以说，童寯赞同西方现代主义的实用简洁形式有其合理性，但是，处理形式的手法却是多样的，中国古典手法或传统思想中的智慧也可以用来处理现代形式，也是一条途径。

贝聿铭从哈佛求学时代起就开始探索中国建筑传统的现代转化问题。他的毕业设计是上海艺术博物馆，运用了院落来组织空间（图4.3）。庭院的作用完全是功能性的，是从整体的矩形平面中挖出来的院子。设计是做空间的减法，而非加法。1946年他曾在给友人的信中写道："我一直想在建筑里找到一种地域性的或民族性的表达方式，没想到格罗皮（指格罗皮乌斯）也同意支持我的观点，现在的问题是，要找到一种绝对中国的建筑表达，但又不用到中国传统的细节和建筑主题。"[2] 同一年，贝聿铭参与了格罗皮乌斯主持的华东大学规划，这一探索得以延续。从总平面上来看，华东大学校园的主要道路是自由曲线的，各种校舍围绕中心湖面较为自由地进行布置（图4.4）。建筑群体的布置更趋向于一种空间的加法原理，由不同方向的单体建筑组合形成内院，建筑之间通过长廊连接。单体建筑形式没有包含任何明显的中国图形元素和主题，但是透视图中却

〔1〕童寯.近百年西方建筑史.南京：南京工学院出版社，1986：前言.

〔2〕菲利普·朱迪狄欧，珍妮特·亚当斯·斯特朗.贝聿铭全集.郑小东，李佳洁，译.北京：电子工业出版社，2012：184.

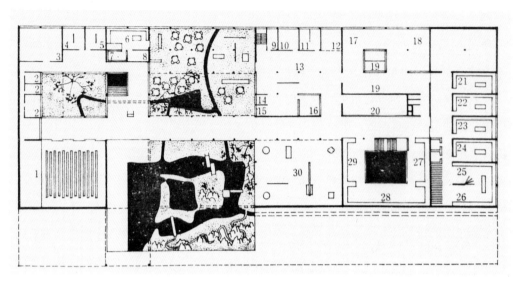

图4.3   贝聿铭的毕业设计——上海艺术博物馆。图片来自王天锡《贝聿铭》

展现了具有中国人传统意味的生活方式（图 4.5）。庭院景观有传统园林中的通透之感；画中有的人物或身穿长衫，或西装革履，坐在传统中式家具旁交谈。建筑形式（实体的）是现代的，生活方式（精神的）可以是中国式的，建筑师力图呈现出一种中西交融的建筑文化图景。华东大学规划由于国民党败走台湾，并没有在大陆得到实施，而是于 50 年代最终在台湾得以实现，名字已改为东海大学，由贝聿铭主持规划设计（图 4.6）。东海大学规划与最早的规划类似，庭院仍然是最重要的建筑元素，建筑形式中已经有明显的地域性表达。

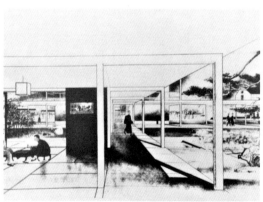

图4.4   贝聿铭参与的华东大学规划模型。图片来自吉迪恩《瓦尔特·格罗皮乌斯》

图4.5   华东大学透视图，意图表现出具有中国特色的生活方式。图片来自吉迪恩《瓦尔特·格罗皮乌斯》

图4.6 台湾东海大学校舍。图片来自《贝聿铭全集》

　　和国内的许多建筑师一样，贝聿铭也在探索传统院落空间的现代转化问题。院落空间并非中国所独有，古罗马、阿拉伯国家都有过各种院落空间，但是它们之间还是有所区别的。单看香山饭店的平面，屏蔽掉那些中国园林的配景，其实并不能看出有什么明显的中国传统院落特征。除了门厅、中庭空间部分中轴对称外，香山饭店的组织方式和包豪斯校舍的区别不大，更多地偏向功能性。这和现代酒店建筑的特殊性有关，和传统建筑空间组织的仪式性颇为矛盾，因而不能完全照搬四合院。

　　在香山饭店中，贝聿铭使用了明显的传统符号，其中，窗的形式是主要表现的一个要素，正立面的窗和墙面风格模仿了木结构的图案。如果回到20世纪40年代，这是他所不愿意做的事，而在三十年后他可以接受这种方式了，这或许是受到当时强势的后现代主义风潮的影响。贝聿铭作为国际建筑大师的身份似乎在为后现代主义在中国的通行"背书"。不过，从总体上说来，贝聿铭还是现代主义者，他唯一坚信的是现代技术的表现性。在四季厅中庭，屋顶采用了圆钢管制作的桁架结构（图4.7），这在美国并不鲜见，但在80年代初的中国还是比较罕见的做法，这些圆钢管构件都需要定制，再到现场焊接。有意思的是，贝聿铭并没有采用整体性更强的空间网架结构，而是用三榀连续的、跨度达25.5米的桁架覆盖中庭。他的目的也许是为了呈现屋顶结构系统的方向性，从而让人更清晰地感受到坡屋顶的形式；而如果采用四向均质的空间网架结构，便失去了这种方向感。现在香山饭店的屋顶能使人们联想到歇山屋顶的形式，也许正是贝聿铭有意为之（图4.8）。[1]

〔1〕王天锡曾在贝聿铭事务所工作，他对比了四季厅屋顶和传统歇山屋顶的形式。王天锡.香山饭店对中国建筑创作民族化的探讨.建筑学报，1981，（6）：13—18.

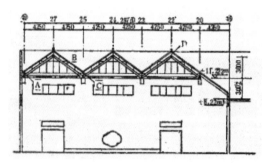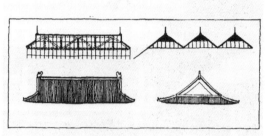

图4.7 香山饭店四季厅剖面。图片来自《建筑技术》1984 年第1期

图4.8 香山饭店四季厅屋顶与歇山屋顶的比较，王天锡绘制。图片来自《建筑学报》1981年第6期

　　贝聿铭的建筑生涯，看起来似乎分裂为两面：一面是在国际的语境中，追随格罗皮乌斯、柯布西耶、密斯等现代主义先锋；另一面是在中国的语境中，试图探索一条独特的地方性的建筑道路。[1] 运用中国传统的院落空间和园林手法，贝聿铭在某种程度上践行了童寯所预言的第三条路。香山饭店总的说来得到了建筑界内的广泛认可，也成为其后许多国内建筑师效仿的范例。贝聿铭回国访问、工作期间，也曾到过同济大学开讲座，他与冯纪忠时有往来，互相了解对方的作品，同时应该也有学术和思想上的交流。此时，冯纪忠正在主持松江方塔园的规划设计。

露天博物馆：与古为新

　　松江方塔园的核心是宋代遗迹兴圣教寺塔，是一座四边形的楼阁式九层塔。清代黄霆写有《松江竹枝词》，称松江为"环海东南第一州"，又言"近海浮屠三十六，怎如方塔最玲珑"，可见方塔在当时就是知名的地标。在伯希曼编著的《中国塔》一书中，已经提到了这座塔，称为"松江府塔"[2]（图 4.9）。该书出版于 1931 年，伯希曼把中国塔当作纪念性建筑类型来看待，收集了全国各地各种类型的塔，资料丰富。从该书中可以看到，四边形的楼阁式塔是苏州、上海一带长江三角洲地区常见的类型，嘉定、常熟也有这种形制的塔（图 4.10）。从照片中可以了解，兴圣教寺塔周围原有不少建筑，或为松江府城隍庙。据《松江县志》，此城隍庙在日本侵华战争中遭受轰炸而焚毁，而

---

〔1〕徐文力. 出离现代主义：苏州博物馆//雷星晖. 同济大学研究生创新论坛文集：枫林学苑XVII. 上海：同济大学出版社，2014：143-148.

〔2〕Ernst Boerschmann. *Chinesische Pagoden*. Berlin：Walter de Gruyter & Co，1931.

图4.9　松江府塔。图片来自伯希曼《中国塔》

图4.10　常熟县塔。图片来自伯希曼《中国塔》

方塔却留存下来。而且，包围塔的建筑与围墙并不高，大约只到塔第一层的高度。兴圣教寺塔高约42米，穿越围墙和树冠，插入天空，颇具纪念性。松江府以前是有城墙的，塔和庙本来是在旧城区中心偏东的位置，从城市的角度来看，方塔也是老城区的地标。

　　方塔园是中国近现代建筑史上被讨论和研究最为频繁的作品之一，无论是从其思想还是手法上来说都是如此。冯纪忠本人也曾多次撰文解释方塔园的设计思想，因此，本书将不再就具体的设计手法进行讨论，而是聚焦于冯纪忠的核心理念——"露天博物馆"。实际上，据冯纪忠回忆，在他接手方塔园的设计之前，园林局的有关单位已经提出一个方案，虽然那个方案具体如何已不得而知。在1978年最初的讨论会上，冯纪忠提出了后来实施的主要意见。在设计之初，冯纪忠认为"立意"是最重要的。方塔园立意为"露天博物馆"[1]，即要建造一个以方塔为主题的历史文物园林，这本身就是一个具有革新意义的行动，使它区别于之前所有的中国园林。确定这一目标的重要性，要先于掇山理水的具体造园手法。

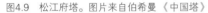

[1]　"我最先的构想是应将方塔园建成一个露天的博物馆……"参见：冯纪忠. 谈方塔园//赵冰，王明贤. 冯纪忠百年诞辰研究文集. 北京：中国建筑工业出版社，2015：154-157.

图4.11 由塔院广场南向而望

经过修缮之后的方塔，作为露天博物馆里最重要的"展品"，应如何呈现？冯纪忠在东南两侧用墙体围成一个半封闭的塔院，院子里不种任何植物，使之成为一个完全人工化的场所，与自然清晰分开。宋塔是露天博物馆中的镇馆之宝，独享一个塔院广场。站在塔院广场南向而望，唯有方塔高耸，直抵天穹，只有当视线越过围墙墙顶时，才能看到远处的绿色葱郁的树梢（图4.11）。这令人想到北京天坛祈年殿的相似经验，也是对纪念性的极致表达。塔院内，与塔同坐，令人心神凝聚，出院墙外则是河湾平岗，另有一番景象，让人身心释放。此种观览体验，乃是方塔园营造之佳绝处。

中国古代建筑历来讲究"整旧如新"，到了20世纪30年代，梁思成提出"整旧如旧"，已经是一个巨大的进步。在此基础上，冯纪忠的"整旧如故，以存其真"则更进一步。1979年前后，冯纪忠同时在主持九华山的风景区规划。据阮仪三回忆，冯纪忠提出了"整旧如故，以存其真"的历史遗迹保护原则。整旧如故，"故就是过去，过去就是对文物和遗迹的历史过程弄清楚，到底是唐宋元明清的哪个时代，各个时代都在历史发展过程中留下了什么痕迹，都应予以辨析，然后予以保留、恢复"[1]。冯纪忠的导师赫雷是奥

---

[1] 阮仪三是当时参与九华山风景区规划的主要人员之一。参见中央电视台《大家》栏目《建筑学家冯纪忠》，收入赵冰、王明贤主编《冯纪忠百年诞辰研究文集》，中国建筑工业出版社2015版，第210—220页。

地利文物保护方面的专家，所以冯纪忠对文物保护的观念肯定也不陌生。而且，维也纳艺术史家李格尔《对文物的现代崇拜：其特点和起源》（*The Modern Cult of Monuments: Its Character and Origin*）是现代文物保护的重要文献和思想来源之一。李格尔认为，任何历史事物都是构成一条发展链上的不可去除的一个环节，后续的每一步都暗示了它前面的一步，没有先前的一步，后一步就不可能发生。我们不能完全用当代的趣味来判断过去的文物，每一个历史环节都自有其历史价值。冯纪忠的"整旧如故"其实就包含了这种思想。方塔园的建造，首先就是基于这样的一种历史观念，着重点在于保留和呈现现有文物的历史价值及艺术价值。因此，方塔园的"露天博物馆"是一个全新的立意，而不是仅仅停留于变成另一个新建的复古风格的园林。这就是虽然当时上海园林局有几处旧园同期修复，而方塔园却能独具一格的原因。

对于方塔园来说，"故"的标准是什么？当然，宋塔、宋桥、明照壁等是一种"故"，这是公认的文物。那么，在二战中毁坏的城隍庙是不是一种"故"？从那时起到70年代末，四十年中它是一片荒地和废墟，这是不是一种"故"？对于冯纪忠来说，当初他来看基地时，方塔、荒野都是"故"。"故"是过去所有的时光和历史事件留下来的痕迹。"整旧如故"还有另外一层含义。冯纪忠晚年曾谈到雷峰塔的重建："从我小时候……看到的西湖雷峰塔都是屋檐全部没有了的样子。这个故，就像故人，老朋友，你一看这西湖雷峰塔，就知道到了西湖，你一定要修成谁也没看到过的样子，就没意思了。"[1]冯纪忠的意见不是要重建古物，而是站在当代人的时间门槛上，固定住当代人的历史记忆。

对于方塔园来说，"整旧如故，以存其真"的信条是否定重建的，也是否定机械复古的，当然也不同于19世纪勒·杜克（Viollet-le-Duc）以来的"风格性修复"（stylistic restoration）。重建则必失其故，复古则必失其真。历史的事实要清晰地呈现，复古的建筑只会干扰人们对历史的感知。"露天博物馆"的立意，决定了方塔园最终呈现的格局。以这个原则来考察方塔园，自然也会发现一些不尽如人意之处，例如水榭和旱船，基本上是复古形式，缺乏北大门的那种时代感；不过这两处是否全由冯纪忠掌控建造，不得而知。

"与古为新"是冯纪忠晚年总结的方塔园规划设计理念，他认为"与古为新"的前提是尊古，尊重古人的东西，首先是存真。今天的东西、今天的作为，和"古"的东西

---

[1]《冯纪忠：不能被遗忘的现代建筑前辈》，原载于《新京报》2009年3月5日，后收入赵冰、王明贤主编《冯纪忠百年诞辰研究文集》，中国建筑工业出版社2015版，第247—153页。

并置在一起，呈现出一种"新"。[1]但是，"与古为新"的本来意思似乎又不仅如此，这个词来源于司空图《二十四诗品》之"纤秾"篇，该篇文本不长，类似《诗经》的体裁，由八句四言诗组成："采采流水，蓬蓬远春。窈窕深谷，时见美人。碧桃满树，风日水滨。柳阴路曲，流莺比邻。乘之愈往，识之愈真。如将不尽，与古为新。""纤"与丝织品有关，"秾"是树木茂盛的意思，"纤秾"或许是指一种而绵延细密而又丰茂有活力的风格，冯纪忠认为"纤秾"讲的是一种意境。[2]"纤秾"篇的最后一句"如将不尽，与古为新"可以有多种解读，已经不仅仅是指一种风格或意境，更像是指向一个诗歌创作之道：事物中的真实——自然（在道家的思想中，自然即真实）永远存在，绵延不尽，诗歌要不断地追寻真实（回归自然），在这个过程中，古老的事物或题材也能创新，或被不断赋予新的含义。在方塔园中，冯纪忠并未着意发明新的形式，他的方法是以当代的技术和工艺对传统题材进行重新诠释，以含蓄的布局与笔法，完美烘托出宋塔的悠远意境。

旷与奥

现代公园的主要来源是英国的自然式园林。苏州园林只是在20世纪40年代之后才引起中国学者们的关注。苏州园林因为是私人园林，以私享为目的，并不能直接放大而成为现代公园。传统园林的弊病，许多学者都已经意识到了。余森文曾经在英国考察园林，对英式园林的特点颇为了解，在后来其主持的西湖整改中也有所借鉴。例如花港观鱼的规划中，茶室前布置了一块空旷的大草坪，一般也认为这是英式园林的主要特征之一。陈志华在20世纪70年代末开始写作外国园林史，他已意识到中国明清私家园林的闭塞、郁闷、矫揉造作，而英式园林舒展开阔、真切自然，更适合现代公园。[3]但是苏州园林中的那些技巧和手法是可以运用的。

冯纪忠思考风景与园林，不是从山水入手，首先思考的是人与自然的关系，人与自然相扶相得的互惠关系。这也是为何他写园林史的时候将其题名为《人与自然》。在具体设计风景园林时，冯纪忠首先想到的不是山水石树等具体的元素，而是空间规划，是区分"旷""奥"。

〔1〕冯纪忠.与古为新：谈方塔园规划及何陋轩设计//赵冰，王明贤.冯纪忠百年诞辰研究文集.北京：中国建筑工业出版社，2010：158-160.

〔2〕冯纪忠.建筑人生.北京：东方出版社，2010：231.

〔3〕陈志华的文章写于1987年8月.陈志华.外国造园艺术.郑州：河南科学技术出版社，2001：229.

　　1979 年 4 月，冯纪忠在同济大学学报上发表了《组景刍议》，这是"旷""奥"首次出现在文献中，同年他在讨论皖南的风景规划时又提到"旷""奥"。这些理论成果可以称之为风景组景论。冯纪忠认为组景本质上还是空间组合的问题，这和 60 年代他的建筑空间组合论实际上是相通的。组景论的基础是旷奥二元论的基本空间感受设定。"旷""奥"二字来自柳宗元的文本《永州龙兴寺东丘记》——"游之适，大率有二，旷如也，奥如也，如斯而已"。柳宗元曾经被贬至永州，在永州生活了十年时间，起初他寄居在龙兴寺，后来在寺庙附近修住宅。从文章描述来看，他的基地是山间的一块所谓奥地，比较局促。柳宗元因势利导，使"水亭狭室，曲有奥趣"，追求的是一种曲径通幽。慕名前来拜访柳宗元的人，却通常并不欣赏这种幽奥，"以邃为病"。毕竟大多数人以旷为美，讲究气势。柳宗元因而联想到自己的政治境遇，反而更为倔强，"虽万受摈弃，不更乎其内"；而在心底，则感叹"奥乎兹丘，孰从我游"，也就是甘愿居于"奥"的空间之中。

　　冯纪忠认为："柳柳州说得极为精辟概括，可谓一语道破。他还认为风景须得加工，先是一番划删决疏的功夫，才能'奇势迭出，浊清辨质，美恶异位'，然后'因其旷，虽增以崇台延阁……不可病其敞也。因其奥，虽增设茂林磐石……不可病其邃也'。这就是说要因势导利地进行加工，而所谓势者，非旷即奥，不是非常明白吗？"[1]

　　冯纪忠一向以这位唐朝的文学家为自己效仿的模范，多次撰文评释柳宗元的诗歌，在不幸的境遇中引之为知音。冯纪忠善于从古代文献中挖掘前人的思想，重新诠释，并运用到现代生活中来。"旷""奥"是与人的空间感受有关的，是人最基本的两种空间感受。两者之间的转换幅度越大，越能给人造成强烈的感受。风景规划实际上是有目的地对人的空间感受进行控制，使之相得益彰，从而营造出更富戏剧性的效果。

　　美国景观设计师西蒙兹（J.O.Simonds）在 20 世纪 60 年代出版了经典的《景观设计学》（*Landscape Architecture*），80 年代初冯纪忠曾用作研究生教学材料。[2]西蒙兹也持有类似的观点，即空间设计的目的是激发特定的情感反应，或者一系列预期的反应。[3]

---

〔1〕冯纪忠《组景刍议》，原载于《同济大学学报》1979年第4期，后收入赵冰、王明贤主编《冯纪忠百年诞辰研究文集》，中国建筑工业出版社2015年版，第26—37页。

〔2〕参见孔少凯的回忆文章《追思冯纪忠教授原创思维的内涵》，后收入赵冰、王明贤主编《冯纪忠百年诞辰研究文集》，中国建筑工业出版社2015年版，第161—165页。

〔3〕参见J. O. 西蒙兹《景观设计学》，此书于1961年出版。

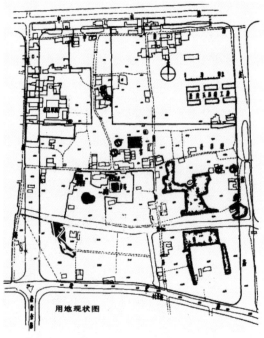

图4.12 方塔园现状卫星照片，显示了旷奥的二元对比。 图4.13 方塔园基地原状图。图片来自《方塔园规划》
图片来自百度，2015

当人们体验了周围狭窄幽闭的空间之后，突然来到一个宽阔开放的空间，往往会获得更
强烈的旷达自由的空间感受。"旷奥"的空间论或许并不是独一无二的发现，类似的二
元概念比如"开合""收放""疏密"，在画论和文论中都出现过，许多建筑师在建筑
构图中或许也运用过这种手法，但是冯纪忠能够比较精练地总结出来，将经验提炼为理论，
并大胆地用作一种纲领性的设计原则。

　　"园林的旷奥是相辅相成的。苏州园林不可能有太多旷，明清宫廷园林的旷也不是真正
的与奥结合的旷，而是学习江南文人园林，把文人园的一种放大或者是拼凑。其实，中国就
是用水面来制造旷，西方，比如英国就是用草皮来塑造，与中国的水面异曲同工。现代园林
表达旷，可以用水，可以用草皮。方塔园就是如此。"[1]因此，旷奥二元空间关系是理解方
塔园规划的钥匙，实际上，对于冯纪忠来说，空间关系是建筑和园林设计思考的基础要素。

　　方塔园的规模并不大，其空间结构其实可以很简单地理解为一个旷奥二元结构。三十
多年过去了，方塔园植被葱茏，今天我们从卫星图上可以很清楚地判断出这个空间结构（图

---

[1]冯纪忠. 意境与空间：论规划设计. 北京：东方出版社，2010：45-46.

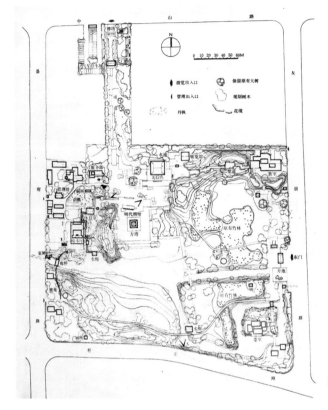

图4.14　方塔园平面图。图片来自
《方塔园规划》

4.12）。水面和塔院广场是旷，周边被葱茏的树木和植被所包围。以旷奥的角度来审视，在苏州园林中，这种空间结构其实也是有范例的，比如规模不大的网师园，在当时就被广为推崇，即以中心的水面作为旷的空间；另外如艺圃，都可以算是以旷为中心的旷奥二元结构。

　　从1981年的用地现状图上我们也可以看到，这种二元结构的确定是与原始地形密切相关的（图4.13）。用地的东西两侧都有一些竹林和坡地；而方塔的南侧是河浜和田地，相对比较平坦开敞。冯纪忠的建筑思想遵循因势利导、因地制宜原则，他选择拓宽南侧的河面，形成大的湖面，营造出旷的空间效果（图4.14）。对他来说，旷奥的二元结构已经存在于地形向他传达的信息之中，而他只是顺势而为。

　　不仅整体结构如此，在方塔园的局部设计中，旷奥这种二元结构也得到体现，例如从栈道通往塔院广场，从东门跨过小桥通往何陋轩，都是旷奥急剧变化的地方。在70年代总结的组景论中，冯纪忠已经对这些方法有过探讨。现在他只是将多年的思考有意识地实现于方塔园中，引导游客产生戏剧性的空间感受。

英式园林的冲击

关于松江方塔园的叙述和研究已有很多，冯纪忠本人也在不同时期撰文阐述方塔园的设计概念和手法。有一些概念其实是冯纪忠事后的反思，比如对于宋韵的表达。[1] 当事人的观点常常会影响后来的研究者，容易形成一种固定的解读。而一个作品建成之后，就应该面对不同的人和心灵，开放对它的阐释。冯纪忠在《方塔园规划》的文章中也提到过某些方面借鉴了英式和日式园林，但是语焉不详。[2] 那么到底有何借鉴呢？方塔园与英式园林及其美学思想有哪些关联？

一般来看，最能体现英式园林特点的就是河道南岸缓缓入水的大草坪，这是中国传统园林中没有的事物。图 4.15 为英国画家威廉·马尔罗（William Marlow，1740—1813）绘制的丘园（Kew Gardens）风景之一，近处的乔木、草坪和延伸的湖面烘托出远处高耸的中国式塔。图中的园林与塔由 18 世纪的威廉·钱伯斯爵士参与设计和建造，他以向英国人介绍推广中国式园林而著称，丘园无疑也吸收了中国园林的某些特质。而马尔罗为钱伯斯绘制了一系列丘园风景画，有些画面也难免让我们有似曾相识之感。如果将这幅画与方塔园的风景照做一番比较（图 4.16），不难发现两者的意象或者意境有相近之处。除了作为视觉焦点的塔以外，它们还运用了一些相似的构成元素，例如水面、草坪、三五成群的乔木。此外有趣的是，丘园风景采用了一河两岸的构图，这在中国山水画中是常见的程式。在这张风景画中，其中的塔作为一件历史文物，具有一种年代价值，是对已经逝去的、伟大的古典时代的召唤。

这种具有怀古情调的场景曾经广泛出现在 17 世纪欧洲的风景画中，其代表画家是法国画家克劳德·洛兰（Claude Lorrain，1604—1682）。洛兰一生大部分时间都生活在意大利，17 世纪的罗马如同 20 世纪初的巴黎一样，是当时欧洲的艺术中心；希腊和罗马的古典文化及其建筑激起了人们巨大的兴趣；洛兰和普桑（Nicolas Poussin）都曾在罗马学习绘画并获得巨大成就，他们跟从卡拉奇（Annibale Carraci）的传统，着意表达古典的完美并对

---

[1] 参见：冯纪忠. 谈方塔园//赵冰，王明贤. 冯纪忠百年诞辰研究文集. 北京：中国建筑工业出版社，2015：154-157.

[2] 参见：冯纪忠. 方塔园规划//赵冰，王明贤. 冯纪忠百年诞辰研究文集. 北京：中国建筑工业出版社，2015：114-119.

图4.15　威廉·马尔罗，丘园风景之一，1763。图片来自http://www.dcsignedu.cn/showposts.aspx?columnid=49&id=210&typ=p

图4.16　在南岸隔河对望方塔。笔者拍摄

自然进行美化。[1]洛兰的绘画将自然和古典建筑遗迹并置，朴素的田园风光和古典的人文遗迹相互映衬，使画面既具有一种浪漫主义的自然之美，又具有一种怀旧和乡愁的情绪，饱含对消逝的古典文化的追缅。

洛兰最为重要的作品都是对意大利风景的描绘，特别是罗马平原的风景，高大的乔木、林间空地、水面、多孔拱桥、罗马神庙遗迹（图4.17）。他的风景构图也显示了一种成熟的套路，非常接近中国山水画中常见的一河两岸式构图。洛兰的绘画空间显示了旷与奥、明与暗的二元关系。远景是开阔的罗马平原，近景是林间空地，常常是人物活动的空间，中景是一簇一簇的树丛，或者古典建筑遗迹。洛兰的画在观者眼前展示了一种前所未有的（前辈画家从未如此呈现的）自然，具有一种崇高肃穆的气氛或意境。而要达到这种气氛，仅有自然之物是不行的，必须同时有伟大而古老的人造物居于其中，以赋予一种沧桑的历史感。在普桑的画中，自然只是人物的配景。而在洛兰的许多作品中，人物是配景，自然毫无疑问是画家要表现的主角，而建筑遗迹也是不可或缺的重要元素。

洛兰的杰出技艺，和他的画作所制造的艺术氛围，使风景画成为一个独立的绘画题材。洛兰在英国产生了巨大的影响，不仅仅是在绘画艺术领域，还体现于造园的风格中，并且催生了后来一个重要的艺术术语——"如画的"（picturesque），意思是像洛兰的画一样美丽的风景。19世纪的英国风景画家特纳（William Turner）和康斯泰勃尔（John Constable）都极为推崇洛兰，并深受其绘画的风格和技巧的影响，不乏模仿之作，如康斯泰勃尔《威文霍公园》（图4.18），同样是一河两岸式的构图。[2]洛兰的风景画还影响了英国18世纪的园林建筑师和诗人，拓展了他们的审美经验，激发了他们对自然的热爱和对古典文化的追慕，以至于按照他的风景画来设计园林和评价现实中的风景。[3]这其中最具代表性的英国园林是斯托海德（Stourhead）公园，对此，英国艺术史家贡布里希在《艺术发展史》中有过相关的论述。[4]

斯托海德公园是英国自然主义园林或者说画意园林的代表作之一，起源于18世纪早期。这个园林的立意和英国的浪漫主义有关，并且与洛兰的风景绘画有着直接的关联。园主亨利·霍尔（Henry Hoare），仰慕古罗马文化，崇尚维吉尔式的乡村生活。园林中

---

[1]参见：贡布里希.艺术发展史.范景中，译.天津人民出版社，1991：219-220.

[2]康斯泰勃尔称洛兰·克劳德为迄今最完美的风景画家。

[3]参见：贡布里希.艺术发展史.范景中，译.天津人民出版社，1991：219-220.

[4]同上书，第258页。

图4.17　克劳德·洛兰，风景画。图片来自http://www.nga.gov

图4.18　康斯泰勃尔，《威文霍公园》，1861。图片来自http://www.nga.gov

图4.19　斯托海德公园。图片来自http://www.gardenvisit.com/gardens/stourhead_garden

的建筑都以古典时代的罗马建筑为原型，皆具纪念性。公园以人工湖为中心，然而处理得却近乎天然，湖岸曲线自由，入水平缓。近湖岸缓坡种植草皮，点缀以灌木；远湖岸则遍植高大乔木，郁郁葱葱，如画之背景（图4.19）。

　　斯托海德公园企图将古罗马的遗迹放在英格兰式的自然风景之中，创造一种洛兰式的画面感。公园的游览路线是沿湖呈环线型的，仿古的建筑小品沿环线布置，并且具有一定的叙事意义，或者说具有象征性。花神庙—水仙洞，河神洞—万神庙—太阳神庙，象征着一个人的生命历程。湖面是总平面构图的中心，各种模仿和"伪造"的历史遗迹沿着湖面不规则地布置（图4.20）。[1]整个园林从空间的结构与布局来说，也属于旷奥的二元空间结构，在这一点上，方塔园也与之不谋而合。

　　杰里科（Geoffrey Jellicoe）《人类景观》（*The Landscpe of Man*）于1975年出版，在介绍英国园林时也收录了斯托海德公园。而冯纪忠在20世纪80年代写作《人与自然》

---

〔1〕参见：帕特里克·泰勒.英国园林.高亦珂，译.北京：中国建筑工业出版社，2003.

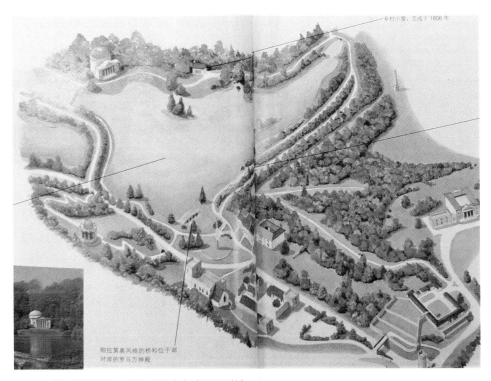

图4.20　斯托海德公园鸟瞰图。图片来自《英国园林》

时曾引用杰里科《人类景观》一书的观点，因此，他有可能读过该书，并通过这本书进一步了解英国园林，其中包括斯托海德公园。方塔园与斯托海德公园颇有一些共同之处，特别是对中央水面形状的处理，它们的主要水体都呈"L"形，有利于产生水流深远之感；此外，两者都在水道转折处形成较为宽阔的水面，以获得旷远之意。方塔园是由不同时期的遗迹组成的一个"露天博物馆"，与斯托海德公园的区别是，这些遗迹都是历史遗留的真实建筑，而不是仿古建筑。不过，与斯托海德公园相似，这些建筑都是因地制宜、自由布置的。方塔是园子的核心，所以外面移来的天妃宫和楠木厅都避开方塔一定的距离，最后使方塔从南岸看过来显得"一枝独秀"，完全在自然背景的衬托之中。这种园林的意境，与洛兰呈现古代废墟的风景画颇有相近之处。钱伯斯设计的丘园当然具有中国景观艺术的影响，而马尔罗绘制的《丘园风景》自然无法不追溯到洛兰的风景画派。因此，在《丘园风景》中实际上融合了中英园林艺术的多重元素和意境，呈现出多重的意味，如异域的风情、古典的伟大和自然的柔和。

　　18世纪的英国思想家伯克（Edmund Burke）将"崇高"（sublime）视为与"美"

（beautiful）平等的美学价值。[1] 美是精巧、光滑、柔和……而崇高能激起痛苦、惊人的，甚至令人感到危险等情绪。在建筑中，垂直线比水平线看起来更有视觉冲击力，例如高耸的塔楼更具有崇高感。粗糙的、破败的比光滑的、精美的更偏向于崇高。伯克关于"崇高"这一概念的论述影响广泛，此后的康德的美学思想延续了他的观念。18 世纪末，另一个美学概念"如画的"（picturesque，有时翻译为"别致"，下文也将以"别致"出现）出现了，关于这一概念的一本重要的著作是普莱斯（Uvedale Price）的《论别致》。"别致"居于"美"和"崇高"之间，"美和别致显然具有相反的品质，美是柔滑的、舒缓的，意味青春和鲜亮；别致则是粗犷的、突变的，意味古旧甚至于沧桑"[2]。

冯纪忠在《人与自然》中也提到普莱斯"求反常合理之趣，求意料之外，引起刺激"[3]。这就是普莱斯所言的"别致"，即别出心裁，反常合道，能引起人们的好奇心。冯纪忠还提到："Price 等人不过把总效果概括为秀丽、雄伟、画意，而明清的提法要细腻多了。至于手法，除叠石之外，直截了当地利用墙体，那更是中国之最，没人及得上。"[4] 此文中提到的"秀丽、雄伟、画意"，很可能就是指伯克所言的"美""崇高"，以及普莱斯所提倡的"别致"。这三者构成了英国文艺与建筑园林的三个基本美学范畴。

冯纪忠熟悉英国式园林的历史，且能从本国文化的角度来予以考量。他认为"19 世纪以来，几乎可以说是英国式的天下，好像非英国式园林不足以称为公园似的。出口的英国式公园似乎较多地回到了 Brown（应指英国造园家 Lancelot Brown，笔者注）的温文尔雅而较少野趣……"[5]。方塔园当然试图要超越布朗，具有更丰富的意境。因此，方塔园不但有英式公园的优雅之处——例如大草坪，还有崇高之处——比如巍峨的方塔，以及别致之处——例如曲折的栈道。

―――――――――

〔1〕伯克的著作于1757年出版。参见：埃德蒙·伯克. 对崇高与美两种观念之根源的哲学探讨. 郭飞，译. 郑州：大象出版社，2010.

〔2〕原文："Beauty and picturesqueness are indeed evidently founded on very opposite qualities; the one on smoothness, the other on roughness; the one on gradual, the other on sudden variation; the one on ideas of youth and freshness, the other on those of age, and even of decay." Uvedale Price. *An Essay on the Picturesque as Compared with the Sublime and the Beautiful*. London： J. Robson, 2014.

〔3〕冯纪忠. 意境与空间：论规划设计. 北京：东方出版社，2010：231.

〔4〕同上。

〔5〕冯纪忠. 意境与空间：论规划设计. 北京：东方出版社，2010：231.

过去对待古建筑或遗址，我们习惯于采用重建的方式，或按旧制恢复，实际上这是对历史发展和时间流逝的拒绝，本质上是因为缺少一种"现代"的观念，即对自我的主体性具有一种时代意识，承认所有历史时期的遗物都具有相应的历史价值。方塔园立意为露天博物馆，是一种基于现代人观念的文物意识，将方塔作为一种历史纪念物来欣赏，而欣赏它也要求一个具有历史感的游客或观者。将这样的一个纪念物置于自然背景之中，如同古代废墟一般，它激发了观者对时间流逝和生命循环的感叹，或者某种思怀千古的情绪。

中国现代以来，新建公园何止百千，为何方塔园独能引起更多共鸣？观方塔园，笔者既感熟悉，又似乎陌生，因此也会思考陌生感从何而来。熟悉是因为有许多历史建筑的形式和手法，而陌生感或许就来自英式园林的意象，以及洛兰风景画的意境。总而言之，方塔园是中西方园林美学思想融汇的产物，因此，方塔园也具有更丰富的内涵，超越了"以画观园"的局限，能够激发更多不同的解读。钱锺书论艺"东海西海，心理攸同"[1]，认为东西方文艺心理实有相通之处，并非截然不同。冯纪忠借鉴英式园林的手法，与18世纪英国人欣赏中国园林，都有其内在的缘由，都是对各自文化创作的丰富与贡献。

北大门：解构大屋顶

1978年，当冯纪忠在着手设计方塔园时，他一定面临着如何将传统建筑特征进行现代转换的问题，因为一个展现古代遗迹的公园，很难以一种先锋的现代建筑形式得到业主的接受。方塔园是一个文物公园，即所谓的"露天博物馆"，作为一个具有文化意义的项目，通常具有一定的仪式性或纪念性。冯纪忠所面对的并非是一个新问题，他的维也纳前辈瓦格纳在19世纪末已经思考过这类问题，即如何使用现代工业材料来还原历史风格中的纪念性和象征性。在第一章论及瓦格纳时，我们已经了解到，著名的卡尔广场铁铁站，就是以轻盈的钢铁结构来获得纪念性，在一个具有历史语境的场所，留下当代人的创造和思考的。北大门亦是如此，实际上也是在特定的时代回应建筑的"古今之变"，我们可以从中观察到维也纳建筑文化观念的继承和延续。

北大门的类型接近寺院的山门或稍高等级的天王殿，似乎也召唤着某种程度的纪念性。北大门在尺度上具有一定的分量，而形式却极为朴素。冯纪忠将双坡顶分解为两片

---

[1] 钱锺书. 谈艺录. 北京：生活·读书·新知三联书店, 2007.

图4.21　北大门檐下。笔者拍摄

图4.22　东大门也是由两片屋顶
组成。笔者拍摄

各自独立的单坡屋面，一高一低，一纵一横。这种巧妙的分解和构成，使北大门看上去具有一种歇山顶的错觉。但是，屋顶的构造运用了工业厂房常见的轻钢桁架结构，由小截面的型钢构件组合而成（图4.21）。东大门也是如此处理，由于东大门的场地更为宽敞，我们更容易看到两片屋顶的结构关系（图4.22）。冯纪忠拒绝模仿传统木构中高等级的宏大梁架，而采用这种工业时代的轻型结构，与方塔园里的那些明清厅堂遗构形成明显的反差。正是将这种时代的差异鲜明地表达出来，才使得新旧相得益彰，此为冯纪忠所言"与古为新"的应有之意。

在中国现代建筑的发展过程中，在所有对传统的坡屋顶形式进行现代转化的尝试中，冯纪忠无疑是最具创造性的。戴念慈在阙里宾舍的大堂门厅虽然采用了伞形壳的结构，但是却用一个歇山的外表皮包装起来，模仿木结构的样式，而对结构的真实性表现不足，体现了历史主义的阴影不散。[1]北大门前所未有地使用钢桁架来替代传统的木结构，而不是用混凝土结构进行形式上的模拟，在这一点上，与冯纪忠同时代的建筑师都未能做到。在力学性能上，钢比木材更为优越，这导致其构件尺寸要远远小于木构件尺寸。冯纪忠充分利用了钢结构的材料和力学性能，取得了比传统做法更为轻盈而持久的效果。冯纪忠并不是简单地用钢结构模拟木结构的形式，在北大门中，其构件不仅仅是材料的替换，如同那些常见的混凝土仿木结构部件一样。用钢筋混凝土结构模拟传统结构是常见的方式，混凝土是一种流动的塑性材料。丹下建三在探索日本的现代建筑时，就是采用了这种消极的材料转换方式。将混凝土梁头出挑，是对传统木构件的模拟，在某种程度上并不符合现代主义建筑的信条。

钢桁架实际上用在工业建筑中比较多。而在风景园林建筑中，特别是在具有一定纪念性的项目中，钢桁架很少使用。在20世纪80年代众多坡屋顶形式的做法中，冯纪忠的方塔园北大门创造性地将坡屋面分解为两个单坡屋顶，这一看似简单的动作却有重大的意义。通过对具有纪念性的坡屋顶的解构，从而使大屋顶的象征意义解体（在梁思成那里，中国大屋顶相当于欧洲古典建筑中的穹顶），形式与价值发生分离。这一轻微的动作解放了坡屋顶，使坡屋顶不再是某种象征意义的载体，而成为纯粹的建筑构件，或者抽象的空间界面。冯纪忠不是要回到历史建筑的美学中去，其目的不是为了再现历史形态和风貌，或者回归某种历史价值。分解重构的做法是完全现代的，具有一种批判性的态度。在处理坡屋顶的方式中，贝聿铭的香山饭店四季厅与北大门类似，都采用了轻钢结构，只是北大门的尺度比较小，钢构件更小，加工技术更为简易。不过两位建筑师的态度是相同的，都贯彻了现代主义的理性精神。

方塔园中的单体建筑虽然都不大，但却是冯纪忠最后也是最完整的作品。几个不同的建筑小品呈现的风貌虽不尽相同，但是仍然可以找到一致的原则。

其一，在平面图上很容易让人联想到密斯主义的理性和精确性（图4.23）。北大门的平面是由600见方的地砖形成的方格网。柱子都位于网格交点，而墙体都落在网格线上。这与巴塞罗那馆的做法很相似。不过，实际上柱础比较粗大，而且还冒出地面。这样必须对四块石材进行切割，各切掉四分之一的圆弧。

---

[1]关于坡屋顶的设计意识之变迁，参见徐文力《大屋顶变形中的历史意识与设计探索：从象征到表现》，2016年《中国建筑教育》"清润杯"论文竞赛硕博组获奖论文。

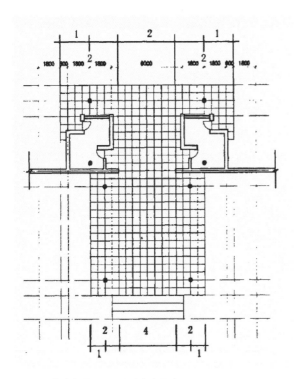

图4.23　北大门平面图。图片来自罗致

到了何陋轩，冯纪忠选择了另一种方式，这种方式曾在瓦格纳的维也纳储蓄银行出现过。铺地增加了一种材质，在方砖网格的基础上增加了一种小青砖条形缝，然后让柱子落在小青砖上。这当然使铺地的细节看起来更丰富，而从施工的角度来说则减少了对大方砖的切割。此外，小青砖缝还表达了一种方向性，这和密斯建筑中无方向性的均质地坪是不一样的。

其二，无论是北大门还是东大门，墙体和屋顶都是脱开的。此外墙体、柱子也是分离的。这种处理方式从花港茶室以来一直如此，建筑元素"分离重组"，这是冯纪忠后期的一贯手法，何陋轩也不例外。墙体得以自由地布置，从而产生更多空间上的变化。

结构表现：冗繁削尽留清瘦

北大门主桁架采用的是小型钢构件的拼接，上下杆为长边 10 厘米的 L 型钢对焊而成，腹杆为 7 厘米的 L 型钢。次桁架的单元构件尺寸又比主桁架的小一个等级，上杆 7.5 厘米的 L 型钢对焊，下杆是直径为 5 厘米的钢管，腹杆用的是直径为 3 厘米的钢筋。[1] 主次桁架的用材有着明显的差别，体现了为应对不同荷载造成的材料尺度上的差异性，这固然有可能是经济性的原因，但同时也显示了结构受力上的清晰性和构造细节上的丰富性（图 4.24）。

冯纪忠并不追求用单一型材来构成桁架，而是用多种型材配合，尽可能发挥各种型材的力学性能，并考虑到各自的艺术表现。以次桁架为例，上杆用 L 型钢有利于承托横向檩条，且便于安装；下杆近人，用圆钢管更多是出于美观的考虑，似乎也暗示了木构圆椽的特征；中间腹杆用直径为 3 厘米的钢筋，比较容易弯折，连续弯折后产生轻微的

---

〔1〕参见：罗致.要素关系与场景经营：基于建筑层面的方塔园解读.同济大学硕士论文，2008.

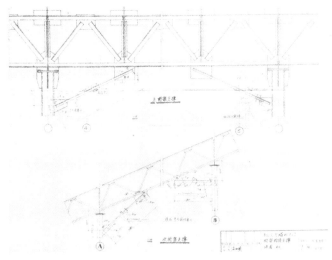

图4.24 北大门屋顶的主次桁架结构大样。笔者拍摄

柔顺动感。贝聿铭也经常用钢结构做屋顶，但是与冯纪忠有显著不同。贝聿铭倾向于用一种型材（口径或有不同）来做钢结构，而且多用网架，少用桁架，如香山饭店四季厅的屋顶用单一钢管组成三角桁架，而肯尼迪图书馆采用了两向正交网架。网架是双向均质伸展的。与桁架相比，网架没有明显的方向性，而桁架则保留了传统建造方式中对于方向性的敏感。森佩尔认为"方向性"与生命生长和运动相关，是建筑形式美的原则之一。冯纪忠的晚期作品也常常体现出对于方向性的强调。因此，虽然贝聿铭与冯纪忠两位都做钢结构，但是应该注意到他们之间的差异。方塔园北大门的钢结构一方面是物尽其用，为每一种材料找到合适的形式，如同森佩尔和瓦格纳所倡导的，使每一种材料的表现形式都符合自身的力学法则；另一方面也并不片面追求单纯性，反而因为使用多种型材而具有了一种杂交（hybrid）的美学特质，或许是中国现代建筑中最具丰富性的结构表现之一。

冯纪忠对结构表现的美学观念，除了在空间原理中略有论述之外，还出现在另一篇不起眼的文章——《论大桥设计》中。这篇文章是1989年冯纪忠在上海市科技委的发言，内容与上海的一座斜拉桥有关。笔者根据资料推断，这座斜拉桥或许是1991年落成的南浦大桥。对于桥梁而言，结构形式可以说是美观与否的决定因素。

……所以桥本身的气势力感，就是美的所在。因此，冗繁削尽留清瘦，如果结果并不美，那肯定是我们错误地外加了什么东西，从而破坏了原本的美。桥好比人，气度非凡，小气贫气、装腔作势是不会美的。留下清瘦是真实、明确，故有力。……

取向——真实，也并非无所作为地暴露结构而已。还是有选择、强调的问题……有取向地选择。

明确——强调不是说增加额外负担。从部件来说，受力是拉、是压、是摇摆，都要明确清晰，特别是关键节点要交待清楚，这是一方面。另一方面总体上受力结构和非受力结构，主体结构和辅助结构最好分离、分开、分型。[1]

将冯纪忠文中的观点总结一下，就是要保证结构表达的真实性和清晰性，所谓"冗繁削尽留清瘦"。真实性是体现材料的力学特征，削繁就简，勿虚假装饰。清晰性是要准确表达受力的方式，将主次构件及其节点交接明确交待。以此来观照北大门的屋顶结构，就更能体味其中结构表现的美学特征。冯纪忠认为赵州桥的美在于其举重若轻，虽为石拱，却能获得一种轻飘感。北大门看似沉重的两片坡屋顶，在檐下看来却是由小尺度的 L 型钢和钢管组合杆件支撑，这使得屋顶看上去非常轻盈，而完全不同于传统大木结构屋顶的沉重感。北大门的建造也显示了维也纳学派中建构文化的影响。瓦格纳在其作品中反复尝试现代材料和结构方式，体现了他所具有的深刻的时代意识，维也纳储蓄银行大厅的屋顶所具有的轻盈效果，就是最好的例证；而这些都在北大门的建造中有所体现。

中国的历史建筑，就其外观来说，最令人瞩目的就是出檐深远的大坡屋顶。在论及中国建筑的特征时，梁思成写道："屋顶不但是几千年来广大人民所喜闻乐见的，并且是我们民族所最骄傲的成就。它的发展成为中国建筑中最主要的特征之一。"[2]过去百余年来，大屋顶不仅是过去的历史，还深刻地影响着现实中的建筑学实践。从来没有什么能比大屋顶更能满足人们对于民族形式的想象，虽然对于它的批评从未断绝。梁思成从结构理性主义的角度，宣称中国大木结构的合理性及其象征的文化价值。从南京中央博物院到扬州鉴真纪念堂，他一直强调对传统大木结构形式的忠实复制，而不顾材料的更新换代可能带来的新颖性。梁思成鼓吹唐代的豪劲——一直以来宏大、壮硕的具有纪念性的梁柱体系被认为具有更高的艺术价值。北大门是这一观念的反面，它的艺术特征是清瘦。与壮硕相反，清瘦也许更能显出力量感，而不是一味的雄壮，因为雄壮可能会跌落为臃肿。

---

[1]《论大桥设计》，原文应是关于上海大桥设计方案的意见，是冯纪忠1989年6月在上海市科技委的发言。参见：同济大学建筑与城市规划学院.建筑弦柱：冯纪忠论稿.上海科学技术出版社，2003：45.

[2]梁思成.中国建筑的特征//梁思成.凝动的音乐.天津：百花文艺出版社，1998：222-228.

可以说,清瘦是冯纪忠晚期建筑作品中独特的气质,从北大门、东大门到何陋轩,莫不如此。

何陋轩：竹构的原始棚屋

1986 年,冯纪忠完成了他的最后一件作品——何陋轩,对于一个 70 岁的老人而言,这个棚屋或是对其一生的注解。在方塔园较早的规划总图上,何陋轩所在的基地画了一组小体量的房子,单元组合的平面布置有点接近花港观鱼茶室。1982 年方塔园开放,翌年 10 月发生了"清除精神污染"运动,方塔园的设计也遭到了批判。虽然在上层的干预下,这次运动很快就终止了,但是冯纪忠的精神仍然颇受打击。等到建造茶室的资金备好了,冯纪忠有了另外的想法。

何陋轩太朴素了,以至于有简陋之感,屋顶形式看起来也很传统。虽然竹屋顶在形式上暗示了歇山屋顶,但实际上来自于冯纪忠对举办传统红白喜事时临时搭建大棚的童年记忆[1],冯纪忠似乎多次提到这个起源。森佩尔也认为纪念性建筑起源于节庆日的临时棚屋。不过,森佩尔更强调棚屋上的花环、覆盖物,认为那是建筑柱头、山花上装饰物的起源,并以此为古典建筑上的装饰辩护。冯纪忠更多强调棚屋的空间性,以及结构的真实性。我们可以尝试列举一下这个棚屋可能具有的特征,比如轻质材料、便于运输、加工简单、易于装配搭建等等,而陡峭的坡屋顶,显然可以更迅速地排掉雨水。冯纪忠从未是一个形式主义者,对于他来说,这些材料和技术的特征可能要优先于对某种特定形式的喜好。

约瑟夫·里克沃特(Joseph Rykwert)曾经分析了建筑历史中有关原始棚屋的想象与还原。从洛吉埃(M.A.Laugier)神父到柯布西耶,从森佩尔到路斯,都曾经在他们的著作中提到原始棚屋或者建筑的本源。[2]比如,路斯认为农民比建筑师更具有一种建造的智慧,因为农民并不考虑美不美,不追求风格,但是他们的建造更加诚实,而且与自然和谐。追溯源头的思考经常发生在人们感觉建筑需要革新的时代;换言之,思考者基本上都是对当前的实践不满,意图推动革新之人,追寻本源乃是为了改革当下"堕落"的习惯和实践。通过对本源的追溯,建筑师重新思考了为什么建造、如何建造以及为谁建造的基

---

〔1〕冯纪忠.意境与空间：论规划与设计.北京：东方出版社, 2010：100.

〔2〕约瑟夫·里克沃特.亚当之家：建筑史中关于原始棚屋的思考.李保,译.北京：中国建筑工业出版, 2006.

图4.25　20世纪50年代同济大学的食堂和厨房，竹结构建筑。图片来自"同济老照片"展，笔者翻拍

图4.26　20世纪50年代同济大学食堂室内。图片来自"同济老照片"展

本问题。回到冯纪忠的处境中来，其实他也面对着同样的时代问题，不得不去抵制各种强加的风格或样式。无论有意还是无意，关于临时竹棚的记忆，都是冯纪忠思考建筑本源的依据，也是对当时建筑风气的一种无声抗议。[1]

对于冯纪忠来说，宫殿式建筑、民居和临时棚屋在"历史价值"上并无区别。甚至，竹构的棚屋（而非大木结构）更接近原始和理想的建筑方式，是一种建筑原型。而对竹棚的搭建，冯纪忠非常熟悉。在新中国成立初期经济困难的情况下，大学里的一些校舍和辅助建筑都由竹子搭建。50年代的同济大学食堂，就是这种大型的竹棚屋，它同时还兼有大礼堂集会的功能（图4.25、4.26）。竹棚屋顶并不需要过多的结构设计，有经验的竹匠完全可以胜任。民间的竹结构能将材料的性能发挥到极致，而且通常不假装饰。本来冯纪忠希望竹节点全部采用绑扎，而不做榫卯，这既是民间的常见做法，也符合他对竹子的材料性能的理解，因为榫头加工可能会破坏竹子的力学性能。但是施工单位似乎觉得绑扎过于简陋，刻意做出了榫卯节点。这损害了对结构受力特征的真实表达，冯纪忠觉得这种做法"显示出豪式屋架的幽灵难散"，暗示他对执着于传统大木结构形式表现的批评。[2]

何陋轩的大屋顶看起来像歇山顶，实际上并不是。屋顶结构可以分解为三部分，一

---

〔1〕笔者注：中国古代文学界也有类似情况，比如韩愈、柳宗元等人提倡的古文运动，以复古为革新，反对六朝以后华而不实的骈文，提倡先秦、汉朝质朴自由的文风。

〔2〕冯纪忠. 何陋轩答客问//冯纪忠. 与古为新：方塔园规划. 北京：东方出版社，2010：134.

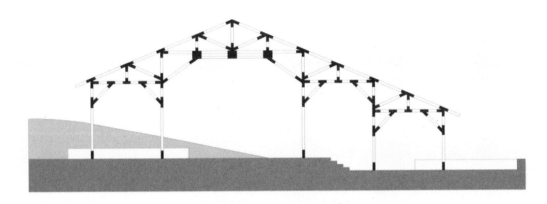

图4.27 何陋轩剖面示意图，脊线下的柱子取消掉，形成三间四进的空间结构。笔者绘制

个双坡的主屋架和两侧的附翼。双坡的主屋架柱网看似为三间五进，东西向为 3×2910 毫米，南北向为 5×3360 毫米，从原始方案图纸上看，柱子是满铺的。[1] 但是实际建成的何陋轩中，去掉了两根屋脊下的中柱，所以实际上为三间四进。这样，何陋轩的空间构成就和花港观鱼茶室相似了，同为三间四进。中间的空间跨度为8730毫米 ×6720毫米，构成为一个主要的空间（图 4.27）。这是冯纪忠对坡屋顶的一贯处理手法。何陋轩和花港观鱼茶室的屋顶具有连续性，南坡、北坡长短不一，檐口高度也不同；空间上也有主次之分，既具有一定的纪念性，又打破了传统建筑空间的静态平衡。

方案图纸上的屋架结构形式类似于一种桁架结构的画法，但是，这样会造成节点处理上更复杂，因此，实际建成的屋架形式更接近传统的穿斗式屋架。这个屋架的具体做法由施工人员根据现实状况做出调整。竹竿的刚度是不够的，太长的构件会产生挠曲，因此采用了叉形支撑以改善受弯状况。中间跨度较大的梁，则是由三根竹竿并联拼接而成，同时，两榀屋架之间用剪刀撑加强。

何陋轩的屋顶柱网落在三台跌落的台基上，竹棚的朝向是正南北向，虽为竹棚，却有厅堂的意思。三个台基各自偏离竹棚的轴线方向，形成一个30、60、90度的三角形关系，逐渐贴近水面，为整个空间增加了动势和意趣（图 4.28）。何陋轩的建筑空间与场地和风景之间形成的丰富关系，是《园冶》中"不妨偏径，顿置婉转"的又一例证，延续了

---

[1] 关于柱距尺寸，参见：罗致. 要素关系与场景经营：基于建筑层面的方塔园解读. 同济大学硕士论文，2008.

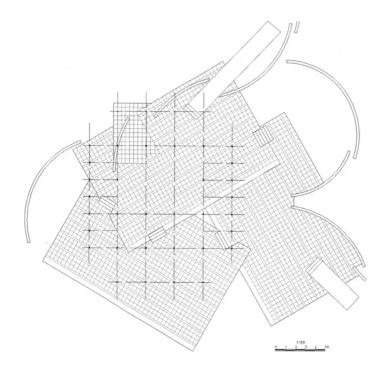

图4.28　何陋轩的屋顶柱网落在三台跌落的台基上。一般柱子都是落在砖缝上，但是有东侧有3根柱子例外。笔者绘制

图4.29　落在小青砖缝外的柱子。笔者拍摄

冯纪忠自 30 年前东湖客舍以来的建筑思想。

何陋轩的台基由小青砖和方形大砖（420 毫米 × 420 毫米）铺成，沿着矩形的长边方向呈带型布置，小青砖六皮并行铺成一条，方形大砖三块并行铺成一条，相间组合。与北大门的台基铺地不同，那边是用一种方形石板铺成均质的网格形，柱子落在十字交界点，而图纸上抽象的一个点，实际上在施工中需要切割石材。何陋轩类似维也纳邮政储蓄银行大厅，其铺地是由两种材料区分的，更强调方向性，结构柱网和铺地的关系更为具体。何陋轩与北大门方案虽然仅相隔大约五年时间，但是铺地方式的差异反映了意识的转变。按照冯纪忠的解释，何陋轩要表达动感，表达"我在选择方向，在改变"[1]；对方向性的强调，不仅仅体现在屋顶结构的朝向上，也体现在台基的转动上，还体现在铺地的做法上。

竹棚的多数柱子都是落在小青砖带里，这样可以不用切割大方砖。但是有三根柱子例外：在最低的那个台基上，柱子不是落在小青砖缝里，而是落在方砖上（图 4.29）；另外，还有一根柱子落在中央的小三角空地。人们通常会忽略这几根柱子，以为所有的柱子都是落在小砖缝上，并以此说明何陋轩所体现的理性态度。事实上，何陋轩有多个构成逻辑，结构柱网的理性是一个，台阶的角度转换是一个。这两个逻辑并非完全吻合，而是具有一定程度的独立性，甚至矛盾之处。当柱网和台阶的砖分缝不完全重合时，冯纪忠并没有进一步做出调整，使一个逻辑屈从于另一个逻辑，或使它们强行吻合，而是保持了台阶和柱网的相对独立性。

何陋轩竹构的另一个特点是做了黑白施漆。现在去何陋轩，我们通常会看到除了节点刷黑，所有的竹柱和桁架都刷了白色，这是后来管理维护不当，没有按原样刷漆造成的。其实最初完成的时候，何陋轩的结构色彩并非如此。从早期的照片来判断，柱子实际上是本色，只有屋顶的桁架构件是白色的，所有的节点都涂成黑色。[2]何陋轩的结构可以分解为两部分，柱子和屋架（桁架屋顶）。冯纪忠在 2007 年的一次访谈中解释了这一点，并且明确强调：属于屋顶的结构都是黑白，属于柱子的是本色。[3]除此以外，实际上所有的独立弧墙也都刷了漆，特别是，引导入口的那片弧墙两侧还刷了不同的色，阴面为黑，阳面为白。冯纪忠希望这样能造成一些戏剧性的光影变化。而将屋架的结构涂成黑白色，主要是针对

〔1〕冯纪忠. 与古为新：方塔园规划. 北京：东方出版社，2010：80.

〔2〕早期的照片，可以参见：张遴伟. 冯纪忠先生谈方塔园. 城市环境设计，2004，（1）：98-101.

〔3〕冯纪忠. 与古为新：方塔园规划. 北京：东方出版社，2010：111.

站在屋顶下的人的心理感受，使他获得屋架解体及飘浮的感受，并减少屋顶对人造成的压抑感。理论上，从何陋轩外部较远的地方看，其实看不到白色，或当视点较低时稍微露出一点白色桁架。所以最初在施油漆时，冯纪忠比较清晰地区别了（支撑受力的）柱子和屋架结构。现在我们看到全部刷白的情况，其实是后来维护失真的缘故。

前文中曾讨论过维也纳邮政储蓄银行大厅的结构特征。在这个著名的大厅中，瓦格纳也是清晰地区分了柱子和屋架结构。柱子上粗下细，色彩较深（镀铝），而屋架的色彩则接近白色。采光天棚是双层的，上面是桁架，下层的玻璃天花板实际上类似于吊顶，减小了构件截面，使整个顶棚轻盈明亮，从而呈现出一种飘浮的效果，而整体极其简洁又如同厂房，颠覆了人们对于传统巴西利卡式大厅的想象。在某种程度上，何陋轩的结构处理和瓦格纳的邮政储蓄银行大厅有着相似的建构观念，注重对情感或意境的表现。涂色与否，涂何种色，要根据期望达到的目标意境来考量。何陋轩竹构的屋顶又大，桁架构件多，檐口低矮，空间上部的光线幽暗，桁架涂白，节点涂黑，不但能减少压抑之感，还能加强整个桁架屋顶解体、飘浮的错觉。

我们比较了时间上相距八十年的这两座建筑，它们在结构概念上有相似性，即用不同色彩或覆层来区别柱子和屋架。不过，在具体的节点处理上它们还是有区别的。瓦格纳在柱子与地面的交接处延续了传统柱式的观念，柱础增加了曲线的修饰和数量夸张的铆钉。何陋轩的柱子和地面则是通过截面甚小的钢管连接，显得不落俗套，仿佛一个帐篷系扎在大地上，以达到一种轻盈之感受。何陋轩竹构及其施色也可以说是对传统中厚重、壮硕的大木屋顶形式的反动与解构。

"亲地"：原始棚屋与大地的关系

何陋轩屋顶的四向并不完全对称，有着微妙而精确的变化。南侧屋顶远远地伸向水面，和室内跌落的地坪是呼应的。东侧翼的屋顶也比西侧长，檐口更低。在这里，冯纪忠特别关注屋顶和大地的关系，所以屋顶形式的变化是与场地深刻地发生关系的。通过檐口的高低与四周的环境发生关系，如此，可以对人的视线进行有效控制。何陋轩地处方塔园的东南一隅，东侧和南侧都靠近城市道路，在当时绿化稀疏的状况下，远处的景观并不宜人，对视线的控制是必要的。因此这两侧檐口的压低，正体现了因地制宜的设计策略（图4.30）。

何陋轩并没有一个确定的、静止的台基，地面也是随着地形变化的，是场地的延伸。这不像传统的高台基，有意将大地和屋顶隔开。冯纪忠观察到传统大棚屋顶具有一种"亲地性"，屋顶由于高度通常大于墙身或立柱的高度，显得如同匍匐在大地上，这种感受在官式建筑上就不大常见。官式建筑台基高，柱身高度较大，加上起翘的檐口，其屋顶往往有一种脱离大地的态势，这在伍重那张著名的台基屋顶图式中体现得极为分明。冯纪忠认为中国木构建筑的"亲地性"也是区别于西方建筑的一个特征，体现出对传统与众不同的解读。[1]

关于中国的原始棚屋，以及棚屋与大地的关系，还必须提到西安半坡村的原始社会大方形房屋（图 4.31）。该棚屋的考古复原想象图出版于 1963 年，后来被刘敦桢编入《中国古代建筑史》。[2] 棚屋的屋顶和墙体都是用编织和排扎的方法将木棍结合而形成的，这一点不禁令人想起森佩尔关于编织（包括绑扎）与建筑的关系的讨论。森佩尔认为用树枝和木棍编织成的围栏是人类发明的最早空间围合结构，"建筑之始，即是纺织之滥觞"[3]。半坡村棚屋的复原想象与森佩尔的建筑四要素之论有不谋而合之处，它也包含了编织和绑扎的元素。何陋轩的结构也是绑扎。无论是竹子还是木头，在金属工具被广泛利用之前，绑扎可能是比较现实的方式。除此之外，如果我们暂时忽略半坡村大屋的具体屋顶形式（因为屋顶形式很可能是研究者根据歇山顶的一种想象），而关注于其屋顶与大地的关系，也会发现一点别致之处。也就是，这个棚屋的屋顶与围合的墙体实际上成为一体，与地坑的四壁连接在一起。这个时期可能还没有出现高台基，棚屋还未脱离大地，与土地的关系更紧密。大地与屋顶几乎结合为一体，这难道不正是冯纪忠所主张的"亲地"的建筑吗？

冯纪忠是有可能了解这些最新的考古成果的。他曾经有几张草图，或许能部分地表达何陋轩的构思（图 4.32）[4]。草图中的屋顶侧翼似乎通过竹竿斜撑在地面上，甚至有如网格张拉固定在地面上，好像帐篷一般。这个草图的意象和半坡村的原始棚屋有几分

---

〔1〕冯纪忠. 意境与空间：论规划与设计. 北京：东方出版社，2010：100.

〔2〕刘敦桢. 中国古代建筑史. 第二版. 北京：中国建筑工业出版社，1984：23.

〔3〕森佩尔从纺织艺术开始研究，他认为纺织和建筑艺术发展有着密切的关系。英文中的纺织（或编织）用词为textile。戈特弗里德·森佩尔. 建筑四要素. 罗德胤，赵雯雯，包志禹，译. 北京：中国建筑工业出版社，2010：225.

〔4〕此图据说为冯纪忠手稿，但是没有确切时间记录，在赵冰编辑的文献中是没有的。详见：郑孝正，宣磊. 茅屋下的体验：简评何陋轩. 新建筑，2002，（6）：65-67.

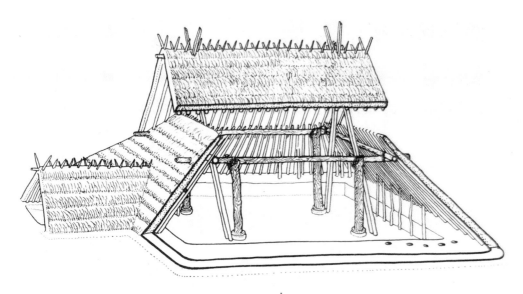

图4.31 半坡村方形屋复原想象图。图片来自《中国古代建筑史》

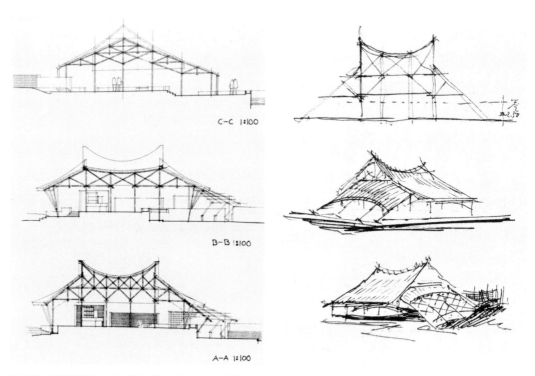

图4.30 何陋轩剖面，不对称屋顶的变化和朝向、视线的控　图4.32　何陋轩草图。图片来自《新建筑》，2002年第6期
制有关。图片来自"何陋轩文献展"，笔者拍摄

神似（而且何陋轩也采用了茅草屋顶）。屋顶试图延伸到土地，笼罩在大地上，为人类提供一个遮蔽风雨的棚屋。同样，回头再看20世纪50年代同济大学的竹棚大食堂和厨房，檐口也很是低矮，几乎与土地相抱为一体。这些棚屋案例都具有某种相似的姿态。虽然最终何陋轩建成的效果与草图并非完全一致，但是我们仍然能够感受到屋顶与土地的亲和关系。立身屋檐下看向湖面，能够感受到巨大的屋顶向大地倾斜，向水面倾斜（图4.33）。

　　早在1952年设计的武汉东湖客舍中，建筑形体就随着地形而自由变向，已经体现出冯纪忠对建筑与土地及周围环境之关系的重视。在此后的建筑实践中，这种思想一以贯之，从更为根本的层面上来说，其实也就是处理人与自然的关系，而这通常也被认为是中国文化的特点之一。所谓"亲地"，其实就是建筑与大地之间的密切关系，是这种文化的一种体现。冯纪忠进一步认为，中国传统建筑不但是在形态上的下沉，也是在思想上的下沉，而西方建筑追求上升。这可能仅是一种个人化的哲学感悟，因为我们无从知晓其他人是否也有同感。但是，对于建筑师个人来说，明确了这种文化差异，也就有了文化自觉，从而以此作为转化性创造的基础。

　　在中国现代建筑史中，何陋轩是最接近关于建筑本源的思考与行动。竹棚也许是先民的原始棚屋之遗风，它的生命力之顽强，直到现代还为人们所建造，其中必然也包含了理性的思考，以及习俗的力量，其具体之进程有待进一步考证。何陋轩虽是棚屋，却涉及所有关于建筑的基本问题——地形、空间、材料与建造等等，体现了建筑师深刻的思考和情怀：虽为棚屋，"何陋之有"？

图4.33　立身屋檐下，可以感受到何陋轩屋顶向水面倾斜

　　何陋轩回归到原始的构筑形式，是"有意识地通过返璞到一种根植于大地、兼顾古

老智慧和真理的建造方式"[1]，以批判某种意识形态的风格与形式。何陋轩是特殊历史条件下的产物，经费有限是一方面，时代风气约束是另一方面。冯纪忠自己也深刻地意识到何陋轩的局限性，它是从夹缝里钻出来的，以前不可能出现，以后也不会再现。[2]竹棚本是匠人之事，从未进入知识人的视野，包括梁思成那一代。以梁思成为代表的学术圈更将他们的目光聚焦在官式建筑，并以之作为民族形式的最高代表。这种传统范式与观念在现代化的进程中似乎已不能应对现实世界的变化。在中国现代建筑史上，冯纪忠也许是最早思考过原始棚屋的建筑师，这是一种批判性的思考，是现代主义的一种标志。这种思考在 20 世纪 60 年代建筑的花港茶室即有所体现，而在那个时间节点上，鲁道夫斯基（Bernard Rudofsky）的《没有建筑师的建筑》（*Architecture without Architects*）正在西方产生重大影响，欧美的学术风气也正在转变之中。无论是否为巧合，这种关于建筑本质和本源的思考，是那一代知识人对中国传统建筑文化进行的反思和价值重估，也是后来者进行"转换性创造"的起点。[3]

巴洛克空间与弧墙

从另一个角度来看，何陋轩最令人费解的不是屋顶，也不是三台错落的平台，而是不同朝向、高低错落的弧墙。建筑师在设计过程中参考前辈的作品或其他历史案例，本来是常见的现象，不足为奇。屋顶的参考可以是民间的大棚。错落的平台可以理解为构成主义的几何形的叠加。但是成簇的弧墙就是比较少见的做法。对这些弧墙，冯纪忠做过多次解释，归纳起来有几种理由：1. 弧墙是追随地形的，沿着土堆的等高线走向而砌筑，有挡土墙的功能，还能分割空间，有目的性地遮挡和控制视线。2. 阳光打在弧墙上会产生更为丰富的光影变化，可以起到"时空转换"的效果。3. 弧墙都是独立的圆弧，圆心、半径各不相同，象征了独立自由的精神。

在现代主义经典建筑中，柯布西耶的作品中经常有弧墙的出现，最著名的是萨伏依

---

[1] 约瑟夫·里克沃特. 亚当之家：建筑史中关于原始棚屋的思考. 李保，译. 北京：中国建筑工业出版，2006：33.

[2] 冯纪忠. 与古为新：方塔园规划. 北京：东方出版社，2010：74.

[3] 笔者注："转换性创造"是李泽厚提出来的观点，即立足于自身的传统，对外来思想进行转化，并创造出新的文化形式。详见：李泽厚. 中国现代思想史论. 北京：生活·读书·新知三联书店，2008.

别墅的屋顶花园，有一段自由的弧形墙，在阳光下会形成比较丰富的光影变化。另外一个著名的朗香教堂也有弧形的墙。路易康是另一位非常了解墙和阳光的美妙关系的建筑师，他在印度管理学院校舍和达卡会议中心都曾使用弧形的墙体元素。

如果不是特殊的功能要求，弧形、曲线由于形式感过于强烈，很少为建筑师所应用。在新中国成立之后，弧形或曲线还可能意味着浪费或者形式主义而遭受政治批评。不过，在冯纪忠的作品中，弧形、曲线却是不断出现的元素，常常作为一种能引发特定情感的形式。他对弧形墙的使用最早始于武汉同济医院主入口的弧形正立面，这种形式来自波洛米尼的启发，内凹的弧形暗示着一种包容和接纳的情感。其后，在北京人民大会堂方案中，中央的庭院内布置了一片弧形墙，作为大型集体合影的背景。这两个方案，由于项目的功能性较强，弧形墙仅仅作为点睛之笔用在关键之处。而在较小的项目中，弧形墙就成为主要的构图要素。

在何陋轩之前，冯纪忠参与了江西庐山的景区规划，设计了大天池景点。景点包括三个组成部分：方形的天池廊院、圆形文殊台和弧形照壁。在这里，弧形成为重要的构图元素。廊院和文殊台一方一圆，在体量上势均力敌，两者看似相互独立，却因为对比强烈而产生张力（图4.34）。弧形照壁的长度和直径都取自文殊台，如同文殊台围墙的一部分失落在旁。冯纪忠采用了一种略微晦涩的方式来解释这个方案，并首次提到了"意"这个词："方案中三者之间的联系不是依靠空间的流动、开合，而是在有意与无意之间，依靠'意'的流动而取得的……游人环廊俯赏，登台仰望，凭壁平眺，这俯、仰、平视的变换，也可说是以行为的舒缓流动而取得建筑与建筑之间、建筑群与环境之间的联系的。"[1]

与庐山大天池类似，何陋轩也并非一个功能性要求强的项目，弧墙也被作为一个重要的构图元素，用于塑造特定的空间和意境。考虑到冯纪忠在维也纳技术大学的学术背景，可以说，何陋轩的弧墙和巴洛克建筑的空间效果是有关系的。冯纪忠后来解释道："（何陋轩）整个屋面都是弧型，影子打到地下的话，底下也有个弧线，弧线跟弧墙就形成一个空间了嘛。这个我想，是巴洛克的味道。最初巴洛克是在意大利，有一个叫圣玛利亚的四券教堂，是最早的巴洛克架式。这之前的房子，它的光是向内聚集的，到了巴洛克的时候，它就要向外了……它要扩充到外头。所以何陋轩的檐口和外面的东西形成一个

〔1〕冯纪忠，童勤华.意在笔先：庐山大天池风景点规划.建筑学报，1984，（2）：40-42.

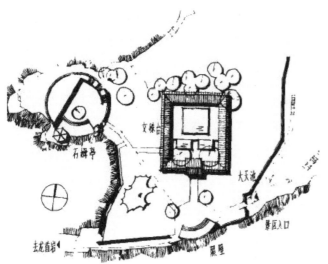

图4.34　庐山大天池规划总平面图。图片来自《建筑学报》，1984年第2期

空间了，它趋向这样的一个对外的环境。屋顶的线，跟墙面的线都是对外的。"[1]

　　何陋轩的弧墙与历史上的巴洛克建筑的关系，以往学者的研究也有提及。[2]将巴洛克建筑语言转换、化用到现代建筑中，冯纪忠并不是唯一这么做的建筑师。意大利的保罗·波多盖西（Paolo Portoghesi，1931—2023）是另一位将巴洛克建筑遗产用于当代建筑实践的建筑师。

波多盖西：空间的力场

　　波多盖西在罗马建筑大学学习建筑并任教，与他的同事布鲁诺·赛维都对赖特的有机建筑感兴趣，后者的《现代建筑语言》在中国有着广泛的读者。赛维曾经在格罗皮乌斯主持的哈佛设计研究院学习，与黄作燊差不多同一时期；不过赛维更看重赖特的有机建筑，早在1945年就出版过《走向有机建筑》。[3]波多盖西也做过巴洛克建筑史方面的研究，他还和赛维合作编辑过米开朗基罗的作品。波多盖西本人是波洛米尼建筑研究方面的专家，出版过多部有关书籍，包括1967年的《波洛米尼：建筑作为一种语言》，可

[1]冯纪忠.与古为新：方塔园规划.北京：东方出版社，2010：106.

[2]刘小虎.时空转换与意动空间：冯纪忠晚年学术思想研究.华中科技大学博士论文，2009.

[3]参见：https://en.wikipedia.org/wiki/Bruno_Zevi.

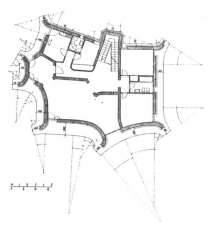

图4.35　巴尔第住宅。图片来自http://www.archidiap.com/opera/
casa-baldi/

图4.36　巴尔第住宅平面。图片来自http://
www.archidiap.com/opera/casa-baldi/

以说是延续了维也纳艺术史派对波洛米尼的研究。[1] 在 20 世纪七八十年代，他也被归入后现代建筑师。他还策划了 1980 年的威尼斯双年展，并且出版了《现代建筑之后》（*After Modern Architecture*），介绍了世界范围内的后现代建筑实践。

波多盖西从历史中吸取资源，将波洛米尼的手法引入现代建筑中来，创造出独特的形式。他跳出了以往风格研究的窠臼，而关注波洛米尼的形式是如何生成的。波多盖西的有机观念与自然生物学、仿生学有关，在实践中，他将波洛米尼的弧线形式和有机建筑的观念结合起来，创造出独具一格的建筑风格。例如 1959 年的巴尔第住宅（Casa Baldi，图 4.35、4.36），其外向的弧墙，以及出挑的凹曲线屋顶，构成了极富动感和张力的形式。巴尔第住宅不但室内空间变化多端，室外空间也变得积极而活跃。和波洛米尼一样，巴尔第住宅看似复杂的形式并非是随意产生的，而是遵循了精确的几何学原理。这些弧线通过不同半径的圆弧生成，曲与直的相互衔接和过渡也十分准确和光滑，完全在数学和几何的控制之中。波多盖西的作品得到了舒尔茨的关注，后者在《存在、空间和建筑》一书中介绍了他的许多作品，如帕帕尼斯住宅（Casa Papanice，图 4.37），而它同样是由

[1] 波洛米尼的建筑作品大多分布在罗马，但其手稿主要收藏在维也纳艺术史博物馆。*Borromini, Architettura come linguaggio*，which was translated in English as *The Rome of Borromini： Architecture as Language*. 参见：https：//dictionaryofarthistorians. org/Portoghesip. htm.

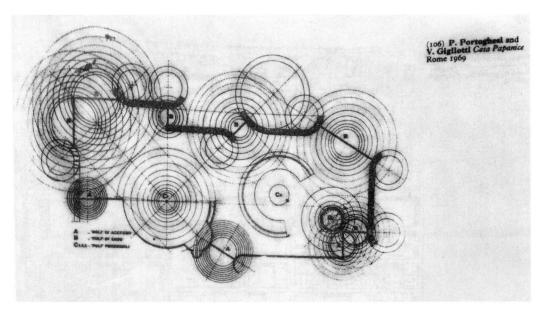

图4.37　帕帕尼斯住宅平面。图片来自《存在、空间和建筑》

弧墙构成的。[1]

　　波多盖西把建筑当作海洋中的岛屿，但是岛屿之间并不是虚空的，而是弥漫着一种知觉场，正如空间中两个物体之间的引力场（field），这个概念来自物理学上的新发现。知觉场的形式就像同心圆，像石头投入水中激起的波浪一样，层层向外传递。波多盖西认为，建筑物的外部空间并非均质的，而是存在连续的变化，空间距离不同，知觉的感受力也产生变化。波多盖西提出知觉场的形式概念引起了阿恩海姆的兴趣，后者在《建筑形式的视觉动力》（The Dynamics of Architecture Form）一书中对此进行了分析，并且引用了波多盖西绘制的图（图 4.38）[2]，此书出版于 1977 年。阿恩海姆认为建筑物之间的"空"并不是虚空的，而是充满了视觉动力，而在波多盖西的建筑中，凹进或凸出的弧形墙就是这种动力的一种体现。

　　通过一定的路径，比如通过舒尔茨的著作——同济大学图书馆所藏《存在、空间和建筑》的 1980 年中译本（台湾版）[3]，或者通过阿恩海姆的《建筑形式的视觉动力》，

〔1〕Christian Norberg-Schulz. Existence, Space and Architecture. London：Praeger Publishers，1971.

〔2〕鲁道夫·阿恩海姆. 建筑形式的视觉动力. 宁海林，译. 北京：中国建筑工业出版社，2006：18.

〔3〕同济大学图书馆馆藏台湾版译本为《实存·空间·建筑》，王淳隆译，台隆书店1980年版。

冯纪忠有可能了解波多盖西的
作品。何陋轩的弧形墙和波多
盖西的图形有非常多的相似之
处，比如，它们都由不同半径
的圆弧组成；更关键的是，在
处理相邻圆弧之间的关系时，
它们运用的方式也非常接近。
这些弧墙形成了一种所谓的空
间力场（图 4.39）。它们的区
别是，何陋轩因为只是一个开
敞的茶室，其弧墙并没有功能
上的要求。但是，在增加空间
感受方面，弧墙却是不可或缺
的。现在，实际建成的何陋轩，
其弧墙的数量要比当初设计的
数量要少得多。我们从何陋轩
方案的模型中可以看到，模型
中的弧墙数量要比实际建成的
多，在湖面的东西南北各个方
向，都有散落的弧墙（图 4.40）。
这表明冯纪忠最初是将这个地
块作为一个整体的空间或者场
来进行设计的，正如冯纪忠自
己所解释的："墙段各自起着

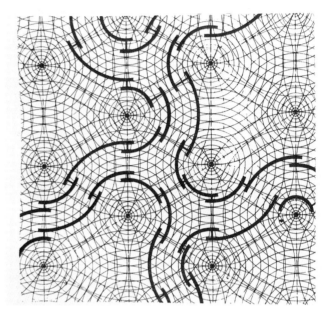

图4.38　波多盖西绘制的空间力场。图片来自《建筑形式的视觉动力》

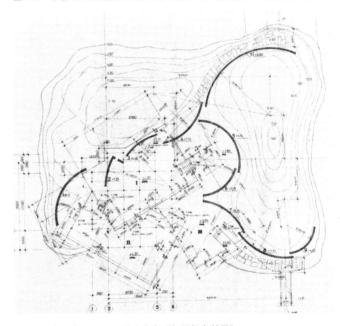

图4.39　何陋轩平面图。图片来自"何陋轩文献展"

挡土、屏蔽、导向、透光、视域限定、空间推张等作用，所以各有自己的轴心、半径和高度；若断若续，意味着岛区既是自成格局，又是与整个塔园不失联系的局部。"[1]

---

〔1〕冯纪忠.何陋轩答客问//冯纪忠.与古为新：方塔园规划.北京：东方出版社，2010：134.

图4.40 何陋轩模型（同济大学建筑系藏），可以看到有一些未实现的弧墙。笔者拍摄

"事不孤起，必有其邻。"冯纪忠和波多盖西之间是否有实际上的学术往来不得而知，也并不重要。不过他们确实都曾受益于 19 世纪末以来维也纳艺术史学派对巴洛克建筑的研究，并继承和发展了波洛米尼的建筑文化遗产。

何陋轩采用了大量的弧线，在形式语言上与方塔园余处大异其趣，表现出独成一体的气氛。这仅仅是追求形式的丰富或者变化的趣味吗，还是别有匠心所在？

何陋轩的文学隐喻

《何陋轩答客问》是一篇很奇特的文本，不是常规的学术论文格式，而是采用了非常少见的对话体，来解释何陋轩的设计意图和手法。对话体文本在先秦诸子文集中用得比较多，例如《论语》中就有很多对话。对话比直接说教更具有真实感和现场感。西方著名哲学经典柏拉图的《理想国》，也是以对话的方式，记录苏格拉底的言行。《何陋轩答客问》虚拟了一个与作者对话的"客"。文中的"客"是不是一个真实的人不得而知，冯纪忠可能将现实中遇到的所有问题与质疑都归到这一位"客"身上。读者或许可以将"客"当成许多人的集合体。冯纪忠的一生，在政治上遭受的诘难太多；在方塔园的设计过程中，干扰也时时不断。因此，《何陋轩答客问》采用对话体，而不是一般性的设计说明，在某种程度上，也可以算是他的一篇自辩书，非常婉转而坚定地表达了他自己的意见。

从文中我们可以了解到，最初有人主张在何陋轩的基地上修些亭榭游廊，但是冯纪忠坚持要做一个有分量的东西，而且这个东西要脱俗，就像20世纪50年代他所说的"语不惊人死不休"一样，正是在这种情怀和追求之下，才有了何陋轩的产生。

1983年，方塔园因"清除精神污染运动"遭受批评、责难，冯纪忠在写给程绪珂的信中写道："……实在是疲于应付，气又受饱了。一生不懂政治、不懂哲学，然而也不愿从俗……再想自己经受'考试'于兹三十余年了，总想做出些东西来。看来只能尽心而已……"[1]按照冯纪忠的解释，方塔园的意境主要是表达宋，追求的是平和、安静；建筑形式和结构虽都有创新，但还是有现代主义经典的味道，容易为大家所理解。而何陋轩则有画风突变之感，无论是材料、结构、形式都出人意料之外。

经过近三十余年政治运动的反复折腾，冯纪忠个人、家庭与职业生涯都饱受打击。他甚至一度觉得未来的希望非常渺茫。但是随着80年代的临近，转机终于来了。在此之前，尽管"文革"后冯纪忠参与了许多方案设计或评审，但是在建筑设计尤其是形式上，基本上并没有自主权，无非是按主管机构的意志行事。方塔园与何陋轩的设计机会让冯纪忠备加珍惜，过去二十年他被压抑得太久了，心中的意气亟需一个发挥的空间。

人们通常认为，冯纪忠先生的形象是文质彬彬、温良恭让的。不过笔者在阅读冯纪忠自述及其论诗文稿时，隐约能感受到一种被压抑的愤懑之情。联系到其个人的生活经历，对他的这种情感自能理解同情。冯纪忠曾在私人信件中抱怨，自20世纪60年代以来他一直被排除在重点工程之外，只能抓住一个小小的竹构做文章[2]；"何陋"之名不无自嘲之意。冯纪忠熟读柳宗元，不仅其旷奥二元论来自柳宗元，更在人格精神上引之为同道。这也解释了为何在解读柳诗《江雪》时，冯纪忠要独辟蹊径，借柳诗中暗含的情绪来抒发胸中"倔强愤悱之气"[3]。冯纪忠强调建筑设计应该首先有个"立意"。方塔园主要是表达宋意，比较平和、放松、安静，但是"后来一经批判，我肚子里有一股气啊，

〔1〕冯纪忠.致程绪珂同志函//冯纪忠.与古为新：方塔园规划.北京：东方出版社，2010：132.程绪珂为当时的上海市园林局局长。

〔2〕参见：冯纪忠.1994年致李德华、罗小未函//同济大学建筑城规学院.建筑弦柱.上海科学技术出版社，2003：207.

〔3〕冯纪忠.柳诗双璧解读//赵冰，王明贤.冯纪忠百年诞辰研究文集.北京：中国建筑工业出版社，2015：201.

何陋轩就是我的表达"[1]。

茶室名"何陋"，一般认为出自于刘禹锡《陋室铭》，冯纪忠在文中也提到过。不过除此之外，笔者觉得还另有出处。实际上，明朝心学大儒王阳明就写过一篇《何陋轩记》。王阳明被贬谪至贵州龙场驿，当地夷人伐木为他建造居所，即为之命名"何陋轩"。他在记中写道："昔孔子欲居九夷，人以为陋。孔子曰：君子居之，何陋之有？……予因而翳之以桧竹，莳之以卉药，列堂阶，办室奥，琴编图史，讲诵游适之道略具，学士之来游者，亦稍稍而集。于是人之及吾轩者，若观于通都焉，而予亦忘予之居夷也。因名之曰'何陋'，以信孔子之言。"[2]

王阳明贬居于蛮夷之地，反而和当地的少数族裔打成一片，不以为苦，不降其志。"圣人之道，吾性自足，向之求理于事物者误也。"王阳明意识到以往向外物求"理"是错误的，"理"并不在心外，因为"吾性自足"。在谪居期间，王阳明开启了后世影响深远的"心学"一派，史称"龙场悟道"。他之所以将自宅取名"何陋轩"，实际上是借孔子之言表达君子困厄不能曲，求诸内心、自强不息的文化精神。

冯纪忠说过，建筑是会说话的。倘若能，也许以上就是何陋轩要说的话。联系冯纪忠的人生际遇，也就不难理解他借用"何陋轩"之名的这种情绪。《答客问》的结尾处，客质疑何陋轩小题大做，作者答曰："子厚《封建论》，禹锡《陋室铭》，铿锵隽拔，不在长短。建筑设计，何在大小？"何陋轩采用竹棚草顶，是有意识的文化选择，有回归建筑本源之含义；而自由的弧墙，则不啻内心自由精神的表达。

解构重组与建筑的自主性

冯纪忠晚年并没有大型的建筑作品，只有分散于方塔园的若干小品。它们都采用了类似的三元素构成方式：大屋顶、墙体（或房间）、台基（地坪）。在一个大屋顶下，台基是自由的，其形状与屋顶并没有对位关系，而是错综跌宕的。墙体在大屋顶下也是自由的，出入于屋顶投影内外。不仅何陋轩、北大门如此，竹林中的休息亭也是如是。休息亭的地坪也是由折线构成的，形状极不规整，与屋顶的正方形投影形成反差（图4.41）。此外，长条石凳也是一半在屋檐下，一半在屋檐外。总而言之，大屋顶与台基、地坪是

---

〔1〕冯纪忠.意境与空间：论规划与设计.北京：东方出版社，2010：16.

〔2〕吴光，钱明，董平等.王阳明全集：第23卷.杭州：浙江古籍出版社，2011：933.

图4.41　方塔园的竹林方亭，地面铺地是不规则的，和方形的屋顶无对位关系，相对独立。笔者拍摄

图4.42　在何陋轩中看入口，步道与围墙脱开。笔者拍摄

各自独立的元素，没有明确的几何对应关系。大屋顶下的房间亦是如此，房间有自己的屋面，与大屋顶是脱开的。特别是东大门，大屋顶下面的房间的屋面也是坡顶的，这样处理能保证各构成部分的清晰性和独立性，而从施工的角度来考虑，则可以避免墙体与大屋顶交接所产生的构造问题。

若要讨论何陋轩的构图手法，也许可以用分解组合或解构重组来概括。冯纪忠在解释傅山的书法时用过"解构重组"这个词，它在抽象绘画中也是常见的手法；在包豪斯学派中，康定斯基也以点、线、面的构成推动现代主义视觉艺术的发展。所以，这并非一种罕见的形式生成手法。

何陋轩的主要构成要素分为三个系统：屋顶、台基、弧墙。三种要素自成系统，方形、弧形貌似冲突地组合在一起。三个系统共同组成一个空间场域，但是它们在某种程度上是各自独立的。首先它们之间没有严格准确的几何对位关系：屋顶是正南北向的，采用了传统的歇山形式；台基由三个高度的台面转折跌落构成，与屋顶不同轴线，和屋顶没有几何对位关系；弧墙则追随基地地形，沿着等高线游走。甚至进入何陋轩的步道都是一个独立的元素，与弧形的围墙脱开（图4.42）。解构重组，在早期冯纪忠的作品中，是看不到这种手法的。在武汉东湖客舍和同济医院中都看不到，直到花港观鱼茶室，这种手法才出现：建筑平面由矩形单元组成，片状墙体自由穿插。这其中当然也不能排除密斯风格的影响。庐山大天池规划中，一方一圆都是独立的基本几何形的组成。在方塔园规划中，这种手法也在不断使用，特别是在塔院广场那一片区域。方塔、天后宫从平面上看，其实都是简单的正方形或矩形，是基本的空间单元。其他构成空间的元素，如围墙、栈道等都是由片段化的线条构成。栈道的平面其实是由参差的直线段或者L型线段错落而生成；虽然实际上空间很丰富，但是整个塔院广场与栈道空间的平面构成却具有同一性，只用很少的构图元素，来达到复杂的效果。到了何陋轩，由于规模小，功能简单，所以可以将解构重组这种手法运用得更加彻底。

"不论台基、墙段，小至坡道，大至厨房，等等，各个元件都是独立、完整、各具性格，似乎谦抱自若，互不隶属，逸散偶然；其实有条不紊，紧密扣结，相得益彰的。"[1]在这段描述中，冯纪忠将建筑形式语言和独立人格联系起来；这意味着，形式不仅仅代表着一种美学趣味，而且承载着一种意识形态。冯纪忠所表达的观念并不是孤立的，而是

[1]冯纪忠. 与古为新：方塔园规划. 北京：东方出版社，2010：135.

现代主义中某种意识形态的反映，可以追溯到维也纳的学术源头。

20 世纪 30 年代，维也纳有一位不太知名的艺术史学者——埃米尔·考夫曼（Emil Kaufmann，1891—1953），因为得不到教职而成为一名银行职员。考夫曼是艺术史家德沃夏克（Max Dvořák）的学生，也属于维也纳艺术史学派的一员，他的博士论文《从勒杜到勒·柯布西耶——自主性建筑的起源和发展》（*Von Ledoux bis Le Corbusier : Ursprung und Entwicklung der Autonomen Architektur*）出版于 1933 年。此书冯纪忠也藏有一本（笔者有幸在冯叶家中见到这本旧书），可以相信他对考夫曼的建筑思想有所了解（图 4.43）。考夫曼是犹太人，在当时反犹主义的政治气氛下缺少话语权，因此，这篇论文在当时的维也纳学术圈有何影响，我们不得而知。考夫曼在此书中，提出了二种对立的形式构成体系，一种是"巴洛克式组合系统"（barock verband system），另一种称为"体块或亭式系统"（block or pavilion system）[1]。在巴洛克组合系统中，各种元素借助于一个更高级的统一性融会在一起，通常要表现权威、等级的社会秩序或象征主义观念。而"体块或亭式系统"则体现在勒杜的新古典主义建筑中：建筑组合中的各元素都是相对独立的几何形体，依据内在的功能要求组合在一起。考夫曼在柯布西耶的建筑中找到了与勒杜类似的特征，即独立几何形的形式组合，认为这将是现代建筑的发展趋势。他通过形式分析，使勒杜的新古典主义和柯布西耶的现代建筑建立了一种联系。[2]

考夫曼在《从勒杜到勒·柯布西耶——自主性建筑的起源和发展》扉页引用了启蒙思想家孟德斯鸠（Montesquieu）《法的精神》（*The Spirit of Laws*）："自然法是人定法之前存在的法律，因为它源于我们的自然本性。"这个引用多少也显示了考夫曼的雄心——探寻一种更符合人或自然本性的建筑。考夫曼进一步引入了康德道德自律的概念，认为

---

〔1〕原书中将"block or pavilion system"翻译为"板块或楼阁体系"，王骏阳先生建议翻译成"亭式系统"。参见：迈耶·夏皮罗. 新维也纳学派//施洛塞尔等. 维也纳美术史学派. 张平等，译. 北京：北京大学出版社，2013：292. 迈耶·夏皮罗（Meyer Schapiro，1904—1996），美国艺术史家，他的这篇文章《新维也纳学派》写于1936年。

〔2〕Emil Kaufmann. *Von Ledoux bis Le Corbusier: Ursprung und Entwicklung der Autonomen Architektur*. Wien： Verlag Dr. Rolf Passer，1933.

图4.43 冯纪忠藏书《从勒杜到勒·柯布西耶——自主性建筑的起源和发展》（1933年版），扉页

勒杜的建筑体现了一种自主性[1]，他预言现代建筑将是一种具有自主性的建筑艺术，而且，考夫曼试图在建筑形式和社会意识形态之间建立一种直接的联系。巴洛克组合系统的建筑形式反映了宗教专制或封建君主制，而由独立几何单元组合的建筑形式则是现代社会中自由、平等、独立意识的反映，如同社会由所有个体组成，但每一个体又是自由的。在考夫曼看来，甚至建筑形式的选择都带有意识形态的色彩，亭式建筑也将是进步的建筑，是伴随着现代"个体意识"（individual consciousness）的上升而出现的。因为所持的这个结论比较武断，所以考夫曼的《自主性建筑的起源和发展》一书颇受诟病。考夫曼出身于维也纳艺术史学派，但是却走向了维也纳巴洛克传统的反面，他预言巴洛克风格必将消亡。考夫曼的观点或许可以视为对纳粹集权主义的一种无声抗议，在当时就颇具争议，他所积极推崇的现代建筑，在当时另一位重要学者泽德迈尔（同时是纳粹党员）看来是一种堕落的风格。维也纳被纳粹占领之后，考夫曼也流亡到美国，却似乎一直未曾获得一个正式的学术职位。不过，考夫曼提出的自主性对现代建筑的历史理论与实践仍具有

[1] "der autonomen architektur"，陈平翻译成"自律性建筑"，本文改为在建筑学术圈更常见的译法："自主性建筑"。

深刻的影响，在这方面安东尼·维德勒已有论述，包括柯林·罗、菲利普·约翰逊和阿尔多·罗西等，他们都部分地继承了考夫曼的学术遗产。[1]

冯纪忠的学生黄一如1986年曾制作过何陋轩的模型，并多次跟随冯纪忠造访何陋轩工地，因此对其导师的思想有所了解。"冯先生一直认为，中国文化对社会和谐的追求，结果却往往表现为对个性的压抑。从开始起，何陋轩处处都在表达一种独立意识，不仅建筑整体意向被刻意与其他建筑拉开距离，而且从建筑各部分到各建筑元素连接节点的处理等等，均力图表现以各自独立为前提的连接关系。"[2]

冯纪忠是不是也曾受到考夫曼学术思想的影响呢？在经历过许多人生坎坷之后，他会不会对考夫曼的某些观念有更切身的体会？我们从他有限的作品和言论中也可以得出一些例证，无疑冯纪忠对现代建筑的自主性的追求是有意识的。从花港茶室到何陋轩，从庐山大天池到方塔园，我们可以观察到一种隐含的变化；在他后期的作品中，构图元素几何化、单元化，分解之后再组合成为一种明显的趋向。在某种程度上，分解过程就是对巴洛克组合方式的集权象征性进行解构；不过，在此基础上，冯纪忠还要将简单的元素组合出丰富和复杂的结果，因为，对于自主性的追求，并不是导向简单与空洞的理由。冯纪忠的教育背景中包含了巴洛克建筑的熏陶，但是他所接触到的新的建筑思潮却存在着反巴洛克的倾向。因此，我们会看到，冯纪忠在选择构图元素时，这些元素具有简单几何性和相对独立性，不过其目的是为了追求动态的、综合的空间效果，而这却是巴洛克建筑中的特征。换言之，就是通过几何元素的抽象构成去获得巴洛克式的戏剧性空间效果。

松江方塔园博物馆提案

在何陋轩之后，冯纪忠再也没有完整建成的作品，部分原因或许是非学术性的批评和干扰，他的兴趣暂时转移到园林史的研究中。1992年以后，冯纪忠长时间居住在美国，只是偶尔回来参加硕博士学生的答辩会和一些零星的学术活动。2001年底，冯纪忠受邀

[1] Anthony Vidler. *Histories of the Immediate Present*，*Inventing Architectural Modernism*. New York：The MIT Press，2008.

[2] 黄一如. 小中见大：我读方塔园何陋轩//赵冰，王明贤. 冯纪忠百年诞辰研究文集：第一卷. 北京：中国建筑工业出版社，2015：468.

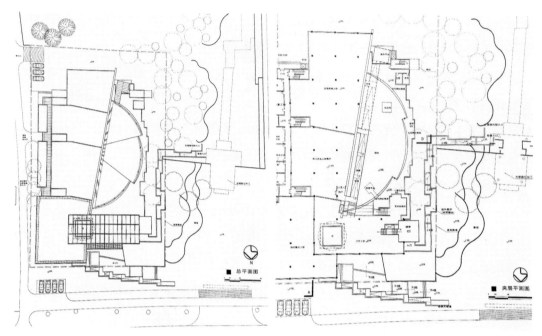

图4.44 松江方塔园博物馆总平面图。韩冰提供   图4.45 松江方塔园博物馆夹层平面图。韩冰提供

主持了松江方塔园博物馆的方案设计。

　　此项目用地计划设在方塔园北门之东面。从规划层面来说，博物馆一层是半下沉式的，将整体高度降低，可以减弱博物馆在体量上对北大门形成的压迫感。另外从方塔园内部来看，附近也不应有高体量的建筑；这是建筑师出于总体考虑，仍以公园和塔为主，降低博物馆的高度以减少对现有景观的干扰。博物馆的空间流线是先下后上，先通过逐层跌落的平台到达一个下沉式广场，进入博物馆，然后随着展厅逐渐向上（图4.44、4.45）。总平面的中心是一条坡道，以方塔为对景，形成一条瞄准方塔的轴线，轴线两边，一侧为展览厅，一侧为水池中庭。建筑的平面总是考虑到外部的风景资源，在这里是借方塔之景，是借景思想的再一次运用，它确实对空间的生成起到了关键作用。方塔的存在自动构成一条潜在的视觉轴线，在这条轴线的两边，展览空间和水池中庭空间交错出现，光线形成明暗对比、虚实相生。由下至上，通过坡道连接的三个主要展厅的高度也不相同。在平面构成上，在何陋轩使用的弧形元素再次得到应用，体现了一种建筑语言上的延续性。水池的弧形围墙分为三片，高低不同，圆心也错开，又一次体现了解构重组的思想（图4.46）。

　　松江方塔园博物馆方案最后还是因为没有出现坡屋顶，民族形式的特征不够鲜明而

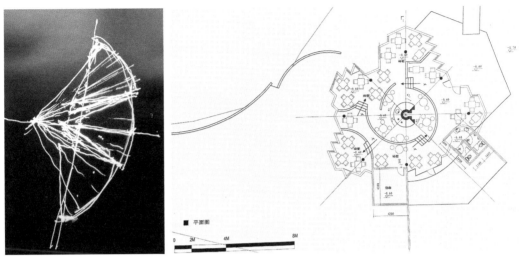

图4.46　冯纪忠手绘水池草图，不同　图4.47　烹雪斋平面图。韩冰提供
圆心的圆弧组成水庭空间。韩冰提供

被专家评审否决。[1]尽管距方塔园初建已经过了二十年，民族形式仍然像一个诅咒，阻断了创新的可能性。

　　此外在何陋轩对面，冯纪忠还设计了一个烹雪斋，与敞开的何陋轩相对，作为冬天喝茶的去处（图4.47、4.48）。这个茶室的中心是一个壁炉，令人想到森佩尔关于棚屋的建筑四要素理论。围绕壁炉又是一段段的弧形墙，但是外面围合的墙体是锯齿状的，和弧形屋顶形成对比。室内的地形有复杂的高差变化。厨房和卫生间是相对独立的几何形体，插入屋顶之下。不难发现，烹雪斋的总体构思及其构图元素都与何陋轩一脉相承，比如片段的弧形墙、变化的地坪高度，仍然意在追求动态的空间效果。只是屋顶的做法略有变化，屋顶像一片荷叶覆盖在茶室之上，结构是向心的桁架，受拉构件为钢索或钢管，此为对另外一种结构表现的追求。

　　和松江方塔园博物馆的命运相似，烹雪斋最终只停留在方案阶段。虽然未能实施，但是这两个方案比较完整地体现了冯纪忠晚年的设计理念。实际上，冯纪忠自己也做了总结，并在发表的几篇文章中予以阐述；其中，在《时空转换——中国古代诗歌和方塔园的设计》这篇文章（发表于《设计新潮》2002年第1期）中，他强调了对偶的设计原则。实际上，对偶在20世纪80年代以后的冯纪忠作品中一直有所应用，只是到了松江方塔

〔1〕冯纪忠. 建筑人生. 上海：东方出版社，2010：235.

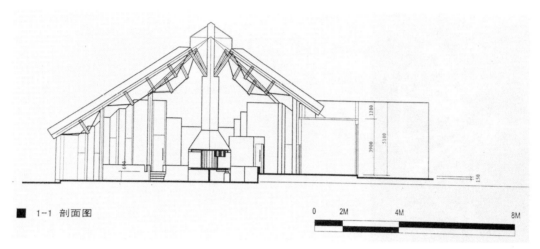

■　1-1　剖面图

0　　2M　　　4M　　　　8M

图4.48　烹雪斋剖面图。韩冰提供

园博物馆和烹雪斋这里，对偶的原则才无所不在：形式的曲与直，光线的明与暗，空间的内与外、虚与实。

个体的文化选择

阅读现代建筑史，我们常常发现，那些严肃的建筑师往往具有自己独特的建筑语言及其组织方式。这种特征建立在建筑师对于外部世界的思考，以及对自我充分认识的基础之上，一般会在他思想比较成熟的阶段出现。在冯纪忠后期的作品中，我们也能发现一种逐渐成长的建筑形式语言。在冯纪忠最成熟的作品中，解构重组是最主要的构图手段。比如，在方塔园与何陋轩，冯纪忠倾向于通过使用简单的几何形组合来达到丰富的空间效果。构成的基本元素类型不多，几何形强，容易操作，通过对偶等组合手法，可以达到复杂的结果。建筑师的作品建成之后，即是一种开放的文本，允许各种阐释。阐释的目的是为了提供另外一种视角，是试图了解而不是消解作品的复杂性和丰富性。

1986 年 1 月，声誉如日中天的美学家李泽厚在受邀为王世仁出版的论文集写序时，含混地表达了自己矛盾的心情，他先是声称"我不懂建筑"，然后"诚惶诚恐地乱说"：

> 我可能属于顽固派，虽不懂建筑，却依然一直坚持六十年代初自己文章中的好些基本看法，如认为建筑的"民族形式、传统不是原封搬用某些固定的技巧、格式、形象（如红绿色彩、对称结构、大屋顶等），而是在新的实用目的、新的材料技术

的艺术运用的前提下，来批判地继承古代建筑所表现出来的民族精神和气派（如平
易近人、亲切理智、恢宏大度……）和造成这种气派的某些传统的形式结构原则"（见
《美学论集》第 397 页，原载《文汇报》1962 年 11 月 15 日）。在文化艺术中，我
一般非常讨厌脱离甚或违背现代性来强调所谓民族性，或把某种固定、僵硬的外在
形象、框架、公式当作民族性。中国民族的特征正在于，它善于大胆吸收消化外来
事物作出适合于自己的现实生存和发展的独立创造。这才是中国人真正的历史精神
和民族风貌。[1]

　　王世仁是梁思成的学生，他写的许多美学论文，似乎都是在为他导师的建筑思想做
注脚。在其《民族形式再认识》一文中，他描述了传统建筑的主要特征，论证了传统建
筑的几个重要成就。尽管他已经意识到不同民族形式的地域差别，以及民间建筑的生动
性和丰富多样，他还是坚持认为："从全面来看，能代表中国优秀建筑传统的，还是官
式建筑。"[2]更进一步，王世仁重提了梁思成的口号——"民族形式、社会主义内容"。
而李泽厚所写的序可以理解成一种含蓄的批评。李泽厚是康德哲学的一位严肃的中国读
者，他在"文革"期间苦读康德，于稍后的 1979 年出版了《批判哲学的批判》。无疑，
康德哲学是他的思想基础之一，此书是他试图以康德来补充、完善马克思主义的一种尝试。
序言中，李泽厚一方面强调了建筑结构与形式的"合目的性"，同时也强调实践的"批判性"，
这两种观点都来自康德。正是因为康德的"批判性"，对自我批评的批评，C.格林伯格
才把康德视为第一个现代人。[3]李泽厚秉承了康德哲学的启蒙理性，反对脱离现代性来
强调所谓的民族性。

　　王世仁仍然在建构宏观的传统建筑美学，鼓吹一种统一的、整体的民族性，这在 20
世纪 80 年代并不鲜见，并在某种程度上压制了历史事实与传统的多样性。然而个体的自
我意识已经在苏醒，个人的创造性逐渐得到肯定，观察文化的视角从"国家—民族"视
角向个人视角转变，在宏观的"大我"之外开始凸现具体的"小我"。思想文化空间的
轻微释放，就能带来多样性的创造力，建筑实践开始在集体的追求中显示出个体性的文

[1]王世仁.理性与浪漫的交织：中国建筑美学论文集.北京：中国建筑工业出版社，1987：序言.

[2]王世仁.民族形式再认识.建筑学报，1980，（3）.

[3]参见：弗兰西斯·弗兰契娜，查尔斯·哈里森.现代艺术和现代主义.张坚，王晓文，译.上海人
民美术出版社，1988.

化选择。冯纪忠在 20 世纪 50 年代引用"语不惊人死不休"，实际上就是一种对个性化的诉求，然而只有在 80 年代思想解放的情况下，这种诉求才有初步实现的可能。正是在这种大的历史潮流中，方塔园和何陋轩才得以建成，尽管其过程仍然不乏波折。在 80 年代后现代主义的建筑创作氛围中，冯纪忠仍然坚守着现代建筑的基本价值，熔铸本土文化和外来文化，创造出令人感动的建筑和空间艺术。

第五章　冯纪忠建筑思想阐微钩沉

冯纪忠是一位建筑师，更是一位建筑教育家，他必须以一种平实明白的语言来向学生传递知识和思想。很少有建筑师像冯纪忠那样，将自己的设计思想和观念在写作中表达得如此清晰和详尽。读者如果想要全面了解冯纪忠的建筑思想，最佳方式当然是阅读他的作品与文章。此外，在冯纪忠的所有言论中，其实有一部分观念是建立在一些理论预设之上的，或者基于某种隐藏的前提，而他并未详细解说，也值得提出来进行探讨。本章的目的是对冯纪忠未曾明言的思想背景追根溯源、阐微钩沉。

园林发展"五层面说"

冯纪忠于1989年发表了一篇关于中国园林的论文,主标题是"人与自然",副标题是"从比较园林史看建筑发展的趋势"。中国园林因为很少有明清以前的实物，所以这篇文章主要是从文献研究的角度，提出了一个园林发展的理论性框架。遗憾的是，他后来并没有继续深入地进行写作。如果作为一篇历史学研究，这篇文章缺乏详细的论述和分析过程。由于案例的使用十分有限，它更接近理论写作而非历史写作。从概念运用的角度来说，冯纪忠从中国传统文艺理论中借来很多名词，比如"情""神""意"等等，这些术语自近代王国维的名篇《人间词话》以来影响广泛。然而从历史观或者历史哲学的角度来说，它又与维也纳艺术史学派迢迢相关。

文章的主题是"人与自然"，这和当时世界的思想潮流有关。20世纪60年代以后，由于工业污染、城市蔓延等趋势导致对自然环境的破坏，西方发达国家的政策开始转向自然环境保护。1972年联合国人类环境会议在斯德哥尔摩召开，通过了《人类环境宣言》。1969年麦克哈格出版了《设计结合自然》（*Design with Nature*），提倡景观规划与生态环境科学的结合。1975年杰里科的《人类景观——环境塑造史论》则从人类环境塑造的宏大角度来讨论景观的历史，这本书也是冯纪忠在《人与自然》中引用过的文献。1961年西蒙兹《景观设计学》一书中其实也包含了尊重自然，与自然和谐相处的观念。冯纪忠在80年代初招收园林专业研究生时，已经将西蒙兹和杰里科的著作作为教材和阅读书目，要求学生们阅读和翻译。在这样的国际学术背景下，冯纪忠将园林史置于人与自然的关系的框架下进行研究。仅就这一点而言，冯纪忠的研究视野就与以中国传统园林为主要研究对象的园林史有所区别。

《人与自然》与以往的园林史的不同之处在于，它并不是按历史朝代分期的，而是从总体上将园林史分为五个阶段或时期。"这五个时期概括为'形、情、理、神、意'五个层面。从客到主，从粗到细，从浅到深，从抽象到具体。"[1]简言之，第一个阶段"形"是再现自然以满足占有欲；第二个阶段"情"是以自然为情感载体，寻求寄托和乐趣；第三个阶段"理"是师法自然，以自然为探索对象强化自然美；第四个阶段"神"是反映自然追求真趣，入微入神；第五个阶段"意"是创造自然，抒发性灵，浇心中块垒。必须强调的是，这五个层面并不存在低级高级或优劣之分，只是不同时期追求的重点不同而已。在一个园林中，有可能包含了其中几个层面，优秀的作品甚至五者俱备，只是侧重点不同。这一设定使冯纪忠的历史观有别于主流的进化论历史观。

1902年，梁启超即在《新史学》一文中推动进化史观，"历史者，叙述人群进化之现象，而求得公理公例者也"，他的史学观念影响了后来的梁思成。众所周知，梁思成将中国建筑史建构为一种生长、成熟和衰落（或停滞）的历史。1942年他以英文写成《图像中国建筑史》，是一本面向西方读者的、简明扼要的中国建筑通史。这本书直到1984年才在美国出版，副标题是"关于中国建筑结构体系的发展和类型进化的研究"。梁思成将中国北方官式木构建筑遗物称为纪念性的（monumental）建筑，并将它们分为豪劲（vigor）、醇和（elegance）、羁直（rigidity）三个时期。[2]这三个词语带有明显的美学价值判断。通过它们，梁思成实际上建立了一个价值系统，而其最高价值体现在唐代的建筑风格——豪劲中，意味着活力与强壮。梁思成的历史观在当时的背景下具有一定的普遍性，其父梁启超就是进化史论的推动者。早期追随梁氏新史学的艺术史学者即深受进化史论影响。如滕固在1926年出版的《中国美术小史》已经将中国古代美术史分为四个阶段，即生长时代、混交时代、昌盛时代（唐宋时期）和沉滞时代。[3]此书论及的艺术形式包括建筑、

〔1〕《人与自然》，原载于《建筑学报》1990年第5期，后收入冯纪忠《意境与空间：论规划与设计》，东方出版社2010年版，第211—236页。

〔2〕梁思成.图像中国建筑史.梁从诫，译.天津：百花洲文艺出版社，2001.

〔3〕《中国美术小史》由上海商务印书馆出版，流传甚广，影响颇大。滕固.滕固美术史论著三种.北京：商务印书馆，2011.

塑像和绘画，但都非常简略，于建筑方面尤其如此。梁思成的建筑史是同一种史学观念在建筑历史研究中的应用。滕固所说的昌盛时代，梁思成冠以"豪劲"；滕固说明清美术"沉滞"，梁思成言之为"羁直"。可见这种历史价值判断在当时是普遍的一种观点。

　　杰里科的《人类景观——环境塑造史论》是一本立意高远、叙事宏大的通史。该书将史前到17世纪末的景观分为三大块来叙述，即中部文明、东方文明和西方文明。18世纪之后，由于世界各国之间的交流增多，全球化逐渐起步，杰里科认为这构成现代景观演进的一部分。在这部通史中，杰里科不可避免地提及中国园林。书中写道，中国园林的高峰在宋朝，此后由于不断程式化、规范化而逐渐衰落。[1]这个看法其实与梁思成讨论中国古代建筑史时所下的判断非常类似，都预设了一个高峰及其衰落时期，可见这种历史观念影响之深远。

　　《人与自然》搭建了一个理论框架，遗憾的是作者后来没有进一步进行研究。冯纪忠既不想将园林史写成一部进化史，但也并不想做成一部编年史。如果说梁思成《图像中国建筑史》的主要目的是向西方读者介绍中国建筑，因此为了清晰明快地传递信息，而采用了一种简明的风格进化论，那么刘敦桢主编的《中国古代建筑史》就是一部典型的编年史。该书以唯物主义的历史观来总结建筑发展的过程和规律，但偏重于记叙，对源流变迁着墨甚少。在此书的绪论中有一小节简单地提到了园林，认为中国园林的特点是富于自然风趣，"将自然中的风景素材，通过概括与提炼，在园林中创造各种理想的意境，它不是单纯地模仿自然，而是自然的艺术再现"[2]。此外，张家骥《中国造园史》是国内最早的一部园林通史。但是，这些研究都没有对园林的艺术层面进行细分。

　　冯纪忠认为，园林史是人在艺术境界上不断开拓和深入的历史。这导致他与梁思成对不同历史阶段的园林持有不同的价值判断。正如泽德迈尔与考夫曼在现代建筑方面所具有的分歧那样——考夫曼肯定现代建筑是进步的，而泽德迈尔认为现代建筑是堕落的——梁思成认为明清是衰落的，而冯纪忠则视明清为另一种方面的发展或进步。在这一点上，梁思成是继承了温克尔曼（Johann Joachin Winckelmann）的艺术史观[3]，而冯纪忠恰恰是维

————————————

〔1〕参见：Geoffrey and Susan Jellicoe. 图解人类景观：环境塑造史论. 刘滨谊，译. 上海：同济大学出版社，2006：69.

〔2〕刘敦桢. 中国古代建筑史. 第二版. 北京：中国建筑工业出版社，1984：17-19.

〔3〕朱涛曾讨论过梁思成的艺术史观和温克尔曼的关系。朱涛. 梁思成与他的时代. 桂林：广西师范大学出版社，2014.

也纳艺术史学派的信徒。

李格尔的艺术史观念与方法

维也纳艺术史学派和德国艺术史学派的重要区别之一，就是他们挑战了艺术衰落的概念，赋予了各个时期以相应独特的艺术价值。稍作考察，我们就会发现，冯纪忠的历史观念和方法都更接近维也纳艺术史学派的李格尔。李格尔将艺术史描述为从触觉感受向视觉感受转化的过程，是人类的感受方式走向深化的过程；李格尔相信，艺术史中不存在进化或中止，只有不断地进步。[1] 整个艺术史是一个连续的系统，既有继承，又有变迁，而变迁是必然的，贯穿始终，永不停息。

维也纳在 19 世纪末的一个重大学术贡献是艺术史研究，这一学术中心就是维也纳大学的艺术研究所。冯纪忠在维也纳技术大学也上过艺术史课程，老师是卡尔·金哈（Karl Ginhart），他也属于维也纳艺术史学派，系维也纳大学艺术史教授斯奇戈夫斯基（Josef Strzygowski）的学生。当然，冯纪忠所学的艺术史的具体内容目前已无法得知，我们只知道他在艺术史方面有许多阅读。例如，他藏有一本尤斯图斯·施密特（Justus Schmidt）于 1945 年出版的《维也纳》（Wien），主要内容是维也纳从建城以来直到二战以前的建筑史，而该书的作者施密特也来自维也纳大学，是艺术史教授施洛塞尔（Julius von Schlosser）的学生。

维也纳艺术史学派的杰出代表李格尔将目光关注于传统艺术观念中的衰落期，例如罗马晚期时代的艺术。通常的观点认为，由于罗马的衰落，野蛮民族入侵，导致了这个时期罗马的艺术堕落。而李格尔《罗马晚期的工艺美术》则是一种对传统观点的挑战，他的研究肯定了这一时期罗马的工艺美术同样具有独特的价值，艺术史并未断裂，而是在延续。传统美术史赋予了古典艺术或者文艺复兴艺术以活力和美，这是两种重要的艺术价值，而其他艺术的风格特点则被认为不太重要。而李格尔认为，美术的宗旨并非只是去表现具有美或者活力的东西，艺术意志也可以指向其他形式的感知，那些形式在我们看来，可能既不是美的，也不是具有活力的。李格尔意欲证明，从艺术总体发展的普遍历史观点来看，罗马晚期的"衰落从历史上来说是不存在的：确实，若无具有古典倾向的罗马晚期艺术的筚路蓝缕之功，现代艺术及其所有优越性是绝对不可能产生的"[2]。

---

[1] 李格尔. 罗马晚期的工艺美术. 陈平，译. 北京大学出版社，2010：10.

[2] 同上书，第22页。

《罗马晚期的工艺美术》不只是研究工艺美术，还研究建筑、雕塑和绘画。这四种艺术类型都受到艺术意志之统辖，遵循相同的规律，其中，建筑表现得最为清晰，其次才是工艺美术。此书因而最先讨论建筑，因为建筑最能体现罗马晚期人们对于物体与平面及空间关系的基本观念。[1]李格尔认为，古代视觉艺术有三个发展阶段：

古埃及艺术：近距离观看——触觉。平面的，不可入的。代表如金字塔。

古希腊艺术：正常距离观看——触觉和视觉。有深度的，有阴影，有透视。代表如列柱式神庙。

罗马晚期艺术：远距离观看——视觉。空间的，三维的，立体的。代表如万神庙。

李格尔认为，艺术的发展是从触觉的感知方式向视觉的感知方式转变的过程，每种风格都是某种特定的感知方式的结果。李格尔受希德布兰特（Adolf von Hildebrand）的观点的影响，将艺术创作和艺术感知的方式结合起来。

从古典艺术的平面统一性，到现代艺术的自由空间的无限性，从扁平画面到深度空间，晚期罗马居于其中的一种状态。李格尔认为，古埃及和希腊的建筑注重的都是外在形式的清晰，而非空间的创造。[2]罗马晚期建筑有两种要素，体现出进步的状态，一是空间创造（creation of space），二是体块布局（mass composition）。古代建筑只热衷于构造空间边界，而晚期罗马建筑则注重空间的创造。李格尔认为罗马万神庙的革新在于它内部的封闭空间："万神庙是一个明确的室内空间，实际上是非古典，尽管在希腊化时代的确有过先例。观者认识到自己被统一空间所环绕，由此被置于一种平静的状态之中。即使他看到的不是一个形状，而是各个面，但所有这些面都以如此清晰而单纯的方式结合起来，以便人们能够在室内体验到室外的形状——圆形建筑和花苞状建筑，这就是全部。一种完整的、封闭单元的感觉占主导地位，这就是空间感。观者不再是看形状，而是感觉它。"[3]李格尔认为建筑艺术的目的是为了创造空间，这一目的在万神庙即已得到了实践，可以说是现代建筑空间观念的源头。

李格尔所代表的维也纳美术史学派和沃尔夫林有着密切的学术联系，他们有着共同

[1]李格尔.罗马晚期的工艺美术.陈平，译.北京大学出版社，2010：11.

[2]同上书，第22页。

[3]同上书，第274页。

的资源，相同的学术背景，并相互阅读和引用对方的著作。[1]李格尔的《罗马晚期的工艺美术》与威克霍夫（Franz Wickhoff）的《维也纳创世纪》（*Die Wiener Genesis*，1895），以及沃尔夫林的《古典艺术》（*Classic Art*，1899），基本在同一时期出版。虽然他们对不同时期艺术价值的评价存在差异，但是其学术思想至少存在三个共同点。

　　首先，他们研究的艺术时期都是历史上不太知名的时期，或者是传统上认为的艺术衰退期。在此之前，温克尔曼对古希腊、布克哈特对文艺复兴都有重要的研究成果，他们对这些时期的艺术给予了高度的评价，而对其他时期的艺术则不大重视。而沃尔夫林对盛期文艺复兴艺术的研究、威克霍夫对罗马艺术的研究、李格尔对罗马晚期艺术的研究，不仅填补了学术上的空白，还赋予这些艺术时期以相应的艺术地位和价值。他们认为，所有历史时期的艺术都是值得研究的，都具有独特的艺术价值。其次，三位作者都对确立艺术发展规律感兴趣，为了达到这一目标，他们采用类似的研究方法——比较的方法和形式分析的方法。他们的研究共享了一种风格二分法，比如沃尔夫林提出的线描／涂绘等四对风格特征；李格尔则提出，不同时期的艺术分别适合不同的感知方式，如触觉的／视觉的、近距离观看／远距离观看等概念。再次，他们都接受心理学作为艺术史研究的基础，作为形式主义者，他们重视形式分析的方法，视艺术创作为具有自主性的理性活动。[2]

　　冯纪忠在维也纳艺术史的学术氛围下，自然也无法完全摆脱这种历史观念的影响，这些影响隐约地体现在他的园林史叙述之中。

艺术意志与五层面说

　　李格尔的美学思想有着 4 世纪神学家奥古斯丁（Augustine of Hippo）的影响；在《罗马晚期的工艺美术》中，李格尔引用了奥古斯丁著作中的许多观点和叙述，以印证他对罗马晚期艺术的观察。他认为奥古斯丁的言论可以佐证艺术意图或者艺术意志是确实存在的。[3]奥古斯丁认为，美和丑同时存在于大自然的事物中，纯正的美只与上帝同在，而在自然之中，任何东西都包含有美的痕迹，即使是在丑陋的东西中也包含了美的因素。

〔1〕琼·哈特. 反思沃尔夫林与维也纳学派//施洛塞尔. 维也纳美术史学派. 陈平，译. 北京大学出版社，2013：196-210.

〔2〕同上。

〔3〕参见此书第五章"罗马晚期的艺术意志的主要特征"。

丑和畸形只是不完美而已，然而它们也是必要的。当我们近距离观看时，它们是丑的、恶的，但是从远距离观看，美不可能没有它所依赖的丑形，两者共同呈现出一幅完满和谐的画面。这听起来很像中国道家的畸正相依，相反相成。奥古斯丁在谈论一幅画时说：正如一幅画上，黑色也应该有适当的位置，如果有谁精心安排万物，罪恶也会装点美丽，虽然就其自身的状貌而言是丑陋的。李格尔认为奥古斯丁指的是一种黑与白、阴影与光线的有秩序或有节奏的分布，这也是他所考察到的罗马晚期艺术的特征。

在奥古斯丁的观念中，世界既然是上帝创造的，那么丑和恶也是世界的一部分，也有其存在的合理性。李格尔接受了奥古斯丁的思想，所以他也肯定了罗马晚期的艺术意志。他批评传统的艺术史观念："自从温克尔曼以来，我们就陷入了偏见之中蹒跚而行一个世纪。这个偏见就是：只有古代的古典时期，至多还有文艺复兴时期的艺术，才创造了真正值得欣赏的作品。"[1]

李格尔认为，美术史的目的不是要在艺术作品中寻求符合现代趣味的东西，而是要阐释产生了艺术作品并赋予它恰恰是现在这般形状的艺术意志。[2]李格尔的历史观受黑格尔的影响，不过，他用"艺术意志"代替了黑格尔的"时代精神"。时代精神没有所谓的成熟衰落，李格尔也不认为艺术中存在这种生物式的进化论。

李格尔认为罗马晚期的艺术意志与古代的艺术意志是相通的，依然是指向个体外形的纯然感知，所采取的方式或者手法是节奏，就是相同形象的连续重复。当一个图中有若干个要素时，正是节奏创造出了高度的统一性。罗马晚期的艺术意志的特征反映了一种世界观的转变或人类心智的变迁：从事物间纯机械的与序列的联系观念，转变到普遍的、类似于化学的联系，以及通过空间向四面八方延伸的观念。体块布局取代了对物质形状的个体性的强调，纵深空间取代了散布着一系列个体的平面，新的知觉方式出现了。[3]

我们反过来看冯纪忠的"形、情、理、神、意"，这五个层面逐渐强调人作为主体在造园史中的地位。人的主观意志和精神，在某种程度上，可以说是"艺术意志"的一个变体，从客体到主体，即从"外师造化"到"中得心源"。这五个层面不仅仅应用于中国园林，

---

〔1〕参见英译者对李格尔手稿的注释。李格尔. 罗马晚期的工艺美术. 陈平，译. 北京大学出版社，2010：271.

〔2〕参见：施洛塞尔. 维也纳美术史学派. 陈平，译. 北京大学出版社，2013：176.

〔3〕同上书，269页。

也同样被应用到日本园林和英国园林中，但是它们都没有达到第五个层面——"意"的境界。"意"是最后一层境界，冯纪忠认为这是人类的共同目标。"意"的目的是追求"超越客体的自由意志之境"，其表现就是抒发性灵，表现情趣，欣赏艺术美和自然美。[1]事实上，这种精神境界是冯纪忠在晚年作品中极力表现的元素之一。

冯纪忠认为，层面先后和水平高低不是一回事。同一层面的艺术水平可以有高有低。艺术是一种共存关系，而非突破关系。意是主体意向，但主体审美意识的结构也会为了适应课题的结构而改变，也就是说，意也随着人们对客观世界的认识的变化而变化。实际上这五个层面并不是静止不变的，人类对地球、宇宙、太空等地理物理的探索会扩展人们对于五个层面的认识。

本文并非要将五层面视为李格尔艺术意志的变体。艺术意志一直就是一个模糊且颇多争议的概念；"五层面说"其实也有这个问题。它们的共同点在于，都强调了人类意志或情感在现代艺术创作中的主导性，以区别于一种庸俗的唯物主义和反映论。从文艺理论来说，这个模式有点接近西方艺术从模仿说到表现说的变迁。"五层面说"整体上是一种比较理想化的观点。不过，李格尔的艺术史研究是建立在对实物进行观察和形式分析的基础之上的，他所宣称的艺术意志都对应于具体的视觉或触觉的形式特征。因此，与之对比，"五层面说"似乎存在天生的不足之处，因为它基本上是基于对古代文献的研究。五层面无法一一对应于具体的形式特征，所以作为历史对象，很难真正客观地把握，而这恰恰也是中国传统文艺理论的特征。"五层面说"是冯纪忠试图将中国传统思想接入现代景观理论的一种尝试，这是一种文化自觉，也是一种文化自信（野心）。从某种意义上来说，由于五层面并不对应于具体的形式特征，因而也避免了将传统的形式和符号固定化、经典化，形成另一种教条，就如梁思成对大屋顶所做的经典化一样。

从历史语境来看，冯纪忠的园林史是20世纪80年代中国美学思想在园林思想方面的一个缩影，具有鲜明的时代特征。"形、情、理、神、意"与"意境"，实际上都是中国传统文学和艺术理论中的词语，有相对稳定的内涵。自五四以来，这些传统术语逐渐现代化、理论化，诸多重要的美学家都曾予以讨论。例如李泽厚认为，"意境包含两个方面，生活形象的客观反映方面和艺术家情感理想的主观创造方面，即'境'和'意'。'境'

---

[1]《人与自然》，原载于《建筑学报》1990年第5期，后收入冯纪忠《意境与空间：论规划与设计》，东方出版社2010年版，第211—236页。

是'形'和'神'的统一，'意'是'情'和'理'的统一。在情、理、形、神的相互渗透、互相制约的关系中或可窥破'意境'形成的秘密。意境是形神理情的统一"[1]。李泽厚以康德的美学思想与马克思主义的实践论整合了这些传统文艺术语，引领了20世纪80年代的美学思潮。而李泽厚之所以讨论意境，实际上也是针对当时艺术领域中的现实问题有感而发："在今天各个艺术领域中，意境的塑造是缺乏的。作品不是以意胜或以境胜，而是以理胜：美的客观社会性的内容以赤裸裸的直接的理性认识的形式出现。作品变成了公式化、概念化的说理：歌曲成了口号，漫画成了标语，诗歌成了政论……"[2]

在建筑界，李泽厚所批评的僵化思想同样是存在的。1986年，冯纪忠在一次建筑协会上发言说，我们应该强调精神功能……过去我们"理"讲得很多，"情"讲得少。现在我们就是要多讲"情"，这也是很自然的。就是"理"，我们也有很多不足。[3]冯纪忠对李泽厚的观点肯定感同身受，他自己也是僵化的理论和政策的受害者。在"情"与"理"都不能得到充分表达的时代，遑论"神"与"意"？

个人和民族的"艺术意志"

李格尔在《罗马晚期的工艺美术》中提到了森佩尔的理论。他认为，根据森佩尔的理论，一件艺术品仅仅是一件基于功能、原材料和技术的机械式制品，这是彻底的物质论。在森佩尔的时代，他的理论超越了浪漫主义的混乱不清的思路，具有进步性，被认为是自然科学的胜利，但是到了19世纪末却已成为一种教条。李格尔写道："它对艺术品本质采取机械论的观点。作为它的对立面，我在《风格问题》中第一次提出了一种目的论的方法，将艺术品视为一种明确的、有目的性的'艺术意志'的产物。艺术意志在和功能、原材料、技术的斗争中为自己开道。因此，后三种要素不再具有森佩尔理论所赋予它们的积极作用，而有着保守的、消极的作用：可以说它们是整个作品中的摩擦系数。"[4]

---

〔1〕李泽厚《意境杂谈》，原载于《光明日报》1957年6月9日、16日，后收入李泽厚《美术论集》，上海文艺出版社1980年版，第324—343页。

〔2〕同上。

〔3〕参见：冯纪忠. 实践与理论畅谈会发言（摘要）//赵冰，王明贤. 冯纪忠百年诞辰文集：第一卷. 北京：中国建筑工业出版社，2006；48-49.

〔4〕李格尔. 罗马晚期的工艺美术. 陈平，译. 北京大学出版社，2010；5.

然而森佩尔真的只是一个机械论或物质论者吗？事实并非如此，森佩尔强调材料和技术的因素，但是他还认为对于实用艺术来说，需求才是驱动它们（材料和技术）的根本原因，这个需求不仅仅是使用功能，还可以是文化的、信仰的，对于公共艺术来说尤其要强调体现文化价值或制度价值。或许，森佩尔的"需求"在某种程度上还包含了"艺术意志"的萌芽。李格尔的"艺术意志"自提出以来，就争议不断。"艺术意志"也带有历史决定论的色彩，它仿佛黑格尔的"时代精神"，是个令人琢磨不透的概念。李格尔自己从未清晰地定义它。潘诺夫斯基将它理解为艺术家的艺术意图。虽然争议颇多，不过总体上看来，李格尔反对艺术成为物质技术的奴隶，强调"艺术意志"的重要性，实际上就是肯定了人的意志和愿望在艺术生产中的决定性作用。

包豪斯学校的康定斯基也讨论过艺术的精神，艺术家"……的眼睛朝向自己内在的生命，他的耳朵应该朝向自己的内在需要，然后才能采用任何一种不管受承认或不受承认的表现手段。这是表达精神内涵需要的唯一方式。基于内在需要的一切方式都是神圣的，而不源自内在需要的所有方式都是罪恶的"[1]。康定斯基强调艺术品应同时具有三个元素，即个性的元素、时代的元素和永恒性的元素。

艺术反映个性、民族性、时代性，听起来非常有说服力，也成为一个被广泛认可的观念。林风眠在1934年发表的一篇文章中，也陈述了类似的观点，这篇文章是《什么是我们的坦途——为杭州民国日报新年特刊作》。在探讨艺术的内容时，林风眠说道："从个人意志活动的趋向上，我们找到个性；从种族的意志活动力的趋向上，我们找到民族性；从全人类意志活动的趋向上，我们找到时代性。一切意志活动的趋向，都有动象，有方法，有鹄的的；把这些动象、方法，同鹄的，在事后再现出来，或从不分明的场合表现到显明的场合里去，这是艺术家的任务，也是绝佳的艺术的内容。"[2]林风眠的这段话可以理解为对李格尔的"艺术意志"的一种解释。

冯纪忠与林风眠交游甚密，当他20世纪50年代尝试在建筑中体现民族特色之时，或许还持有与林风眠相似的观点，要在建筑中表达集体或民族的意志。不过，总体上来看，改革开放前三十年关于民族形式的探索是乏善可陈的。所谓集体的"艺术意志"实际上导致了内

---

〔1〕康定斯基. 艺术的精神性//康定斯基. 康定斯基艺术全集. 李正子，译. 北京：金城出版社，2012：72-73.

〔2〕林风眠，朱朴. 林风眠论艺. 上海：上海书画出版社，2010：121.

容的空洞。冯纪忠的佳作，恰恰是他追求个性化的那些实验的结果。晚年他更加强调个人性："所以建筑艺术，个性越显著则感人越深，而世界性越强。时代感越鲜明，则恒久性却越大。"[1]"建筑是一门艺术，艺术一定是个人的，通过个人映射出社会，表现出时代。如果个人不存在，你还谈什么艺术啊？"[2]

　　冯纪忠将"意"作为园林发展的最后一个层面，其中包含了文学史上袁宏道的"抒发性灵"的观点。明末袁宏道（《序小修诗》）直抒性灵、不拘格套的观点是针对明代早期比较主流的台阁体（"颂圣德，歌太平"），以及明中期前后七子的复古潮流而发（"文必秦汉，诗必盛唐"）。袁宏道的思想在冯纪忠看来是可以同情的，因为在他所处的时代，建筑学也面临着相似的问题。因此，冯纪忠对于"意"的强调，似乎也暗含了一种批判的意味，而这其实也是一定时代背景下的产物。在20世纪50年代之后，单一性的宏大叙事一直占领着艺术创作的舞台。直到80年代以来，"意"的概念才可能被提出来。因为这涉及"意"到底是群体的"意"还是个人的"意"的问题，而这在思想解放前是不可能得到讨论的。冯纪忠批评"康乾搬抄江南园林，而江南园林正写的'不满'之意，反正规的意，所谓反常，所以抄了去变成正规了，'死意'了，形也不在了，当然毫无生气"[3]。江南园林可以有反常的、自由的"意"，皇家园林则未必有这种"意"，只是搬去了江南园林的形式。因此以"意"来概括第五层面，这并非一个历史的事实，而是冯纪忠的一种理论建构。

"支离"的美学趣味

　　冯纪忠出生于传统士族，他的祖父是通过科举走上仕进之路的最后一批传统士人。他的父亲念的是政法学校，已经是现代社会的专业人员。晚清以来的社会剧变，使传统儒家君子的"志于道，据于德，依于仁，游于艺"的人生信条趋于分离。不过，"游于艺"作为知识分子的一项修养还得以延续。冯纪忠仍然接受了传统书香门第的那些通识教育，

---

[1]原文为1988年1月14日冯纪忠在学院教师会上的讲稿，题名为《瑞典ICAT》。参见：同济大学建筑与城市规划学院. 建筑弦柱：冯纪忠论稿. 上海：上海科学技术出版社，2003：87—88.

[2]冯纪忠. 中国第一个城市规划专业的诞生//同济大学建筑与城市规划学院. 建筑弦柱：冯纪忠论稿. 上海：上海科学技术出版社，2003：89-91.

[3]冯纪忠. 教学杂记//同济大学建筑与城市规划学院. 建筑弦柱：冯纪忠论稿. 上海：上海科学技术出版社，2003：52-54.

于诗书画都有所涉猎。这些修养对于冯纪忠之后的
一辈人来说，就显得比较陌生了。古典文艺方面的
修养，培养的是一种审美趣味或鉴赏力，并不直接
对设计和建造产生作用，但是会影响概念的生成和
形式的判断。陆游论诗有云："功夫在诗外。"因此，
对冯纪忠的文艺修养稍做分析，将有助于更深入地
了解其建筑与园林设计的旨趣。

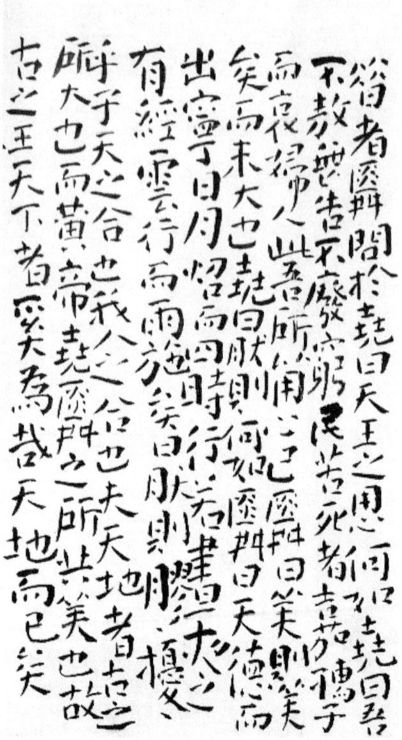

冯纪忠擅书法，少时先学颜真卿《麻姑仙坛记》，
后学欧阳询《九成宫》，再后临过魏碑。冯纪忠的
书法老师是外祖父朱荐丞，他出身扬州宝应望族，
家学渊源深厚。[1]冯纪忠后来回忆"为什么我外祖
父要我从《麻姑仙坛记》开始呢？就是要我从厚重、
气势上练习，把真感情用上去"[2]。学颜体是求真，
摹魏碑是求古拙。这是晚近以来书法的重要路径之
一，是从 17 世纪开始，书法由帖学向碑学嬗变的结
果。傅山是引领这一变化的重要人物，他的"四宁

图5.1 傅山《啬庐妙翰》，表现出支离的美学
趣味。图片来自《傅山的世界》

四毋"（"宁拙毋巧，宁丑毋媚，宁支离毋轻滑，宁直率毋安排"）成为明清以来书法求
变的格言之一。以"丑、拙、支离、直率"取代古典传统的优雅、精美之风，形成了新
的美学潮流。[3]冯纪忠晚年曾论及傅山的书法："他把书法的功能问题放在其次了，强
调装饰性。装饰性不一定给人感受美，相反，他提出丑拙还有支离。拙就是精巧、不巧妙。
支离，就是把文字分裂以后，解构重组。清初的时候，他提出支离，领悟到解构重组的程度，

---

〔1〕清嘉道年间，宝应人朱彬的四个儿子中有三个儿子得中进士，分别是嘉庆七年（1802）进士朱士
彦、嘉庆二十二年（1817）进士朱士达、道光十三年（1833）进士朱士廉。朱荐丞为朱士达曾孙。

〔2〕冯纪忠. 意境与空间：论规划与设计. 北京：东方出版社，2010：13.

〔3〕"四宁四毋"书论见于傅山《霜红完集·作字示儿孙》，原文是："宁拙毋巧，宁丑毋媚，宁
支离毋轻滑，宁直率毋安排，足以回临池既倒之狂澜矣。"参见：白谦慎. 傅山的世界：十七世纪中
国书法的嬗变. 北京：生活·读书·新知三联书店，2006.

图5.2　冯纪忠为方塔园题写的书法作品。图片来自《冯纪忠百年诞辰研究文集》

实际上已经达到了我们现代的思想。"[1]傅山的《啬庐妙翰》（图 5.1），单个字笔法如颜书，但结体松散，总体布局似毫无章法，体现了支离的美学趣味。不过"均质的图面"，在某种程度上却是接近现代的抽象主义趣味，比如风格派蒙德里安的抽象构图系列。

　　虽然冯纪忠留下来的书法作品很少，但是仅有的这些字也显示了一种奇拙的趣味，如他为方塔园题写的"寻胜招爽""余馨与还"（图 5.2）。晚年他还用硬笔书写的杜工部诗句，布局更为自由，字大小不等，字距疏密不均（图 5.3）。将他的书法和建筑作品联系起来阅读，也能发现共通之处：20 世纪 80 年代在何陋轩中，错落的三层台基和那些看似散乱的独立的弧形墙，不是就是支离——"解构重组"吗？

　　因为外祖父的关系，冯纪忠的艺术趣味可能受扬州画派的影响。该画派以"扬州八怪"为代表，书法与绘画追求一种个人化的、奇特的艺术风格；另外，八大山人和石涛也以夸张的构图与不落俗套著名，此实为晚明崇尚奇特的美学趣味在清代的延续。冯纪忠收

〔1〕冯纪忠. 意境与空间：论规划与设计. 北京：东方出版社，2010：12.

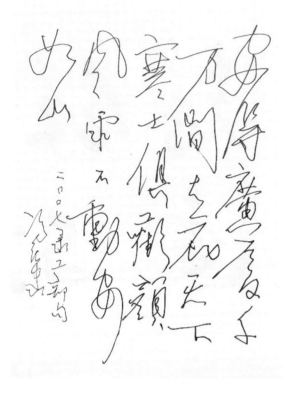

图5.3 冯纪忠晚年的硬笔书法作品。图片来自《冯纪忠百年诞辰研究文集》

藏有一本黄慎绘制的册页（是真迹还是摹本待考），黄氏的手法已经非常抽象了，只用一种笔法，旨在表达一种意动。图为黄慎《山水册页》之一（图5.4），介于抽象和写实之间，山、石、树的笔法已难以分别："其实已不在乎内容，主要是在乎语法的一致，已经快到把象抽掉了，但没有完全抽掉。"[1]黄慎的这幅山水，笔触干涩，线条支离破碎，展现了一种脱离常规的独特风格，也具有傅山所倡导的美学趣味。

冯纪忠和画家林风眠私交甚笃，他们在逆境中的友谊，被传为美谈。当然，他们也很有可能会分享艺术方面的看法与心得。如果我们仔细观察林风眠的绘画作品，他的大部分作品线条流畅，气韵生动，却并不属于"支离"的美学范畴。因此，我们并不能确定林风眠的绘画风格是否是冯纪忠最为赞赏的。在西方的油画中，塞尚的作品可能更符合冯纪忠的审美观；其画面并不优美，但是笔触清晰而富有力量感，他的笔法、线条显示出"支离""拙"的特点。事实上，冯纪忠也收藏有塞尚的画册（图5.5）。塞尚绘画中的造型并不是那么精确、细腻，甚至可以说是粗糙的，他重新用线条勾画出形体的轮廓，而线条之间形成的抽象关系或许是他被称作现代主义开创性大师的原因之一。

艺术上的偏好并不能直接反映到建筑的形式上，但是对"奇""拙""支离"的欣赏，会让冯纪忠倾向于选择更"生"、更冷僻的建筑语言。"巴洛克"作为形容词，就是"奇崛"的意思，不太被后来的理性主义所待见。在这方面，巴洛克建筑的某些特征和"扬州八怪"尚奇的艺术追求或有共同的旨趣，用不同寻常的形式，更能表达个人的性情。冯纪

---

[1] 冯纪忠.意境与空间：论规划与设计.北京：东方出版社，2010：15.

图5.4　黄慎《山水册页》之一，山石用一种抽象的笔法完成。冯纪忠藏

忠常常引用苏东坡的"反常合道"，其实也包含了这个意思。在冯纪忠晚期的作品中，"解构重组"是最主要的构图手段之一。通过对简单的几何形的组合来达到丰富的空间效果，这固然是西方现代主义的观念和手法之一，但也暗合明清以来的"支离"的美学趣味。

　　傅山书法的风格转变固然有明末以来"尚奇之风"的影响，不过对于他个人来说，这种趣味上的转变还有着道德上的考量。早年傅山也曾模仿赵孟頫，即"二王"（王羲之与王献之）以来的优雅书风。这种风格历来被视为雅正之传统，也得到取代明朝统治的清朝皇家的推崇。但是，傅山不幸地生在明清易代之际，在这个风雨飘摇的时代，傅山作为儒家士族，继续像赵孟頫那样优雅地写字已经不可能了。亡国之痛放大了他的道德羞耻感。赵孟頫作为宋室后裔而仕元，被认为是具有道德污点的，这让他的书法艺术也被当作"巧"与"媚"的代表而被傅山所抵制。傅山转而推崇颜真卿，扬拙抑巧，这种模范和趣味的选择其实包含了他对于新政权的不合作之意气。[1]

　　"宁拙毋巧"，二王和赵孟頫所代表的优雅传统，与颜真卿所代表的"拙"，在傅山看来，

──────────

〔1〕白谦慎.傅山的世界：十七世纪中国书法的嬗变.北京：生活·读书·新知三联书店，2006.

图5.5　塞尚画册。冯纪忠藏

不仅仅是美学观念的差异，还隐含了一种道德评判。在冯纪忠选择艺术风格和师法的模范时，除了个人趣味之外，有没有这种道德评判在内，不得而知。不过，冯纪忠的情怀受其祖父影响倒是有可能的。冯纪忠的祖父冯汝骙在清朝时，曾任江西巡抚，辛亥革命时因不愿加入革命军而"仰药以殉"，诏谥"忠愍"；冯纪忠的名字"纪忠"就是纪念他祖父的意思。冯汝骙之行状体现了儒家传统思想中不降其志、不辱其生的士人气节。站在今人的角度，或觉得此事不可理解，难免以为不识时务，为旧王朝陪葬。不过以"了解之同情"来观察，正如陈寅恪为王国维撰写的纪念碑文，他否认王氏的自杀是出于一人之恩怨或一姓之兴亡，而在于"士之读书治学，盖将以脱心志于俗谛之桎梏，真理因得以发扬。思想而不自由，毋宁死耳"。冯纪忠一生从未加入任何党派，大概就是追求思想自由的一种表现；而他所遭受的那些政治迫害，又反过来会增强他的倔强之气。

　　历来对于中国建筑民族形式的看法，主要以梁思成为代表，首推中国北方的官式大木结构。无论是民国时期的"民族固有形式"，还是新中国成立后的"民族形式、社会主义内容"，官式大木构的建筑形式始终居于正统的地位。不过，在东南地区许多建筑师都对这种宏伟的古典式样持否定的意见，例如他们对南京中山陵的批评。这也和当地的乡土建筑文化有关系，江南园林、江浙民居提供了不同于官式大木构的文化选择，它们的特点为尺度宜人、因地制宜、生动灵活。同样，在探索民族特色的表达方面，冯纪忠自20世纪50年代起就开始选择民居，甚至以竹棚屋作为典范；而经典大木结构恢宏壮硕的结构形式，是他一向要避免的。无论是方塔园北大门还是何陋轩，都采用了更轻巧的线性材料，形式上也意图破除对称，立意求新。在冯纪忠晚期的作品中，更加偏向于追求一种个性化的表达，何陋轩即这种趣味的一种体现。在他最深层的思想中，期望一种自由而强烈的情感表达。

建筑可以表达情感吗?

何陋轩不仅仅是与我有共鸣的宋代的精神在流动，更主要的是，我的情感，我想说的话，我本人的'意'，在那里引领着所有的空间在动，在转换，这就是我说的意动空间。[1]

——冯纪忠

英国浪漫主义诗人华兹华斯说，"诗是强烈感情的自然流露"，他打开了诗歌表现说的大门；尽管历来也不乏反对意见，但是，诗歌作为个人情感的表达，已成为常识。建筑从来都处在重力和功能目的性的约束之中，那么，在多大程度上，建筑能像文字和绘画等艺术那样表现人的情感和情绪呢？什么样的形式才能更好地表达情感？冯纪忠试图在何陋轩制造一种运动感，希望以一种富有张力的形式来表达个人的感情，他在自觉或不自觉中回应了一个长期以来的学术问题。这个问题也可以表述为，当冯纪忠想要达到表达强烈情感的目的时，他有哪些建筑形式可以选择？

外在事物的形式和人的情感、情绪，即心理和精神方面的联系，是19世纪以来西方艺术理论和美术史研究的一个重要方面，其中犹以欧洲德语地区的研究成果为突出。垂直线条会让人产生崇高感，水平线条能让人感到平衡安静，曲线比直线更有活力，这是常人的视觉经验。不过，经过罗伯特·费舍尔（Robert Fischer）父子等的研究，我们知道，

[1] 冯纪忠. 意境与空间：论规划与设计. 北京：东方出版社，2010：6.

特定形式所引发的感受或许和我们的身体或者心理上的机制相关，类似心理学中的"移情"。外物的形式和人类的身体具有某种同构性，这些形式会刺激我们的神经，从而引起心理和情绪的变化。罗伯特·费舍尔引入"移情"的概念，即人类会将他们的情感和性格投射到外界的形式中。[1]

1886 年，沃尔夫林在他的博士论文《建筑心理学绪论》（*Prolegomena zu einer Psychologie der Architektur*）中写道："建筑形式怎样才能表达一种情感或情绪呢？"[2] 正是这个问题，使他成为艺术史研究中最为重要的人物之一。在某种程度上，沃尔夫林是形式主义研究方法的开创者，直接关注形式本身所具有的吸引力。他后期的学术研究似乎部分地说明了这个问题。在《文艺复兴与巴洛克》这本书中，沃尔夫林通过比较研究的方法，寻找巴洛克艺术所具有的显著不同的形式特征，区分其不同于文艺复兴艺术的独特效果。

沃尔夫林认为，与文艺复兴风格相比，巴洛克艺术具有以下四项明显的特征：涂绘风格，纪念碑式的庄严风格，厚重感，运动感。正如阿尔伯蒂所言，和谐是文艺复兴艺术精神的核心，文艺复兴艺术仅仅是要成为自然内聚性的一部分，进而成为整个宇宙和谐的一部分；而巴洛克艺术则是有意识地创造不和谐，追求戏剧性。沃尔夫林认为，这些形式特征还会引起人们特定的心理活动和情感变化。文艺复兴艺术是静穆和优美的艺术，其形式与和谐、生命力相关，能激发幸福感，对人的心理影响持久而使之潜移默化。而巴洛克的形式则相反，它传递激动、兴奋和极端狂热；富有冲击力，但是会令人有缺憾和不安感，甚至有点忧伤。

沃尔夫林在该书中还探讨了风格转变的原因，以及是什么决定了艺术家对形式的创造性态度。是时代决定的吗？还是主流的思想和意识形态？"我们必须在学者的密室和泥瓦匠的工地间找到一条道路。"沃尔夫林觉得起决定作用的并不是思想，而是一种"基本情绪"[3]。因为情绪是可以通过建筑形式传达出来的。这是沃尔夫林一直坚持的观念，建筑形式可以表达一种情绪。无论如何，每种风格都或多或少传递着一定的精神状态。

---

[1] 哈里·F. 矛尔格里夫. 建筑师的大脑：神经科学、创造性和建筑学. 张新，译. 北京：电子工业出版社，2011.

[2] 同上。

[3] 海因里希·沃尔夫林. 文艺复兴与巴洛克. 沈莹，译. 上海：上海人民出版社，2007：72.

　　探讨风格转变的原因，是艺术史家的兴趣之一。在沃尔夫林之前，比较有代表性的解释有钝化理论和时代精神说。钝化理论的解释是因为"审美疲劳"，需要强有力的冲击来拯救疲惫的感受力，于是巴洛克风格应运而生。沃尔夫林认为这个理论没有解释为什么巴洛克能够流行，而其他寻求新奇的尝试却没有流行。另一种解释接近黑格尔的时代精神论，即风格是人类生活模式发生变化的反映，风格是其时代的表现，并随着人类情感的变化而变化。沃尔夫林倾向于接受这种解释，不过他用更具体的生活意识来代替宽泛的时代精神："建筑表达了一个时代的'生活意识'（lebensgefühl）。然而，作为艺术，它将理想化地强调这一生活意识。换句话说，它将表达人类的雄心壮志。只有强烈需要某种有形存在时，风格才能得以产生。"〔1〕

　　沃尔夫林同时批评了风格中的技术决定论（或许是针对森佩尔），认为技术不能创造风格。因为风格首先暗示的是一个特定的形式观念，由技术需要引发的形式一定要符合这一特定的形式观念，即只有适合之前已经形成的形式趣味，这种形式才能得以保留。〔2〕

　　随着时代的发展，沃尔夫林所标举的巴洛克的四种特征中，似乎只有运动感在现代建筑中得到了延续。作为沃尔夫林的学生，吉迪恩继承了他导师的学术主题。他的第一本书就是《晚期巴洛克和浪漫古典主义》（*Late Baroque and Romantic Classicism*）。在《时间、空间与建筑》中，吉迪恩更进一步，将巴洛克建筑作为现代空间观念的源头之一，因为巴洛克风格具有能表现强烈的情感和运动感的形式。沃尔夫林开创性的研究影响深远，后来的波多盖西则继续发展了波洛米尼建筑中的运动和空间的观念。

抽象构成中的情感表现力

　　在德国的包豪斯学派中，同样有人在探索形式的可能性。1910年，康定斯基（W.Kandinsky）出版了《艺术的精神性》（*Concerning the Spiritual in Art*）一书，认为艺术应该挖掘和表达人类的精神和灵魂。"每件艺术品都是其时代的孩子，在很多情况下，也是我们感情的母亲。因而，每个时期的文化都会产生自己的艺术，永远不可能重复。复兴过去的艺术原则的努力，很多时候只能产生一些如流产婴儿的艺术作品。我们不可能像古希腊人一样生活和感受。同样地，那些试图在雕塑中采用希腊规则的人，只是达

〔1〕海因里希·沃尔夫林.文艺复兴与巴洛克.沈莹，译.上海：上海人民出版社，2007：73.
〔2〕同上。

图5.6　克利，*Indianisch*，1937。图片　图5.7　康定斯基，"构成"系列之一。图片来自《康定斯基文论与作品》
来自http://www.kunstkopie.nl/a/paul_
klee

到形式上的相似，这些作品会一直流传于世，但终究没有灵魂。"[1]在康定斯基那里，新世纪的艺术趋势是造型的抽象化。20世纪二三十年代，康定斯基和保罗·克利（Paul Klee）等人将其思想传播于包豪斯学院。克利的抽象绘画，表现出明显的解构重组的手法（图5.6）。克利的画还能看出来笔触的痕迹，而康定斯基的作品则像是由尺规作图创作出来的（图5.7）。他们对抽象构成的探索深刻地影响了现代主义设计。

　　俄罗斯构成主义画家马列维奇（Malevich）是探索抽象主义绘画的先驱，著名《白底上的白色方块》，仅以一个微倾的角度，就制造出一种不稳定、失衡的感受。康定斯基在接触到马列维奇的纯粹几何形的绘画作品之后，也转向了对抽象形式表现力的探索。他认为绘画将会越来越抽象，要向音乐靠拢，去除对具象的模仿，最终达到纯粹的艺术构成。纯粹性的绘画拥有色彩和形式两个表现手段，而形式就是通过组织不同的基本几何图形之间的关系来构成整个画面。康定斯基的点、线、面研究的就是基本图形的艺术表现的可能性。点是静止的，而线是由于点的运动而产生的，因此具有内在活动的张力，扭动的曲线具有更强烈的运动感和力量感。[2]如同音乐一样，不同的图形也会引发人们

〔1〕康定斯基. 艺术的精神性//康定斯基. 康定斯基艺术全集. 李正子，译. 北京：金城出版社，2012：49-114.

〔2〕康定斯基. 康定斯基文论与作品. 查立，译. 北京：中国社会科学出版社，2003.

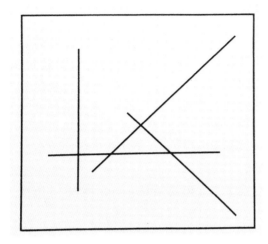 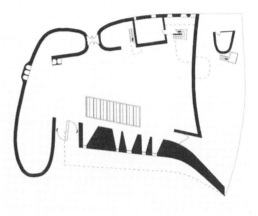

图5.8 康定斯基，"构成"系列之一。图片来自《康定斯基文论与作品》　图5.9 柯布西耶，朗香教堂平面。图片来自《柯布西耶作品全集》

产生冷与暖、紧张与舒缓、激动与平静等不同的心理反应和情绪。这是现代主义抽象艺术和形式构成的立足点，即不再借助于具体的故事和内容来打动观众，而这也要求调动观众参与的主观能动性。

例如，在简单的线条构图（图5.8）中，对角线、斜线会引起平面构成的紧张感，而偏离中心也能达到类似的效果。在何陋轩中，三层的台基相互错落，偏离空间的中心和水平线，也是为了达到一种动态的、失衡的效果。事实证明，通过简单几何形的重新构成，也能产生具有丰富意味的艺术形式。

吉迪恩将赖特与密斯的建筑作为"流动空间"的代表，这种流动实际上是指空间的灵活性、开放性。柯布西耶的建筑中的"运动"其实也是如此，即由于一个主体在空间中移动、漫步而产生。在柯布西耶晚年的作品中，不仅空间漫步式的运动还存在，而且建筑的形式本身也具有一种动感，比如朗香教堂和哈佛大学卡朋特视觉艺术中心。在这两个项目中，弧线的使用在建筑的表达中起着至关重要的作用，表现出更为强烈的个人色彩。朗香教堂既有内凹的曲线，又有外凸的曲线，赋予了空间以动感和情绪（图5.9）。实际上，在柯布西耶的绘画作品中，我们也可以看到这种趋势：他早年的静物画属于比较静态的，到晚年整个画面可以说就是笔走龙蛇。

阿恩海姆属于格式塔心理学派，他是犹太裔学者，在纳粹上升时期从德国移民到美国。1968年他在哈佛大学担任艺术心理学教授，就在柯布西耶设计的卡朋特视觉艺术中心工作。这个建筑对他影响至深，身处建筑空间之中的体验，让他想到"组成视觉形状并赋予它们表现力的知觉力包含在建筑几何之中，它具有音乐才有的纯净"[1]。他的著作《建筑形式的视觉动力》，就是试图探索建筑中影响心理效应的视觉条件。阿恩海姆自陈写作该书的目的之一，是为了回应和抵抗文丘里（Robert Venturi）的历史主义，以及其他的后现代主义思想潮流。柯布西耶与波多盖西的作品都是阿恩海姆经常提到的案例，阿恩海姆肯定了他们对于新的视觉形式的探索。

20世纪80年代以来，在后现代主义的风潮中，冯纪忠没有偏向历史主义，仍然坚持着现代主义以来的道路，专注于对形式本体的探索。方塔园与何陋轩都采用了"解构重组"的构成手法，以基本几何形组合成最终复杂的视觉形式。一方面，这或许受到考夫曼建筑"自主性"观念的影响，另一方面也和德奥将视觉艺术史与心理学相结合的学术传统有关。在探索建筑形式语言的表现力方面，冯纪忠有一种自觉意识。放在国际视野中，冯纪忠属于这一学术传统的一部分。只有从这一角度，我们才能了解冯纪忠晚年这些形式探索的意义。

对传统文化的转换性创造

与其他思想文化领域相似，自西方建筑学术体系传入中国以来，我国建筑师都在考虑如何将原有传统建筑文化与外来文化相融合，以创造具有自身文化特征的现代建筑的命题。这其中首先有个中西文化比较的过程，即试图找到它们的同异或优劣之处，更清楚地认识到各自的特征。冯纪忠意图"把西方的思想加进中国的东西里。西方总是用分解的办法说明一个问题，中国正好相反，是融合在一块说明一个问题"[2]，他认为只有把两种文化的特点综合在一起才能更有效地了解和解决问题。不过，这个道理虽然看似众所周知，而要落实践行且有所成就却极为不易。冯纪忠对中国文化的底蕴很有信心；他在讨论绘画时说，画家意境的深广、image的丰富，来自深厚的功底、渊博的知识、丰

〔1〕阿恩海姆承认哈佛视觉中心对他的写作有决定性影响，参见：鲁道夫·阿恩海姆. 建筑形式的视觉动力. 宁海林，译. 北京：中国建筑工业出版社，2006：前言.

〔2〕冯纪忠. 意境与空间：论规划与设计. 北京：东方出版社，2010：8.

富的经验和传统的影响。一方面，传统的积淀融合，渗透到伦理、风俗、习惯等方面，可以给画家特定的影响。另一方面，特定的传统又属于世界的一部分。从内化和外化两方面来说，中国传统都远远没有被完整开发。[1]传统文化的底蕴在美学修养、设计原则和具体设计手法等层面全方位地影响了冯纪忠的建筑思想。

其一是美学修养上的影响。上文已经提及，由于其家庭背景和时代因素，冯纪忠对中国传统文化有深入的了解。例如，在士大夫的绘画和书法所流露的美学趣味中，冯纪忠比较接受以傅山为代表的追求"奇""拙"与"支离"的审美倾向，而且将这种思想具体地体现在设计之中，例如何陋轩。这种美学趣味并非纯粹的、自治的，背后也暗含了知识人的价值观念，反过来也会影响他们对于外来文化的接受状况，即倾向于接受能够符合和补充这种价值观的文化和艺术风格。在冯纪忠这里，体现为他对外来文化是有所选择的、带有批评的接受。冯纪忠一直对学院派追求的宏伟古典的构图理论持批评态度，这种构图理论既不符合事实上的功能要求，也与他的美学趣味相抵触。试举一例，按照傅山之说"宁拙毋巧，宁丑毋媚，宁支离毋轻滑，宁直率毋安排"，古典主义建筑或者过于"媚"，或者过于"安排"，无论是否实用，在傅山的美学价值参考系统中就已经处于劣势。

冯纪忠晚年讨论艺术时经常引用李贺的诗句。李贺的诗歌以言辞奇崛、意象诡异著称，在中国诗歌传统中独树一帜。不过，历来认为李贺的作品形式大于内容，所以他的诗歌在主流的评价系统中不太受重视。但是在20世纪，李贺的诗歌又获得了新的认识。钱锺书受英美新批评派的影响，比较重视艺术的形式和技巧，他曾指出李贺善于"修辞设色"，"曲喻"更是其诗歌语言的重要特点。[2]冯纪忠分析李贺诗中丰富的意象与独特的意境，认为其意象之层出不穷，无人能及。冯纪忠还强调，李贺特别多"奇想奇句"[3]，这也符合他追求"奇崛"的美学趣味。通过研读诗歌，冯纪忠也希望能启发建筑设计达到类似的境界——所谓"反常合道"。冯纪忠在20世纪50年代引用杜甫"语不惊人死不休"，其实也是期望找到独特的建筑语言表达方式。巴洛克建筑的一些特点在某些方面更符合

[1]冯纪忠.意境与空间：论规划与设计.北京：东方出版社，2010：11.

[2]钱锺书《谈艺录》对李贺做了富有洞察力的研究。另外由于毛泽东对李贺诗的喜爱，也加深了学界对于李贺的兴趣。参见：张剑.20世纪李贺研究述论.文学遗产，2002，（6）：119-121.

[3]冯纪忠.门外谈//赵冰，王明贤.冯纪忠百年诞辰研究文集：第一卷.北京：中国建筑工业出版社，2015：210-217.

这种期望，能表达较为强烈的情感，所以在冯纪忠的晚期作品中有所体现。

其二是设计原则上的影响。冯纪忠比较反对古典主义学院派构图，赞同以功能主义为导向的包豪斯学派，以及能与自然融合的有机建筑思想。在论及北京人民大会堂的方案时，冯纪忠检讨了古典构图原理的特征，认为其未必适用于此时此地，而希望能代之以中国传统的空间组织方式。早在 20 世纪 50 年代的武汉东湖客舍，建筑与地形之间的紧密关系，就体现了冯纪忠对有机建筑思想的接受。事实上，许多学者认为，中国传统文化中一直有尊重自然、"天人合一"的思想观念。[1] 冯纪忠说中国建筑有一种"亲地"的特征，即建筑与大地、自然有互相契合的关系。因此对于以赖特为代表的有机建筑思想，冯纪忠也能欣然接受。他还能吸收中国园林中的"借景"思想，进一步地将建筑与自然环境融合一起。冯纪忠写园林史，以"人与自然"的关系为主线，也是基于同样的思考。考察冯纪忠的理论与实践，可以说，尊重环境，设计结合自然是其最为根本的设计原则之一。"因地制宜，因势利导"，后来的方塔园和何陋轩无不如此。冯纪忠还进一步解释，"因"就是依据当时的环境来进行空间布局[2]，不仅有地理、地貌的因素，还涉及历史与文化的因素，从而更加扩展了建筑的自然和人文内涵。

其三是具体设计手法。冯纪忠说，方塔园的设计手法可以归结为一点，就是对偶的运用[3]，如旷奥、曲直、繁简、高下、人工与自然等等。其中如旷奥的二元对比概念，其实来自柳宗元的散文，冯纪忠把它从故纸堆中拎出来，到现在已经广为接受。冯纪忠认为，对偶是中国比较普遍的文化现象，在诗歌中同样是广泛运用的手法。冯纪忠写过许多讨论诗艺的文章，对传统诗歌艺术的了解非常深入，也试图从中梳理出许多手法和意象，运用到建筑艺术中来。

近代以来，中国人将政治与国家治理上的失败完全归咎于传统文化的落后，极欲弃之不顾，或以西方文化取而代之，因此而造成了传统文化脉络的断裂。这种断裂让我们缺少对传统的了解，不仅失去了传统文化资源的滋养，也妨碍我们充分理解前辈们的思想境界；而传统文化和艺术正是冯纪忠最为深厚的文化资源。设计要"意在笔先"，这

---

〔1〕例如老子和庄子的思想一脉。相关著述较多，不再赘述。

〔2〕冯纪忠. 意境与空间：论规划与设计. 北京：东方出版社，2010：52.

〔3〕冯纪忠. 时空转换：中国古代诗歌和方塔园的设计//赵冰，王明贤. 冯纪忠百年诞辰研究文集：第一卷. 北京：中国建筑工业出版社，2015.

其中的"意"并非凭空而来，在很多情况下是来自文化的积淀，当然也包括我们自身的传统文化。传统文化艺术中，包含了很多独特的"意境"，可能是我们逐渐遗忘的。现代建筑技术是"笔"，可以用来再现传统文化中的"意"。此外，现代建筑的术语或概念系统均来自西方，冯纪忠则试图将中国传统文化中的词汇引入现代中国建筑概念和术语系统中来，例如"旷奥""意"等等。这本身也是一种文化自觉，也体现出他对中国文化的自信，虽然这种尝试还需要接受时间的检验。

冯纪忠建筑思想之影响

布扎学术体系自进入中国以来，似乎传播颇为顺利，并没有遭受到严重的反对。它与中国传统建筑美术结合，在 20 世纪 30 年代前后产生了一系列"固有民族形式"的典范。而与之相反，现代建筑在中国的传播似乎极不顺利，这也是众所周知的事实。冯纪忠是现代建筑在中国的推动者，同时也为中国现代建筑发展与丰富注入了活力。

冯纪忠是具有自主文化意识的建筑师，他曾经说："现在有些人抄外国的作品。抄了半天，是人家都有的东西。好不好呢？如果抄的是好东西，抄的一样好，就算是一个好的设计，但还不是中国的，因为差异没有形成。这就要有传统。为什么有的国家在世界性、共性里面，个性比较明显呢？这就是因为有很强的传统。我们的个性是很强的，因为过去我们和人家接触的比较少。所以只要能尊重自己的传统，中国的文化应该最宜于创造。"[1]吸收外来文化，并结合自身文化的特点，冯纪忠创作了具有本土文化特征的建筑作品。

冯纪忠的建筑思想影响深远，除了他"桃李满天下"的学生之外，自他以后的几代建筑师都有所受益。前文已经提到，戴复东曾自述以冯纪忠为代表的同济学派对他的深刻影响，而具有同样经历的还有葛如亮等。[2]

葛如亮 20 世纪 50 年代初曾在梁思成门下做研究生，毕业后回到上海同济大学任教。他的主要研究方向是体育建筑，而他在 50 年代设计的长春体育馆和山东体育馆方案，都

[1]冯纪忠.意境与空间：论规划与设计.北京：东方出版社，2010：17-18.
[2]关于葛如亮受冯纪忠的影响，参见：王炜炜.葛如亮"现代乡土建筑"作品解析.同济大学硕士论文，2007.

图5.10　葛如亮，习习山庄。笔者拍摄

图5.11　王澍，宁波五散房。笔者拍摄

属于明显的古典主义风格。[1]不过，葛如亮在后来的实践中逐渐脱离了其导师的影响，转向了更具地域性的现代建筑，这或许是因为他在上海浸染了现代建筑思想的缘故。无论是在他的学术研究还是设计实践中，都能看到冯纪忠的影响。50年代后东南学派广泛开展了民居建筑研究，受此影响，葛如亮的学术兴趣也转移到民居或者乡土建筑中；60年代，葛如亮参与了冯纪忠主导的"空间组合理论"的教学；80年代他设计习习山庄（图5.10）时，冯纪忠曾到现场提出意见供其参考。[2]葛如亮也做过"建筑与自然"的课题研究，并且在实践中应用，他与冯纪忠关注着相同的学术问题。除此以外，他们在文化精神上有可对话之处，都强调建筑创作中的个人性。

　　20世纪80年代是建筑实践者个人身份建立和批判性起步的时代，思想解放鼓励着艺术中的个人创造。冯纪忠是引领这一变化的人物之一，何陋轩是这种转变的一种体现。这一时期，建筑师个体的自我意识已经在苏醒，个人的创造性逐渐得到肯定，观察历史、文化的视角从"国家—民族"视角向个人视角转变，

[1]王炜炜.葛如亮"现代乡土建筑"作品解析.同济大学硕士论文，2007：11-13.

[2]彭怒，王炜炜.中国现代建筑的一个经典文本：习习山庄解析.时代建筑，2007（5）：50-58.

在宏观的"大我"中开始凸现具体的"小我"。建筑实践在集体性的追求中也显示出个体性的文化选择。葛如亮认为，建筑师的主观意图是作品成败的关键："一个建筑作品……是看作者，看他的思想和表达方式，看他对各种客观事物的理解和矛盾的处理。主观来源于客观，客观则是通过创作者主观来实现……建筑需要个性，是正常的要求……建筑的个性反映着建筑创作者的个性。"[1]如此明确地提出建筑要表达创作者的个性，而不再标榜一种抽象的民族特征，在80年代并不多见，它意味着对以往那些陈词滥调的抛弃。建筑师也要求个性的表现，创作者不仅仅是现实的镜子，他还是"发光体"，建筑形式可以是个人内在精神和气质的表达。

80年代之后，也有不少建筑师从冯纪忠的作品中获得思想资源，王澍也是其中之一。他曾经为何陋轩做过一次文献展（2010），并且他公开声明自己意图传承冯纪忠的建筑思想。他在一篇文章中写道：让我感兴趣的是，在现代中国建筑史上，冯纪忠先生处于什么特殊的位置。实际上，他是可以被视为一类建筑的发端人……二十几年后，仍然有一些中国建筑师对冯先生的松江方塔园与何陋轩不能忘怀，我以为就在于这组作品的"中国性"。这种"中国性"不是靠表面的形式或符号支撑的，而是建筑师对自身的"中国性"抱有强烈的意识，这种意识不只是似是而非的说法，而是一直贯彻到建造的细枝末节。以方塔园作为大的群体规划，以何陋轩作为建筑的基本类型，这组建筑的完成质量和深度，使得"中国性"的建筑第一次获得了比"西方现代建筑"更加明确的含义。[2]

王澍似乎有意建构一个传统，一个传承的脉络，即"一类建筑"，这个传统起始于三十年前的方塔园，而王澍自视为这个传统的传承人。从方塔园到中国美院象山校区，从冯纪忠到王澍，他暗示了一种线形的传承发展。三十年，正好是改革开放的三十年，这条路线以中国建筑师获得普利兹克建筑奖作为一个里程碑。为这"一类建筑"，王澍甚至创造了一个词——"中国性"。王澍是深怀历史意识的建筑师，他当然了解梁思成关心的问题："我想起梁思成先生在《中国建筑史》序中的悲愤，疾呼中国建筑将亡……"[3]不过他否定以往那种模仿式的传承，认为何陋轩更体现了一种建筑语言上的突破；在他

---

[1]葛如亮.葛如亮建筑艺术.上海：同济大学出版社，1995：150-153.

[2]王澍《小题大做》，该文刊发于《新观察》第7辑《"何陋轩论"笔谈》，载《城市 空间 设计》"建筑批评"专栏，2010年第5期。

[3]同上。

看来，如梁思成那般维持对历史建筑的结构体系的再现是不必要的，只有废除了屋顶下粗大的梁柱体系，才能彻底颠覆传统建筑语言。换言之，梁思成所追求的历史建筑中"豪劲"的结构表现，恰恰成为王澍意图抛弃的事物。

王澍设计的宁波五散房展厅（2005，图5.11）在功能和尺度上都与何陋轩非常类似，都是公园中的小品建筑，基地都同样面临着一片水面。五散房展厅屋顶采用了两波起伏的坡屋顶，追求一种失衡与运动感。这种不对称的弧形屋面同样与何陋轩有着千丝万缕的联系，虽然在屋顶与地形的关系上，它没有达到何陋轩那种紧密的程度。

在自觉发扬中国文化传统方面，王澍与他的前辈具有相同的信心。在将中国传统文化特征融入现代建筑的尝试中，冯纪忠无疑是杰出的先行者之一。赖德霖曾提出过一个"文人建筑"的概念，他认为从童寯、冯纪忠等老一辈建筑师到王澍，是现代中国文人建筑传统的一次复兴和发展。[1]"文人建筑传统"是否确实存在是一个尚可以讨论的问题。中国传统中有文人画之说，却无文人建筑之说。文人画兴起于宋，越来越多的文人士大夫参与绘画活动，本是业余之事，不过度追求技法，而强调作者个人神气、性情的表达。文人画的提法是为了区别于民间画工或院体画，某种程度上是掌握话语权的文人士大夫的自我欣赏，后来也逐渐成为中国水墨绘画的主流。然而，绘画是纯艺术，建筑却不是，建筑本质上是一种有实用目的、有功能要求的工艺，最多称得上是"建造的艺术"。文人画是可以自足的，建筑不能，所以未必可以独立出一个"文人建筑"的派别。实际上，古代文人很少留下真正对于营造之事的讨论，因此也很难达到所谓的"复兴"。但是有一点可以确定，当一个有着传统文化底蕴的知识人将他们的思考投入现代建筑活动时，必然会产生一定的差异性和丰富性。正如西方文艺复兴之后，越来越多的知识人参与建筑的思考，推动了建筑学的发展，或许中国也会经历这种长期的过程。

本书的主要目的是辨析冯纪忠与时代风气的关联，以及他所受的西方和中国文化传统的影响，表明一个成熟的建筑师所具有的复杂文化背景和思想资源。笔者并非要对冯纪忠的建筑思想做一个完整全面的转述（事实上也不可能），愿意了解他的读者最好是去阅读他的文章和作品。相信人们越来越会发现冯纪忠建筑思想所具有的丰富性，并且获得自己的理解。

---

〔1〕赖德霖. 中国文人建筑传统现代复兴与发展之路上的王澍. 建筑学报，2012，（5）：1-5.

第六章　结语

冯纪忠个人与时代的紧张关系

20 世纪中国的巨大政治和文化变迁深刻地影响了每一个中国人的人生轨迹，相对于这种人世巨变，有关建筑的理想就显得微不足道了。和所有其他艺术文化领域相似，在政治和意识形态对建筑具有决定性影响的前提下，建筑师在大多数情况下只能随波逐流。假如不能紧跟政策，在学术上也可能被边缘化。20 世纪 50 年代之后，冯纪忠几乎没有什么项目能够得以实现，其中固然有社会经济发展缓慢的原因，但也和他的学术路线不能满足主流意识形态的需要有关系。尽管在其建筑生涯中遭受了很多挫折，不过冯纪忠始终坚持对现代建筑的探索，从未曲而不守。

从冯纪忠选择维也纳这座城市开始，就注定了其学术道路的独特之处。维也纳建筑学派在以技术为本的同时，还培养了一种历史的观念和意识。二战之后，国际建筑协会（CIAM）确实具有现代建筑的正统地位，而它的一家独大也造成了其他学术流派只能微弱发声，例如黑林和夏戎所代表的有机功能主义几乎被湮没。[1] 在国内，古典主义学院派是主流，现代建筑、包豪斯学派的思想还是零零星星的。背负维也纳学派传统的冯纪忠更加势孤力单，但他以"兼容并包"的精神，筚路蓝缕，为中国现代建筑教育做出了巨大贡献。

冯纪忠身处现代中国的一个大变动的时代，就个人而言，他的建筑生涯可以分为三个时期。

第一时期的特征可以概括为功能主义和追求结构新技术的应用。在这一时期，作为一个心怀理想的青年建筑师，冯纪忠和当代最先进的思想和趋势保持同步；在维也纳技术大学的留学生涯为他提供了深厚的学术基础，他期待以现代建筑的基本理念来建设中国。在上海公交一场的设计中，冯纪忠推动采用了国内最早的混凝土薄壳结构。武汉东湖客

---

[1] 科林·圣约翰·威尔逊. 现代建筑的另一个传统：一个未竟的事业. 吴家琦, 译. 武汉：华中科技大学出版社, 2014.

舍是国内最早实践"流动空间"的案例之一，在此，冯纪忠借鉴了有机建筑思想的观念，并引入《园冶》中"借景"的思想，创造了一个针对基地特征做出独特回应的经典案例。同济医院则体现了功能主义的效率优先原则，冯纪忠注重材料和结构的真实性与表现性，体现了他对于"建构"的基本认识。

第二个时期，是空间组合原理和民族特色的探索时期。由于实践项目减少，冯纪忠的重点转向教育和研究，空间组合原理是他这一时期的理论成果，是对现代建筑设计观念的归纳和总结。不过，应该注意的是，冯纪忠的空间概念不是由平滑的板片包裹的抽象空间，他强调在空间设计中结构和构造的建筑表现的重要性。这一点与他在维也纳技术大学获得的建筑传统有着深远的联系。这一期间，冯纪忠开始探索在现代建筑中体现民族特色；民居或者竹构棚屋是他的灵感来源，他摆脱了以往民族形式的固定思维，形成了自己的独特看法和视角，并以此作为创造建筑个性特征的可能途径。

第三个时期是改革开放之后，经过多年的沉淀积累，冯纪忠完成了最为成熟的作品——方塔园与何陋轩。在后现代主义的潮流中，冯纪忠并没有被历史主义所裹挟，始终坚持现代建筑的基本价值，探索属于个人的较为独特的建筑语言。在理论方面，冯纪忠比较各国景观文化，吸收了中国传统文艺中的思想智慧，提出了园林史的"五层面说"。笔者认为这是园林史上的一个极为大胆自信的理论建构，但是并未得到足够的关注，其思想活力还有待未来历史的验证。

如今，冯纪忠的成就已得到广泛的认同和高度的评价，无需笔者赘述。本书的研究是将他放在世界与国内的学术视野内进行比较研究，从而呈现冯纪忠建筑作品及思想谱系的丰富性或复杂性。而冯纪忠个人的作品和思想又丰富了中国现代建筑的谱系，并且传递了火种，值得后辈传承。除了对现代建筑空间观念的积极推动之外，冯纪忠建筑思想的独特性主要体现在三个方面：其一是传承森佩尔与维也纳学派代表的"建构"文化，以及对原始棚屋的思考；其二是对于建筑自主性和形式语言的探索；其三是将传统文艺中的思想和意境重新诠释，并用现代建筑的形式和手法予以呈现。其中，前两点可能是因为冯纪忠的学术背景而最显独特之处，但是却从未被明晰地表述和详尽地阐发。

从世界建筑的范围来看，冯纪忠经历了两个历史时期。一个是从古典建筑向现代建筑转型时期，这是二战之后世界建筑的整体趋势。另一个是20世纪60年代之后欧美建筑出现后现代潮流、历史主义抬头的时期。在此期间，冯纪忠基本上保持着与国际建筑的同步成长，即使是在国内环境较为封闭的条件下，仍然在积极地吸收国外的先进学术成果。从国内来看，自 20 世纪 50 年代开始，现代建筑的路径时断时续、磕磕绊绊，似乎从未成为学术界的主流，直到改革开放之后，又遭受后现代思潮的冲击。学术圈对建筑现代性的接受实际上是被动的、反复摇摆的。也因此，对于冯纪忠个人来说，探索中国现代建筑的实践道路并不顺利，甚至阻挠不断。冯纪忠的实践与时代风气之间始终存在一种紧张的关系。20 世纪 50 年代初，他其实是比较乐观的，所以在公开场合发言时说出杜甫的"语不惊人死不休"；但是此后的国内形势急转直下，任何个人的创新都可能遭受政治上的责难。不过，对冯纪忠来说，其建筑思想是连贯的；他始终与主流意识形态保持距离，拒绝随波逐流，在时代风气中保持着独立思考。更为重要的是，他吸收了中国传统文化中的智慧，唤醒了沉睡在传统文艺中的美学思想，将其转化为现代建筑所用的设计手法，并在作品中呈现出新的意境。

民族性与个人性

冯纪忠在谈论传统和艺术家的个性时曾说道："意境之进入、意象之生成，来自于认识水平、生活经验和传统熏陶，其中特别是传统。当然指的不光是大屋顶、四合院等形式。传统是积淀、融合、渗透到各方面的文化，传统给予我们特定的影响，同时又正是属于世界的宝藏。所以建筑艺术，个性越显著则感人越深，而世界性越强。时代感越鲜明，则恒久性却越大。"[1]

在中国现代建筑发展的历史中，始终贯穿着一个主题，就是寻找民族形式或者体现民族特色。梁思成在《为什么研究中国建筑》一文中说道："无疑的将来中国将大量采用西洋现代建筑材料与技术。如何发扬光大我民族建筑技艺之特点，在以往都是无名匠师不自觉的贡献，今后却要成近代建筑师的责任了。如何接受新科学的材料方法而仍能表现中国特有的作风及意义，老树上发出新枝，则真是问题了。"[2]在西方现代建筑新潮的冲击之下，这是梁思成最为关心的问题，实际上也是一直以来困扰中国建筑界的"梁思成问题"。这个问题或许并非梁思成首先提出，但是梁思成作为一个时代的标志性人物，

---

[1]原文为冯纪忠1988年1月14日在学院教师会上的讲稿，题名为《瑞典ICAT》。参见：同济大学建筑与城市规划学院.建筑弦柱：冯纪忠论稿.上海：上海科学技术出版社，2003：87-88．

[2]该文原为梁思成《中国建筑史》的序言。参见：梁思成.凝动的音乐.天津：百花文艺出版社，1998：206-213.

由他提出具有代表意义。过去数十年中，几代建筑师都不得不面对"梁思成问题"，即使到了 20 世纪 80 年代，仍然有人在提倡"民族形式、社会主义内容"。从实际结果来看，梁思成关于民族形式的"理想"更像是一把枷锁，束缚了人们的思想。

然而"民族性"这一前提本来就是可疑的。晚近许多学者，如本尼迪克特·安德森（Benedict Anderson）认为，民族是近代才出现的，是被人们所建构的产物即"想象的共同体"[1]。传统中华帝国在"天下"概念崩溃之后，也只能抓住民族主义这根救命稻草。无疑，中国建筑的民族性或民族形式也是近现代以来建构的文化概念，是一定历史和文化时期的产物，而其中梁思成的历史写作可谓居功至伟。中国固然有其传统，但也许并不存在一个固定的、永恒的民族形式或特色。甚至所谓"传统"也需要甄别，如霍布斯鲍姆（Eric Hobsbawm）所言，许多我们想当然的传统也只是晚近的发明。[2]当民族性被引入到文学艺术（包括建筑）之中，"民族形式"就具有一种意识形态的天然正确性，从而对其他形式构成一种公开或潜在的压制。

我们观察冯纪忠的建筑实践生涯，也能得出这种印象。20 世纪 50 年代初，他在群安事务所期间，无论东湖客舍还是武汉同济医院，都并没有尝试采用民族形式。他晚年的松江博物馆方案，也因为没做坡屋顶、缺乏民族特色而被否定。尽管在 50 年代之后，冯纪忠也开始探索"民族特色"（不管是出于被动还是自觉），但是并未局限于北方的官式大木建筑，而是更多采用民间的案例，关注的重点是建筑的空间与结构，而非形式上的还原。冯纪忠在做方塔园大门的方案时，"当时有人说，50 年代做的还比较现代，方塔园怎么又突然变成了一个大屋顶了呢？怎么又成了中国形式的了？我说，这不是主要问题，这是形式（而已）……"[3]因此，冯纪忠总是避免谈论形式，自然有其苦衷，他认为"民族形式"就像一道紧箍，束缚了建筑师的个性。[4]

〔1〕参见：本尼迪克特·安德森.想象的共同体：民族主义的起源与散布.吴叡人，译.上海人民出版社，2005.

〔2〕参见：E.霍布斯鲍姆.传统的发明.顾杭、庞冠群，译.北京：译林出版社，2008.

〔3〕冯纪忠.与古为新：方塔园规划.北京：东方出版社，2010：15.

〔4〕参见冯纪忠1985年写作的《哥本哈根会议评议》。相关原文如下："我们不能再把自己束缚住，过去一道'民族形式'紧箍咒，至今余音袅袅。"冯纪忠.意境与空间：论规划与设计.北京：东方出版社，2010：194.

　　从 60 年代花港茶室的设计开始，冯纪忠就提到童年时对临时棚屋的印象，这种对起源的暗示，意味着他思考了建筑之本质的问题，超越了对某种具体的民族形式的执着。王澍曾经评论道，在何陋轩之前，"仿古的就模仿堕落，搞新建筑，建筑的原型就源出西方，何陋轩是'中国性'建筑的第一次原型实验"[1]。冯纪忠是少有的提到和思考过"原始棚屋"与原型的建筑师，不仅在何陋轩，至少从 60 年代就开始了。尽管王澍对冯纪忠的观察是有洞察力的，不过他还提出了一个词语"中国性"，这个类似"民族性"的标签让人心生警惕，因为它也可能同样具有排他性。如同东方与西方这种二元对立，过于强调"中国性"也可能会与"西方性"形成二元对立，因此有损于互相之间的交流融汇。之前的研究已经表明，冯纪忠的建筑观念中包括了维也纳、包豪斯、赖特等多个国家多个学派的思想资源，这些资源对支撑和丰富他的创作都是必不可少的。方塔园规划不是也有英式园林的影响吗？冯纪忠对西方的优秀文化始终敞开心胸，并未处心积虑地要体现"民族性"或"中国性"。实际上，冯纪忠也是"民族性"意识形态口号的受害者之一，即使是到了 21 世纪初的松江方塔园博物馆方案，也未能幸免于民族形式教条的"扫荡"。如果我们在他的建筑中看到了"民族形式"，那只是因为他身处中国，不得不如此而已。

　　冯纪忠可能在维也纳已经了解到考夫曼的思想，但是我们从他前期的作品中是看不到这条线索的。只有到了 20 世纪 80 年代以后，在何陋轩，我们才清晰地看到解构重组的手法，以及他强调建筑元素自由、独立的表达。因为过去对民族性的强调压抑了个人的自由和个性的特征，从而也桎梏了多样性的可能。在某种程度上，可以说这正是过去三十年困厄经验的结果，因而他对考夫曼的思想有了真正的同情，所以有感而发。

　　冯纪忠晚年更倾向于一个世界主义者，无所谓东西方民族之分，而更加强调个人性。在全球化信息化的时代，所有人类的文化与知识都是共享的，封闭的"民族形式""地域主义"在某种程度上已经失去了其价值。正如钱锺书云："东海西海，心理攸同；南学北学，道术未裂。"无论是中国还是外国的传统，都可以实行"拿来主义"。但是，这些资源都必须要经过个体的思考及其生命体验的过滤，才能内化为独特的个性，并发为感人的艺术。因此，王澍以"中国性"替代了"民族性"，并没有道出冯纪忠一生建筑实践的价值和意义。而且，"中国性"本身也是一个抽象而笼统的概念，并不指向某

---

〔1〕王澍《小题大做》，该文刊发于《新观察》第7辑《"何陋轩论"笔谈》，载《城市 空间 设计》"建筑批评"专栏，2010年第5期。

种具体的艺术特征，正如我们也很难想象存在类似"美国性"或"日本性"的词语。[1]例如，冯纪忠认为建筑受自然的孕育，他关注建筑的"亲地性"，这一特质便是"中国性"一词无法概括的。

80 年代之后，冯纪忠经常谈到情理交融；关于"情"与"理"的关系，也是那个时代中国传统试图融合西方美学思潮的一部分。"情"可能是情感或性情，建筑或者建构都要融入感情，而这种感情，却可能是共同的、不分中西的。李泽厚曾提出过中国传统文化的特征之一是"情本体"，他认为，相对于西方哲学思想中的"理本位"，"情本体"是一种有益的补充，站在人类整体的视角，他期望能达到一种情理相融的平衡——结合西方的启蒙理性和中国的"情本体"。[2]冯纪忠或抱有类似的乐观情怀，认为文化交融能促进全人类的进步。对于他来说，过于强调民族性、中国性，或中西分野，恐怕都是自我设限。无论是观照外来文化还是传统文化，最终的目的都是走向世界，并不存在固定的、抽象的"中国性""民族性"，这些概念都有其时代局限性。在笔者看来，引用"语不惊人死不休"的冯纪忠才是更本真的，他企图探索一种个性化的建筑，而中国的传统文化也许是他借以转化为个体差异的资源。理论上这个资源可以为任何人所用，关键在于运用之道与运用之妙，与此相比，其地域性或族群性的标签也许并不是那么重要。如果我们在方塔园与何陋轩中看到了"中国性"或"民族性"，那体现的只能是冯纪忠个人对传统和历史的独特理解和诠释，正如王澍也有他个人的理解和诠释，别人不一定能与之共享。

"见地"

柯林伍德（R. G. Collingwood）说一切历史都是思想史，历史研究的目的是辨识参与某一事件中的行动者的思想。[3]冯纪忠的作品在将来或许还会得到不同的诠释，他所探

---

[1] 依据奥卡姆剃刀原理，如无必要，勿增实体，"中国性"这个概念似可有可无。

[2] 在西方，logos 是逻辑、理性、语言，强调的是理性对感情的主宰和统治。中国传统虽也强调"理"，但认为"理"由"情"（人情）而生，"理"的外在形式就是"称情而节文"的"礼"。《郭店竹简》一再说，"道始于情""礼生于情""苟以其情，虽过不恶"等等。孔、孟所讲的"汝安则为之""恻隐之心""不忍人之心，行不忍人之政"等伦理、政治原则也都是从"情"出发。参见：李泽厚，刘绪源. 该中国哲学登场了：李泽厚2010谈话录. 上海：上海译文出版社，2011.

[3] 参见：柯林伍德. 历史的观念. 何兆武，张文杰，陈新，译. 北京：北京大学出版社，2010.

索的形式语言和解构重组的手法，或许、甚至难免会成为过去的历史。何陋轩作为一个竹构建筑，如果不能得到保护或重建，最终会消失在历史的风雨烟尘之中。通过前面的论述，我们可以了解冯纪忠思想的丰富性或广度。然而，如果最终要总结冯纪忠建筑思想的独到之处，那又会是什么呢？什么是他最重要的学术或思想的遗产？试图从纷繁交错的思想线索中梳理出一条简短明晰的纲领来，并非一个容易的任务。

冯纪忠在晚年总结了自己的设计观："设计就是因势导利，因地制宜。借助着势来导引，最终产生具体的形；借助着心地与实地的结合，做出适宜的空间形态。"[1]势是客体，势是世界的趋势，也包括使用者的需求。"因地制宜"的"地"包含主体和客体两个范畴。一方面，"地"是指外界的物理的世界，即自然环境和基地，此为"实地"。另一方面，"地"也指个人的"心地"，包括他的修养，他所接受的文化传统和熏陶。所谓一个人有"见地"，实际上是一语双关，既要"见实地"，也要"见心地"，是对"实地"与"心地"的双重观照——既是对基地环境的一种观察，又能巧妙地予以应对；既呈现出事物的本性，同时也体现出设计者的内在修养。主体和客体在互动中生成适宜的空间形态。

总结冯纪忠建筑思想之精华，其最根本的一点在于建筑与自然及人文环境的融合。他的建筑形式可能有变化，技术手段也不尽相同，空间追求的趣味也有差异，但有一个观念始终如一，那就是建筑与环境的融合——与自然和文化的协调，这个原则是一以贯之的。如果要从冯纪忠自己的话语中寻找一个关键词来表达，就是"亲地"。当然，在这里"地"的内涵需要拓宽，"地"不仅仅是建筑场地的地形，还是更广泛意义上的土地，它也不仅仅是地理意义上的，还是文化意义上的，包括当地的历史文化和人文精神。冯纪忠所认为的建筑亲和土地，是自然与文化双重意义上的"亲地"。要达到"亲地"，首先要能"见地"，需要对场地的自然及文化特征深入观察，能够抓住差异所在。"亲地"是在"见地"的基础上，因地制宜，因势利导。

20世纪80年代末，冯纪忠曾经批评道：现在的后现代主义、"结构"或"解构"（主义），解的都是梁、柱、板、壳一类的人工物，"自然"没有作为元素参与解体和重组，因而也就不能综合、直觉、整体地把握事物。[2]这在某种程度上是对脱离生活世界的形式主义的一种批评；而人与建筑及其自然的关系一直是冯纪忠在建筑和园林研究中的主

---

[1]冯纪忠.意境与空间：论规划与设计.北京：东方出版社，2010：3-4.

[2]参见：冯纪忠.人与自然：从比较园林史看建筑发展趋势.建筑学报，1990（5）.

题。不要忘了，在 20 世纪 50 年代设计东湖客舍时，冯纪忠就提到"大自然"为他规定了设计的体裁，提供了设计的依据。这种尊重与顺应自然的态度出现得如此之早，体现了冯纪忠在智识上的早熟。后来的"借景"，本质上也属于处理建筑与自然及周遭环境关系的问题。从东湖客舍顺应地形的变向，到花港观鱼"亲地"的棚屋意象，再到何陋轩的场地处理，都体现了人工与自然、建筑与环境的融合。而方塔园"与古为新"的概念，则是现代建筑与历史传统、人文环境的融合。建筑与环境融合这个道理并不深奥，甚至像老生常谈，差异在于躬行这一原则的恰当程度不同而已。只有如冯纪忠这样在相应的自然与文化环境中浸润至深、观察至微，才能获得独特的见地，并转化为不落俗套的形式。形式与风格的产生，并非基于先验的教条，或者形式内部的游戏，而是基于对场地的理解和对相关文化的诠释。越是与环境结合紧密，越是能产生有意义的差异，而由此生成的建筑，自然也就有了地方的或者个性的特征。

　　李泽厚在 20 世纪 80 年代提出过"西体中用"的观点，以区别于过去"中体西用"和"全盘西化"这两种对立的观念。他将"体"定义为人们的日常物质文化生活，避免了意识形态的争论。将"体"作为一种现代生活方式，很大程度上也是对现实的一种接受，承认了中西生活方式的普遍性。李泽厚强调"用"是关键，即依据中国的历史和现实，对于传统文化进行"转换性创造"而产生新的形式。[1]

　　也许李泽厚的观点确实捕捉到了时代的某一个动机。童寯也曾提出"第三条道路"的观点，他的观点基于两个判断。一是他认为当时国际建筑风格"千篇一律"；这也是当时国内外学术圈的共识，对于"千篇一律"的焦虑在不同时期总会再次出现，这种焦虑的另一面其实是对于创新的期待。二是"第三条道路"是存在的，即用某些中国古典手法来适应西方现代形式，这也是一条创新的途径。童寯也许是接受了西方现代形式的普遍性，值得注意的是，他并未要求任何民族形式；这和梁思成"老树发新枝"的想法相去甚远，童寯接受了一棵"新树"。但是如何组织这些现代形式，来获得新的空间和形态？他认为中国传统的思想和手法是一条有价值的途径。童寯所开启的江南园林研究为此提供了一种可能，而冯纪忠的作品对于基地和风景的巧妙回应就是《园冶》造园思想的一种体现。童寯寄寓期待的贝聿铭也是如此，香山饭店不就践行了院落和园林的手法吗？

---

[1]　"转换性创造"是李泽厚提出来的观点，即立足于自身的传统，对外来思想进行转化，并创造出新的文化形式。详见：李泽厚. 中国现代思想史论. 北京：生活·读书·新知三联书店，2008.

　　贝聿铭吸收了西方现代建筑学最新的成果，代表了一个华人建筑师在西方语境中所能取得的伟大成就。可以说，西方建筑文化就是他的主要传统，而中国传统文化的特征就比较弱一点。贝聿铭虽然是成功的建筑师，但是可能在西方学术界看来，他的创新是有限的；这可能有西方中心主义的偏见，因为贝聿铭仍然是根植于他们的传统。贝聿铭在中国境内创作的时候，偶尔也会使用传统的符号。而对于传统院落空间的转化，又有点流于表面。例如苏州博物馆，其平面布局对传统院落空间的转化过度执着于形式。[1]按童寯所言，冯纪忠也可以算是第三条道路，但是他与贝聿铭的转换方式略有差异。如果说贝聿铭采用传统院落空间比较偏向于"形"的层面上，那么冯纪忠观察到民间建筑的"亲地性"，就是对"神"或"意"的一种把握。北大门与何陋轩虽然都采用了坡屋顶，但是并非符号化的，不仅仅是形似，而且同时表现屋顶结构的轻盈之意，以及与场地的微妙呼应（即"亲地性"）。冯纪忠反复提醒我们不要注重形式（大屋顶和四合院），而要注重"意"的表达。这个"意"来自对自我文化传统的深刻体验，也许只有生活在其中的人才能感悟。这是贝、冯两位同学的差异所在，他们自圣约翰同窗之后，即生活在不同的世界，不同的生活世界也赋予与了他们作品中的不同气质。

　　一般来说，"第三条道路"的提法是为了区别于教条化的现代主义和复古的历史主义；建筑的生成更多地基于场地、本土文化和人们的生活方式，无论是阿尔托所说的"人情味"，还是德国的有机功能主义都是如此。阿尔托认为传统与现代的二元划分并无意义，建筑永远不能脱离人与自然的因素。这是更广泛的意义上的"自然"，包括全体人类、他们的城市及其文化。建筑的作用就是要拉近自然与人们的关系。[2]冯纪忠的亲地与亲自然思想与阿尔托的观念不乏相似之处，他们的建筑之道有着共同的方向。

　　建筑的多样性实际上是来自人类生活的多样性。"有法无式，意在笔先"，冯纪忠的表达特点是明白晓畅，其风格是经验的，而非形而上的。他不拘囿于概念，始终相信鲜活的个人体验，而非永恒的抽象的原则。冯纪忠从未强推任何普遍性的理论，他自己也不沉迷于宏大理论的建构。冯纪忠的"五层面说"，最后的落脚点也是"意"，"意"

---

〔1〕徐文力. 出离现代主义：苏州博物馆//同济大学研究生创新论坛文集：枫林学苑XVII，上海：同济大学出版社，2014：143-148.

〔2〕参见阿尔托的文章《艺术》（*The Arts*）。Alvar Aalto. *Alvar Aalto：Vol. 2. 1963–1970*. Birkhäuser Architecture，2010：10.

并非指一种规定性的状态，而是一种向个人诠释开放的境界，鼓励对自我的观照与对个性的表达。创新的路径从来不是唯一的，不妨偏径，才有可能独辟蹊径。冯纪忠说过，走向自己的内心愈深，则走向世界的前景愈宽，正如古人云："外师造化，中得心源"。这个"心"不仅是指一个民族或一个群体的文化心灵，也是指个人的心灵——每一个能够自由思想的心灵。

参考文献

中文建筑专业类著作

〔1〕赵冰，王明贤.冯纪忠百年诞辰研究文集.北京：中国建筑工业出版社，2015.

〔2〕赵冰，王明贤.冯纪忠百年诞辰纪念文集.北京：中国建筑工业出版社，2015.

〔3〕赵冰，冯叶，刘小虎.与古为新之路.北京：中国建筑工业出版社，2015.

〔4〕冯纪忠.建筑人生.北京：东方出版社，2010.

〔5〕冯纪忠.与古为新：方塔园规划.北京：东方出版社，2010.

〔6〕冯纪忠.意境与空间：论设计与规划.北京：东方出版社，2010.

〔7〕梁思成.凝动的音乐.天津：百花文艺出版社，1998.

〔8〕童寯.童寯文集.北京：中国建筑工业出版社，2000.

〔9〕黎志涛.杨廷宝.北京：中国建筑工业出版社，2012.

〔10〕赖德霖.走进建筑，走进建筑史：赖德霖自选集.上海：上海人民出版社，2012.

〔11〕南京工学院建筑研究所.杨廷宝建筑设计作品集.北京：中国建筑工业出版社，1983.

〔12〕王建国.1927—1997杨廷宝建筑论述与作品选集.北京：中国建筑工业出版社，2012.

〔13〕同济大学建筑与城市规划学院.黄作燊纪念文集.北京：中国建筑工业出版社，2012.

〔14〕张祖刚.当代建筑大师：戴念慈.北京：中国建筑工业出版社，2000.

〔15〕同济大学建筑与城市规划学院.建筑弦柱：冯纪忠论稿.上海：上海科学技术出版社，2003.

〔16〕建筑工程部建筑科学研究院，南京工学院.综合医院建筑设计.北京：中国建筑工业出版社，1964.

〔17〕戴复东.追求·探索：戴复东的建筑创作印迹.上海：同济大学出版社，1999.

〔18〕同济大学建筑与城市规划学院.吴景祥纪念文集.北京：中国建筑工业出版社，2012.

〔19〕中华人民共和国建筑工程部，中国建筑学会. 建筑十年，1959.

〔20〕中国建筑学会. 建筑设计十年. 北京，1959.

〔21〕王世仁. 理性与浪漫的交织：中国建筑美学论文集. 北京：中国建筑工业出版社，1987.

〔22〕朱涛. 梁思成与他的时代. 桂林：广西师范大学出版社，2014.

〔23〕刘敦桢. 中国古代建筑史. 北京：中国建筑工业出版社，1984.

〔24〕雷星晖. 枫林学苑 XVII. 上海：同济大学出版社，2014.

〔25〕邹德侬. 中国现代建筑史. 天津：天津科学技术出版社，2001.

〔26〕陈志华. 外国造园艺术. 郑州：河南科学技术出版社，2001.

〔27〕王天锡. 贝聿铭. 北京：中国建筑工业出版社，1984.

〔28〕徐明松. 建筑师王大闳. 台北：诚品股份有限公司，2010.

〔29〕伍江. 上海百年建筑史. 上海：同济大学出版社，1997.

〔30〕钱锋，伍江. 中国现代建筑教育史. 北京：中国建筑工业出版社，2008.

〔31〕计成. 园冶注释. 第二版. 陈植，注释. 北京：中国建筑工业出版社，2017.

〔32〕《民间影像》. 文远楼和她的时代. 上海：同济大学出版社，2017.

中文其他著作

〔1〕季羡林. 留德十年. 北京：外语教学与研究出版社，2009.

〔2〕钱锺书. 七缀集. 上海：上海古籍出版社，1985.

〔3〕钱锺书. 谈艺录. 北京：生活·读书·新知三联书店，2007.

〔4〕俞载道，黄艾娇. 结构人生：俞载道访谈录. 上海：同济大学出版社，2007.

〔5〕滕固. 滕固美术史论著三种. 北京：商务印书馆，2011.

〔6〕李泽厚. 美术论集. 上海：上海文艺出版社，1980.

〔7〕林风眠. 林风眠论艺. 上海：上海书画出版社，2010.

〔8〕白谦慎. 傅山的世界：十七世纪中国书法的嬗变. 北京：生活·读书·新知三联书店，2006.

〔9〕李泽厚. 批判哲学的批判. 北京：人民出版社，1979.

〔10〕上海当代艺术博物馆. 市民都会. 上海人民美术出版社，2016.

外文译著

〔1〕卡尔·休斯克.世纪末的维也纳.李锋，译.南京：江苏人民出版社，2007.

〔2〕戈特弗里德·森佩尔.建筑四要素.罗德胤，赵雯雯，包志禹，译.北京：中国建筑工业出版社，2010.

〔3〕肯尼斯·弗兰普顿.建构文化研究：论19世纪和20世纪建筑中的建造诗学.王骏阳，译.北京：中国建筑工业出版社，2007.

〔4〕施洛塞尔，等.维也纳美术史学派.张平，等，译.北京：北京大学出版社，2013.

〔5〕克里斯蒂安·诺伯格·舒尔茨.巴洛克建筑.刘念雄，译.北京：中国建筑工业出版社，2000.

〔6〕达萨.巴洛克建筑风格，1600—1750年的建筑艺术.方仁杰，金恩林，译.上海：上海人民出版社，2007.

〔7〕海因里希·沃尔夫林.文艺复兴与巴洛克.沈莹，译.上海：上海人民出版社，2007.

〔8〕弗兰克·劳埃德·赖特，埃德加·考夫曼.赖特论美国建筑.姜涌，李振涛，译.北京：中国建筑工业出版社，2010.

〔9〕科林·圣约翰·威尔逊.现代建筑的另一种传统：一个未竟的事业.吴家琦，译.武汉：华中科技大学出版社，2014.

〔10〕Jürgen Joedicke.建筑设计方法论.冯纪忠，杨公侠，译.武汉：华中工学院出版社，1983.

〔11〕犹根·伊奥迪克.1945年以后的建筑.李俊仁，译.台北：台隆书店，1980.

〔12〕菲利普·朱迪狄欧，珍妮特·亚当斯·斯特朗.贝聿铭全集.郑小东，李佳洁，译.北京：电子工业出版社，2012.

〔13〕约翰·O.西蒙兹.景观设计学.俞孔坚，译.北京：中国建筑工业出版社，2000.

〔14〕贡布里希.艺术发展史.范景中，译.天津：天津人民出版社，1991.

〔15〕埃德蒙·伯克.对崇高与美两种观念之根源的哲学探讨.郭飞，译.郑州：大象出版社，2010.

〔16〕约瑟夫·里克沃特.亚当之家：建筑史中关于原始棚屋的思考.李保，译.北京：中国建筑工业出版社，2006.

〔17〕 鲁道夫·阿恩海姆.建筑形式的视觉动力.宁海林，译.北京：中国建筑工业出版社，2006.

〔18〕 Christian Norberg-Schulz.实存·空间·建筑.王淳隆，译.台北：台隆书店，1980.

〔19〕弗兰西斯·弗兰契娜，查尔斯·哈里森.现代艺术和现代主义.张坚，王晓文，译.上海：上海人民美术出版社，1988.

〔20〕梁思成.图像中国建筑史.梁从诫，译.天津：百花文艺出版社，2001.

〔21〕 Geoffrey and Susan Jellicoe.人类景观：环境塑造史论.刘滨谊，主译.上海：同济大学出版社，2006.

〔22〕李格尔.罗马晚期的工艺美术.陈平，译.北京：北京大学出版社，2010.

〔23〕康定斯基.康定斯基艺术全集.李正子，译.北京：金城出版社，2012.

〔24〕哈里·F.矛尔格里夫.建筑师的大脑：神经科学、创造性和建筑学.张新，译.北京：电子工业出版社，2011.

〔25〕本尼迪克特·安德森.想象的共同体：民族主义的起源与散布.吴叡人，译.上海：上海人民出版社，2005.

〔26〕E.霍布斯鲍姆.传统的发明.顾杭，庞冠群，译.北京：译林出版社，2008.

〔27〕 W.博奥席耶，O.斯通诺霍.勒·柯布西耶全集.牛燕芳，程超，译.北京：中国建筑工业出版社，2005.

〔28〕肯尼斯·弗兰普顿.现代建筑：一部批判的历史.张似赞，译.北京：生活·读书·新知三联书店，2004.

〔29〕帕特里克·泰勒.英国园林.高亦珂，译.北京：中国建筑工业出版社，2003.

〔30〕C.西格尔.现代建筑的结构与造型.成莹犀，译.冯纪忠，校.北京：中国建筑工业出版社，1981.

〔31〕柯林伍德.历史的观念.何兆武，张文杰，陈新，译.北京大学出版社，2010.

外文原著

〔1〕 August Sarnitz. *Twentith Century Vienese: Architecture in Vienna*. Wien:Springer-verlag, 1998.

〔2〕 Werner Oecbslin. *Otto Wagner, Adolf Loos, and the Road to Modern Architecture.*

Translated by Lynnette Widder. Cambridge: Cambridge University Press, 2002.

〔3〕 Sigfried Giedion. S*pace*, *Time and Architecture:The Growth of a New Tradition.* Harvard University Press, 2008.

〔4〕 Ernst Boerschmann. *Pu To Shan*. Berlin: Druck und Verlag Von Georg Reimer, 1911.

〔5〕 Robert McCarter. *Frank Lloyd Wright*. London: Phaidon Press, 1997.

〔6〕 Ernst Neufert. *Bauentwurfslehre*. Berlin: Verlag Vieweg, 1936.

〔7〕 Ernst Neufert. *Architect'Data*. Edited and revised by Rudolf Herz, Friba, Dr Ing. London, 1970.

〔8〕 Jürgen Joedicke. *A History of Modern Architecture*. Stuttgart: Verlag Gerd Hatje, 1959.

〔9〕 Jürgen Joedicke. *Architecture Since 1945*. Stuttgart: Verlag Gerd Hatje, 1969.

〔10〕 Ernst Boerschmann. *Chinesische Pagoden*. Berlin: Walter de Gruyter & Co, 1931.

〔11〕 Christian Norberg–Schulz. *Existence, Space and Architecture*. London: Praeger Publishers, 1971.

〔12〕 Anthony Vidler. *Histories of the Immediate Present, Inventing Architectural Modernism*. MA: The MIT Press, 2008.

〔13〕 Emil Kaufmann. *Von Ledoux bis Le Corbusier*. Wien: Verlag Dr.Rolf Passer, 1933.

〔14〕 Howard Robertson. *The Principles of Architectural Composition*. London: The Architectural Press , 1924.

〔15〕 Siegfied Giedion. *Walter Gropius, Work and Teamwork*. Reinhold Pub. Co., 1954.

〔16〕 Sol Kliczkowski. *Otto Wagner*. TeNeues Publishing Group, 2002.

〔17〕 Alan Colquhoun. *Modern Architecture*. Oxford University Press, 2002.

〔18〕 Alvar Aalto. *Alvar Aalto, Vol.2.1963-1970*. Basel: Birkhäuser Architecture, 2010.

〔19〕 Peter Blundell Jones. *Hans Scharoun*. London: Phaidon Press, 1997.

学位论文

〔1〕罗致 . 要素关系与场景经营：基于建筑层面的方塔园解读 . 同济大学硕士论文，2008.

〔2〕李娟.论上海近代独立住宅中的现代式.同济大学硕士论文，2007.

〔3〕闵晶.中国现代建筑"空间"话语研究（1920s—1980s）.同济大学大学博士论文，2012.

〔4〕刘小虎.时空转换与意动空间：冯纪忠晚年学术思想研究.华中科技大学博士论文，2009.

〔5〕孟旭彦.冯纪忠建筑思想探究.中国艺术研究院硕士论文，2009.

〔6〕黄一如.自然观与园林伴生的历史.同济大学博士论文，1992.

〔7〕王炜炜.葛如亮"现代乡土建筑"作品解析.同济大学硕士论文，2007.

主要期刊

〔1〕《建筑学报》

〔2〕《建筑师》

〔3〕《时代建筑》

〔4〕《建筑业导报》

〔5〕《城市 空间 设计》

〔6〕《德国研究》

〔7〕《土木工程学报》

〔8〕《同济大学学报》

〔9〕《世界建筑业导报》

〔10〕《新建筑》

附录　冯纪忠先生藏书书目

以下书目为冯纪忠藏书之部分，由冯叶女士提供查阅，徐文力整理。

〔1〕Emil Kaufmann. *Von Ledoux bis Le Corbusier*. Wien: Verlag Dr.Rolf Passer, 1933.

〔2〕Alfred Nawrath. *Indien und China*. Wien: Anton Schroll&Co, 1938.

〔3〕*Architektura Na Alovensku*. Bratislava: Slovenske Vydavatelstvo, 1958.

〔4〕Alfred Salmony. *Die Chinesische Steinplastik*. Berlin: Verlag Für Kunstwissen-schaft, 1922.

〔5〕*Germany: Our Fair native Country*. Verlag des Deutschlandbuches Leipzig, 1955.

〔6〕Maclanathan, Richard B. K. *East Building, National Gallery of Art: A Profile*. Washhington, 1978.

〔7〕H.Langer. *Planen & Gestalten*. Zürich, 1952.

〔8〕*Cézanne. Les Trésors De La Peinture Française. Siecle XIX*. Paris: Skira, 1939.

〔9〕Ladislav Foltyn. *Volksbaukunst In Der Slowakei*. Artia Praha, 1960.

〔10〕*Mittag. Bau Konstruktions Lehre*. C. Bertelsmann Verlag, 1953.

〔11〕*Die Revision der Moderne: Postmoderne Architektur, 1960-1980*. Prestel, 1984.

〔12〕Richard Wilhelm, C. G. Jung. *Das Geheimnis der Goldenen Blüte*(太乙金华宗旨). Rascher, 1929.

〔13〕Alfred Forke. *Der Ursprung der Chinesen*. Hamberg, 1925.

〔14〕Marie Luise Gothein. *Die Stadtanlage von Peking: Ihre historisch-philosophische Entwicklung*. Augsburg: Filser, 1928.

〔15〕Otto Von Falke. *Pantheon: Monatsschrift für Frunde Und Sammler der Kunst*. München: Bruckmann Verlag, 1938.

〔16〕Elizabeth B. Mock, Robert C. Osborn. *If You Want to Build a House*. New York: Simon and Sehuster, 1946.

〔17〕Justus Schmidt. *Wien*. Verte Auflage, 1945.

〔18〕*Small Medium Large Homes. Progressive Architecture*, New York, 1946.

〔19〕 Nicholaus Pevsner. *Architektur und Design, Von der Romantik zur Sachlichkeit.* Prestel−Verlag, 1971.

〔20〕 Le Corbusier, Hans Hildebrandt. *Städtebau.* Berlin und Leipzig, 1929.

〔21〕 Bruno Taut. *Ein Wohn Haus.* Stuttgart, 1927.

〔22〕 托·施米德，卡·泰斯塔.体系建筑.陈琬，译.冯纪忠，校.北京：中国建筑工业出版社，1980.

〔23〕 Thomas Herzog.充气结构.赵汉光，译.上海：上海科学技术出版社,1983.

〔24〕 麟庆，汪春泉.鸿雪因缘图记.线装本.

〔25〕 秦岭云.扬州八家丛话.上海：上海美术出版社，1985.

〔26〕 同济大学建筑工程系建筑研究室.苏州旧住宅参考图集.上海：同济大学出版社，1958.

〔27〕 故宫博物院.至人无法：故宫、上博珍藏八大石涛书画精品.北京，2004.

〔28〕 叶舒宪.探索非理性的世界.成都：四川人民出版社，1988.

〔29〕 王夫之，等.清诗话.上海：上海古籍出版社，1987.

〔30〕 郁达夫.郁达夫游记.上海：上海书店出版社，1980.

〔31〕 汪济生.美感的结构与功能.北京：学林出版社，1984.

〔32〕 计成.园冶注释.陈植，注释.北京：中国建筑工业出版社，1981.

〔33〕 黄慎.山水册页（12 幅）.

后 记

本书根据我的博士学位论文改写而成，论文于 2018 年 6 月在同济大学建筑城规学院通过答辩。

大约在 2001 年底，因缘际会，幸得同济张遴伟老师带领参与松江方塔园博物馆的方案设计，虽然并没做什么实际的工作，却因此有几次机会旁听冯先生的评解。冯先生那时长居美国，大约因为受到方塔园管理部门的邀请才回国主持博物馆的设计。当时我孤陋寡闻，对冯先生只闻其名，却并未见过，也不了解他的学术思想，好像头一次听说何陋轩。老师们言语间提到"冯先生"，都是恭恭敬敬的，我因此也很期待能亲聆先生的风教。待见了面，果然是一位白发清瘦的长者，但态度和蔼，言谈从容。冯先生在评解方案时，曾援引李贺诗，大约是说李贺诗风的奇崛，可以与建筑类比。在讨论水景的处理时，会提点绍兴东湖的案例来加以比较推敲。闲谈则会聊到董其昌书画、维也纳旧事，抑或贝聿铭等旧知，又及下放安徽务农的逸事。先生当时已 85 岁高龄，但神清气朗，谈到其他长寿建筑名家时，笑称乃是对建筑抱有幻想，因此多有童心，反能延年益寿。后来因为某些原因，博物馆项目出现变故，设计小组解散，不久我也离开上海，去往南京大学建筑研究所攻读硕士学位，从此再未与冯先生有见面的机会。

冯先生高寿，桃李满天下，我只算得上与他有一面之缘而已；我深记得此经历，而这对于冯先生则是鸿爪雪泥。2009 年冬冯先生去世时，我和友人回忆起这段旧事，心生感慨：虽然旁听的时间很短暂，但是对我来说，冯先生也算得上一日之师；先生的音容笑貌宛在眼前，斯人已逝，而我却完全不了解他。几天之后，我第一次去到方塔园。那一天天气奇寒，公园里了无人踪，我独自一人登上方塔，从塔上朝南眺望，俯瞰一河两岸、草坡、平冈茂林，西风萧瑟之中只觉得意境旷远悠长。那时我已动念深入研究冯先生的建筑和思想，作为未来的博士论题。另一方面，我当时的学术兴趣也正转向近现代中国建筑师，试图了解他们所面对的问题，又采取了怎样的方法和途径来回应这些问题。后来我也和一些前辈讨论过这个选题，大家都觉得冯先生的材料太少，很难支撑起一篇博士论文。在论文开题之时，导师王骏阳教授表达了相同的意思，我知道他担心论文变成一篇无所不包却了无新意的综述。当时卢永毅教授表示很支持，让我很受鼓励。学术研究如同一场探险，而我是志愿的探险者，所以无所畏惧，只有满怀期待。感谢我的导师王骏阳教授的理解与支持，感谢他一直以来对我的指导和帮助，最终论文得以顺利通过答辩。在答辩会上老师们还就东湖客舍与赖特的关联性进行了颇为热烈的讨论，显示出大家对这个议题怀有共同的兴趣。

我还记得二十年前，有一天去松江汇报方案完毕，其他人都因事走开，唯有冯先生与我坐在走道间等候，在那几分钟的空隙里，我观察到他放松下来，平静又似无所期待。我们在相对无言中坐过几分钟。因为无知而找不到话题，我很遗憾地错过了与冯先生单独对话和请教的机会。在某种程度上，重新阅读冯先生的作品和文字是一次迟来的对话，一场无声的交流。放下心中的先见，走进冯先生的建筑与思想世界，我相信他有很多的人生经验和学术思考可以与我们分享。在这场无声的对话中，我获益良多，感谢冯先生！感谢他为我们留下了丰厚的建筑和思想遗产。希望本书的出版，会吸引更多的读者阅读冯纪忠的作品与著作，了解他的学术思想，并且参与到与历史的对话之中，相信每个人都会获得自己的理解，也许他们在攻瑕指失之余，或能与我产生共鸣。

致　谢

本书根据我的博士学位论文改写而成，在论文写作期间，我的导师王骏阳教授给予最多的支持和指导，他也为本书写了序言。论文在确定选题的过程中得到了同济大学卢永毅教授的支持和建议；同时也感谢同济大学建筑系 2013 级博士班的徐静、叶露等学友的帮助。

感谢赵冰先生、张遴伟先生接受我的采访并提供热心帮助。

感谢冯叶女士的帮助，她提供冯先生的藏书供我阅览。

感谢韩冰博士提供了松江博物馆设计文本等资料。

感谢谭徐锋先生为本书出版提供的指导与帮助。

感谢所有鼓励和帮助过我的老师、同学、家人和朋友；特别感谢蒋颖颖，本书的论题似乎缘起于一次与她的对话，我的研究和写作得以完成，皆因为她在过去十年中的理解和不懈支持。

2023 年 3 月

图书在版编目（CIP）数据

　　不妨偏径：冯纪忠的建筑与思想世界 / 徐文力
著 . -- 杭州 : 浙江人民美术出版社 , 2023.7
　　（新艺术史丛书 / 谭徐锋主编）
　　ISBN 978-7-5340-3820-4

　　Ⅰ . ①不… Ⅱ . ①徐… Ⅲ . ①冯纪忠—建筑艺术—研
究 Ⅳ . ① TU-862

　　中国国家版本馆 CIP 数据核字（2023）第 095527 号

（新艺术史丛书 / 谭徐锋主编）

不妨偏径：冯纪忠的建筑与思想世界

徐文力　著

策划编辑　霍西胜
责任编辑　余雅汝
封面设计　王妤驰
责任校对　洛雅潇
责任印制　陈柏荣

出 版 人　管慧勇
出版发行　浙江人民美术出版社
　　　　　（浙江省杭州市体育场路 347 号）
经　　销　全国各地新华书店
制　　版　浙江时代出版服务有限公司
印　　刷　浙江海虹彩色印务有限公司
版　　次　2023 年 7 月第 1 版
印　　次　2023 年 7 月第 1 次印刷
开　　本　787mm×1092mm　1/16
印　　张　16.25
字　　数　300 千字
书　　号　ISBN 978-7-5340-3820-4
定　　价　168.00 元

如有印装质量问题，影响阅读，请与出版社营销部（0571-85174821）联系调换。